重分析计算理论及其在
复杂产品设计中的应用

Theories of Reanalysis Computational Method and
Its Applications in Complex Product Design

王　琥　李光耀　黄观新　高国强　著

科学出版社

北　京

内 容 简 介

本书着眼于提高重分析方法的实用性及对该方法的推广，从理论研究和实际应用两方面同时入手，对重分析方法中的主要理论和方法进行阐述和讨论，并对近年来作者课题组取得的相关学术和应用成果进行总结。本书针对现有重分析方法的缺陷，以突破重分析方法的应用瓶颈为目标，对重分析方法的计算理论进行补充与拓展，并将其应用于复杂产品设计中。主要包括对经典重分析方法(基于 SMW 理论的直接法和组合近似法)、主流重分析方法的拓展(直接法和近似法的拓展)，动态重分析方法，几何非线性重分析方法，并行重分析方法及在复杂产品设计中的应用(车身设计、复合材料设计等)。

本书可供从事工程结构分析与设计的工程设计人员，高等院校相关专业的教师、研究生及本科生使用。

图书在版编目(CIP)数据

重分析计算理论及其在复杂产品设计中的应用/王琥等著. —北京：科学出版社, 2018.6
　ISBN 978-7-03-057337-7

Ⅰ.①重…　Ⅱ.①王…　Ⅲ.①计算机算法–研究　Ⅳ.①TP301.6

中国版本图书馆 CIP 数据核字(2018) 第 092461 号

责任编辑: 周　涵 / 责任校对: 杨　然
责任印制: 张　伟 / 封面设计: 无极书装

科学出版社 出版
北京东黄城根北街 16 号
邮政编码: 100717
http://www.sciencep.com

北京虎彩文化传播有限公司 印刷
科学出版社发行　各地新华书店经销

2018 年 6 月第　一　版　开本: 720 × 1000　B5
2018 年 6 月第一次印刷　印张: 18 1/2　彩插: 12
字数: 373 000
定价: 148.00 元
(如有印装质量问题，我社负责调换)

前　言

《埃森哲 2015 年技术展望》指出：企业和行业最具潜力的五大新兴技术趋势中，高度定制化是最为重要的一环。显然，定制化将对产品设计周期的要求提升到一个新的高度。因此，快速计算理论在产品设计中的重要作用也凸显出来。在产品结构设计过程中，通常每次只对部分结构进行修改，在局部设计变更的前提下，重新对整体结构进行完全分析的模式显然大幅度降低了设计效率。目前主流的设计流程中，对于大规模复杂产品的结构优化设计，需要进行大量迭代，而每次修正不论大小，都需要重新分析计算。尤其对于需要占用大量计算资源的大规模复杂工程问题，单纯从优化算法的角度提升性能已经难以满足实际产品设计的需求和未来发展趋势。同常规的计算模式不同，重分析方法利用初始计算模型的分析结果对后续设计进行精确估计 (重分析方法)，可以大幅度提高正问题的计算效率。因此，如果将其集成到复杂产品的结构优化设计 (尺寸、形状、拓扑优化等)，计算成本必然大幅度降低。因此，重分析模式的快速计算方法对于提高产品设计的效率，缩短开发周期，具有重要的现实意义。

重分析方法可以分为近似重分析法和直接重分析法。近似法可以应用于结构的高秩修改或者全局修改，但是一般情况下只能得到修改后结构的近似解；直接法则适用于低秩修改或者局部修改，但是很多直接重分析方法能够得到修改后结构的精确解。同完全分析相比，重分析的计算效率有显著提高。理论上，重分析算法能够解决力学分析中的线弹性分析、动态分析和非线性分析等各类问题，也可应用于电磁学、热学等其他领域，在结构优化设计中具备相当大的应用潜力。然而，在实际优化设计中，主流重分析理论存在诸多缺陷和限制，前处理的复杂度高，严重制约了重分析方法在实际产品设计中的应用。因此，出版本书的目的在于针对现有重分析方法的缺陷，以突破重分析方法的应用瓶颈为目标，对重分析方法的计算理论进行补充与拓展，并将其应用于复杂产品设计中。

在产品设计中，优化问题的目标函数和约束函数常常是黑箱函数。传统的数学规划方法一般需要使用目标函数或约束函数的一阶导数 (梯度) 甚至二阶导数 (Hessian 矩阵)，难以实施。因此，目前主要采用启发式算法对复杂的工程问题进行求解，而随着设计目标复杂度和规模的提升，一次函数评估往往就意味着一次大规模的仿真计算，优化效率往往难以保证。因此，目前设计领域主要采用基于代理模型 (近似模型) 的优化方法完成实际设计工作。虽然这类方法可以很大程度地提高优化的效率，但代理模型的误差无法预测且难以控制，尤其对于多参数问题，模型的精度难以保证。这意味着：当设计人员使用代理模型时，随时都承担着得到错误结果的风险。因此，重分析方法可以作为代理模型的替代方案应用于汽车优化设计中。与代理模型相比，由于平衡方程的引入，重分析方法精度更高，误差可控，优化结果更为可靠。

本书着眼于提高重分析方法的实用性及对该方法的推广。从理论研究和实际应用两方面同时入手，对重分析方法展开研究。主要包括对经典重分析方法 (基于 SMW 理论的直接法和组合近似法)、主流重分析方法的拓展 (直接法和近似法的拓展)，动态重分析方法，几何非线性重分析方法，并行重分析方法及在复杂产品设计中的应用 (车身设计、复合材料设计等)。同其他主流重分析方法相比，本书所提出的算法主要包括：

(1) 修正组合近似法和多重网格重分析法。这两类方法对目前主流的近似重分析方法进行拓展。修正组合近似法针对结构分析中刚度矩阵奇异的情况，通过奇异值分解法处理刚度矩阵的奇异性，并结合组合近似法对病态方程进行重分析；多重网格重分析法则使用传递算子建立修改后网格与初始网格的联系，将修改后结构的刚度矩阵映射到初始网格上，从而避免了网格一致性的严苛要求。

(2) 建立了分块重分析方法、独立系数法和间接分解更新法三类直接方法，对直接重分析方法进行拓展。分块重分析方法最大的特点是对稀疏结构的刚度矩阵采用矩阵分块求逆公式进行计算，按照这特定的分块形式，使得修改结构的主要计算量集中于影响区域，大幅度提高了求解效率；独立系数法不需要初始刚度矩阵的逆或者矩阵分解等信息，可以省去大量的存储空间，使其能够应用于大规模结构分析，并可以与任意初始求解方法联合使用；间接分解更新法是一种适用于低秩修改，特别是边界修改的精确重分析方法，提供了一种将结构局部修改转化为低秩形式的方法，弥补了当前直接重分析方法的不完备性。

(3) 提出了基于时域的自适应动态重分析算法。该方法对采用纽马克法求解的弹性动力学重分析问题，结合了拉丁方实验设计方法、全局近似法、诺伊曼级数展开和自适应技术。在初始时间域内，构造表征初始结构特征的位移向量。同时，利用诺伊曼级数展开，建立基于当前修改结构的缩减系统，避免对等效刚度矩阵进行矩阵分解，提高初始化和迭代计算过程中的计算效率，并根据当前迭代步内的误差项，自适应生成新的基向量，更新缩减系统和当前迭代步相应的力学响应，减小相对误差。

(4) 提出了基于直接法和组合近似法的结构大改变静态重分析算法 (HDCA)。该方法提高了直接法的计算效率和组合近似法的计算精度，根据 Sherman-Morrison 公式，另辟蹊径对组合近似法的计算原理进行推导，证明了直接法和组合近似法均可以表示成向量线性组合形式，证明了刚度矩阵的改变量可表示为叠加形式。算法最大的特点是结合了完全分析、组合近似法和 HDCA 三种求解方法，提出了变形梯度判断准则、效率判定准则和自适应误差修正准则。在计算精度上，采用精度更高的 HDCA；在计算效率上，采用效率更高的组合近似法；在误差控制上，自适应更新初始分析和初始位移向量。

(5) 提出了基于重分析和 CAD/CAE 一体化的结构优化方法。进一步发展了基于细分的 CAD/CAE 一体化技术。以三角形网格构造细分曲面，同时应用于 CAD 建模和 CAE 分析。在细分模型上定义了特征对象，并建立了"关键点-特征线-特征面"的数据结构。基于该数据结构，优化流程可以形成闭环回路。优化策略上，将遗传算法与重分析集成，结合了遗传算法的全局收敛性和重分析的高效率。为提高三角形网格的计算精度，引入边光滑三角形单元对结构进行分析。提出的基于图论的边结构构造方法可以快速地构造边结构，大幅度提高了边光滑三角形单元的计算效率和实用性。

(6) 提出了基于重分析和路径函数的变刚度纤维复合材料优化方法。为考虑复合材料的制造约束，使用路径函数定义了纤维路径的曲率和平行度。为提高优化过程的效率，引入重分析方法对优化过程进行加速。并且，使用基于重分析的复合材料参数反求方法，可以快速地由实验数据得到纤维复合材料的力学性能参数，从而为复合材料的优化提供了前提条件。

2010 年以来，从最经典的重分析程序的验证到目前 CAD/CAE 一体化快速平台设计的初步建立，团队为整个重分析设计系统的开发倾注了巨大的热情和心血。高国强博士、黄观新博士、贺冠强博士、程振兴博士、刘丹硕士和种浩硕士为这个平台编写了大量代码，也提出了很多有价值的想法，刘娟娟硕士和李想成也为后续平台的发展和维护贡献良多；研发过程得到了湖南大学李光耀教授主持的 973 课题"产品功能和性能高效仿真优化理论与方法研究"以及国家自然科学基金重点项目"面向重大工程需求的 CAD/CAE 一体化高效计算方法"的大力支持，期间李光耀教授也对快速设计平台提出了大量建设性的建议和意见；崔向阳和蔡勇老师分别为平台的主求解器和 GPU 并行化工作提供了很多有建设性的建议；北京大学的汪国平教授和李胜老师为重分析设计体系提供了稳健实用的前处理平台；在系统研发的过程中，广东工业大学的吴柏生教授、吉林大学的李正刚教授和左文杰老师也给出了非常专业的建议和意见，并为此做了专门的讨论，使我们获益良多；我在美国佛罗里达大学访问期间，和著名的结构优化专家 R. F. Haftka 教授也针对重分析进行了深入交流。为此，我们在后续的工作中更为细致地考虑了重分析的边界变化问题，并提出了相应的解决方案；还要感谢美国辛辛那提大学的刘桂荣教授和加拿大西蒙菲莎大学的王高峰教授，我在国外访学期间，与他们在学术上的交流使我获益良多；此外，河北工业大学的韩旭教授对我们的工作和后续的应用提出了宝贵的建议，我们也希望重分析方法能向更为广阔的领域拓展；还要感谢湖南大学土木工程学院的刘光栋教授和厦门大学的黄红武教授，他们在我的研究道路上起到了非常重要的作用；最后特别感谢我的妻子李恩颖和我的父亲母亲对我的支持和包容，也感谢我的两个孩子楚麓和图穆尔给我带来的一切。

　　总体上，本书的特点在于重点介绍目前主流重分析方法和我们团队近几年来的主要成果。给出的理论公式侧重于工程应用，有相应的数值例题以及专题研究加以说明，并附有相关关键算法的源代码。撰写过程中，力图做到基本概念清晰，重点突出，实用性强。

　　本书的成果得到了国家 973 计划项目 (2010CB328005) 和国家自然科学基金项目 (11572120，11172097，10902037) 的大力支持，特此表示感谢。

王　琥

2018 年 5 月 5 日

目　　录

第1章 绪 论

重分析方法是利用初始结构的计算信息，包括初始结构响应和计算求解过程中的中间变量信息，估算修改后结构响应的快速计算方法。重分析方法可以避免对修改后结构进行完整分析，从而使计算成本显著降低，大幅度缩短产品设计周期。重分析算法从 20 世纪 50 年代提出开始，历时近 70 载，由最初对修改结构后的刚度矩阵求逆，拓展到对不同力学问题、复杂结构的快速求解，近年来得到了飞速的发展。根据结构变化类型、结构改变的大小以及重分析求解作用的不同对象，学者们采用了不同的重分析求解策略，提出了各具特色的重分析计算方法。以重分析算法的求解精度为依据，重分析计算方法分为直接法和近似法。直接法 (Direct Method, DM)，可以从理论上精确推导出修改后结构的响应，是基于谢尔曼–莫里森 (Sherman-Morrison, SM) 公式[1] 和谢尔曼–莫里森–伍德伯里 (Sherman-Morrison-Woodbury, SMW) 引理[2]，快速得到结构修改后刚度矩阵的逆矩阵。但直接法局限于刚度矩阵局部修改 (低秩修改)，当刚度矩阵的改变量增大时，直接法的计算效率大幅度下降，难以在工程计算中得到真正应用。同直接法相比，近似法通过对刚度矩阵的降维，缩减问题的计算规模，估算修改后结构的响应，主要包括局部近似 (Local Approximation, LA) 法、全局近似 (Global Approximation, GA) 法、迭代近似 (Iterative Approximation, IA) 法和组合近似 (Combined Approximation, CA) 法。局部近似法是基于单一样本点的计算信息，快速估算修改响应，因此又称为单点近似法，如一阶泰勒级数展开和二项式级数展开等。对于结构的局部修改，局部近似法计算效率高，求解精度有效；但当结构改变量较大时，求解精度难以保证。全局近似法采用多个样本点，构造基于结构参数变化的近似函数，根据结构变化后的参数，快速估算修改后的结构响应，又称多点近似法，如缩减基法 (Reduced Basis Method, RBM)[3]、响应面法 (Response Surface Method, RSM)[4] 和多项式拟合法 (Polynomial Fitting Method, PFM)[5] 等。全局近似法适应结构不同程度修改的情况，计算精度高。但是，全局近似法的精度对样本的数目和空间位置较为敏感。对复杂的工程问题，通常需要选取更多的样本点，进而导致计算量的提升，计算效率难以保证，对于某些复杂的问题，同完全分析相比，并不占优势。迭代近似法源于求解线性方程组的迭代法，如 PCG (Preconditioning Conjugate Gradient) 预处理算法[6]、超松弛预处理算法 (Symmetric Successive Over-Relaxation, SSOR)[7] 等，迭代近似法通常采用合适的预处理算子，不需要存储初始刚度矩阵，同时避免了计算刚度矩阵的改变量, 节省了存储空间, 通过迭代求解修改后的结构响应。迭代近似法的关键在于选取合适的预处理子, 在结构改变量不大的情况下, 通常用初始刚度矩阵的分解矩阵或者近似逆矩阵作为预处理矩阵, 通过少量迭代, 收敛得到准确的结构响应。组合近似法[8] 是近年来较为流行的重分析方法, 通过初始点精确分析得到的计算结果, 将二项式级数展开的低阶项作为缩减基法的基向量。组合近似法结合了局部近似法高效性与全局近似法高精度的计算优点, 求解精度高, 计算速度快, 适应于结构几何形状改变、材料参数变更、结构拓扑改变、结构局部失效等情况, 已经在结构静态、模态、动态、灵敏度、非线性和优化等领域得到了广泛的应用, 是一种通用、容易实施的快速计算方法。近几十年来, 随着 CAE 技术在不同领域的飞速发展, 重分析算法相应地在静态、动态、非线性等领域得到了快速发展[9,10]。为此, 本章从重分析算法的应用角度出发, 分别讨论重分析算法在线性静态、动态问题和非线性等领域的主要成果和研究现状。

1.1 静态重分析算法

1.1.1 直接法

对于直接法, Huang 和 Verchery 等针对结构边界、载荷和单元变化, 扩展了 SMW 公式的应用范围[11]; 杨任等提出了一种新的结构修改算法, 避免了传统方法中用 SMW 对修改后的结构平衡方程组进行求解[12]。赵锡钱和丁成辉提出了基于结构局部刚度改变的通用精确静态重分析算法[13]; Deng 和 Ghosn 假设修改响应为初始响应与初始刚度在增加伪力计算得到的响应之和, 提出了伪力静态重分析计算方法[14]; Cheikh 和 Loredo 预先对未施加边界条件的离散结构进行广义逆矩阵的求解运算, 针对结构边界条件和载荷的不断改变, 快速准确地得到了修改结构的响应, 并推广到结构单元减少和增加的情况[15]; Qi 等利用图论中 "填充元" 计算的数学理论, 依据二叉树的特点, 找出结构修改部分的影响区域, 与 SMW 公式相比, 计算效率有明显的提升, 并且具备处理较大规模结构变化的能力[16]。Huang 等提出了独立系数 (Independent Coefficient, IC) 法[17], 只需以初始分析的位移结果作输入, 从而避免使用初始刚度矩阵分解的计算过程, 可以与包括迭代法在内的各种初始分析方法联合使用。由于该算法仅需要初始计算的结果作为输入, 节省了大量的存储空间, 因此, 可以方便应用于大规模结构的重分析计算。Gao 等利用矩阵分块求逆定理, 将修改后结构的求解空间分为固定区域、影响区域和连接边界区域, 使重分析计算量主要集中于影响区域, 对结构的局部改变, 计算效率高, 计算结果与完全分析相同[18](如图 1.1 所示), 但由于需要确定结构的几何位置, 需要辅以相应的定位机制, 还有待进一步提升其适应性。

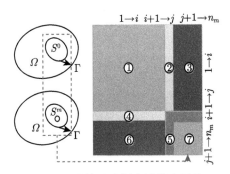

图 1.1 分块重分析方法基本思路

1.1.2 近似法

对于近似法重分析法，Jenkins 采用迭代神经网络法，对结构几何、拓扑、载荷和材料参数的改变，自动根据结构变化增加影响项，建立了各个参数之间的具体函数关系式[19]；Jorge 通过迭代 Shanks 变换 (Iterated Shanks Transformation, IST)，扩大了诺伊曼级数展开的应用范围[20]；Wu 等提出了向量–值有理逼近法 (Vector-valued Rational Approximate Method, VRAM)，将有理逼近与幂级数展开相结合，当结构固定参数有较大改变时，与局部近似法相比，计算精度有很大程度提高[21]；基于 Kronocker 代数和摄动理论，张义民等给出了随机有限元不确定结构的静力响应[22]；基于摄动法和帕德逼近法 (Padé Approximation Method)，陈塑寰等针对结构自由度增加的情况，提出拓扑修改静态重分析方法[23,24]，同时在结构大修改的情况下，对桁架问题进行了求解 (如图 1.2 所示)，提高了原有近似法的计算精度[25]；基于摄动法和 Epsilon 算法，吴晓明等提出了结构修改静态重分析方法，并应用于车架结构参数大修改的工程问题中[26]；Ha-Rok 等基于矩阵逐次求逆法 (Successive Matrix Inversion Method, SMIM)，结合二项式级数迭代法 (Binomial Series Iterative Method, BSIM)，提出了静态组合迭代法 (Combined Iterative Method, CIM)，计算线性对称和非对称系数矩阵问题[27]；杨志军等结合 Guyan 缩减法和 Epsilon 算法，提出结构拓扑修改静态重分析自适应迭代方法[28]；Yang 等利用诺伊曼级数展开式构造缩减基法的基向量，同时利用误差估计控制基向量个数，在加快缩减基法的收敛速度的同时，保证了高精度的近似结果[29]；针对大型结构参数的修改，黄冀卓和王湛提出了三种改进的结构静力重分析计算法，通过位移迭代修正、刚度逐步逼近等措施不断提高求解精度[30]；Li 等提出了 PCG 预处理重分析算法，针对结构拓扑修改自由度不变、减少和增加三种情况，使用初始刚度矩阵的楚列斯基分解 (Cholesky Factorization, CF) 矩阵，构造修改矩阵或扩展矩阵的预条件算子，减小了修改刚度矩阵的条件数，加快了迭代法的收敛速度[6,31−34]，并成功对桁架问题进行了求解 (如图 1.3 所示)；徐涛等应用预条

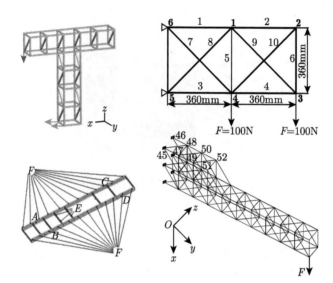

图 1.2   摄动法和帕德逼近法对桁架结构的求解

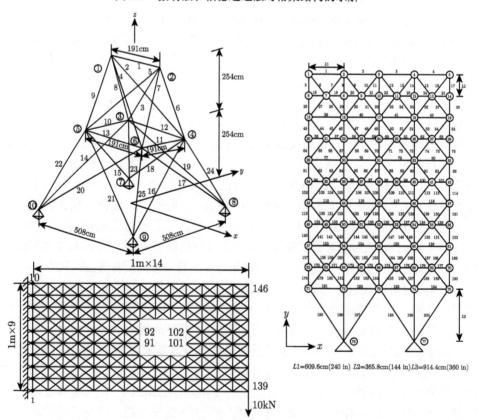

图 1.3   预处理重分析方法在桁架结构中的应用

件 Lanczos 算法，选取恰当的预条件算子，提出了基于结构拓扑修改的静态重分析算法[35-37]；Wu 等提出了理查森迭代 (Richardson Iteration, RI) 预处理算法，该算法的预处理松弛因子可以简单地根据能量函数计算得到[38]；徐涛等利用 BFGS(Broyden Flectcher Goldfarb Shanno) 拟牛顿法的局部超线性收敛特征，计算修改结构静态响应[39]。

1.1.3 组合近似法

组合近似法是近年来最为流行的重分析计算算法，于 1981 年由 Kirsch 针对结构刚度矩阵沿着固定方向 $(K + \alpha \Delta K)$ 改变时提出。其核心思想是将局部近似法 (泰勒级数展开) 和全局近似法 (多项式拟合法) 相结合，利用局部近似效率上的优势和全局近似精度上的优势估计静态响应[8]；1993 年，Kirsch 采用二项式级数展开作为缩减基法的基向量，即经典的组合近似法[40]，并相继应用于悬臂梁模型拓扑修改[41]、杆件结构横截面面积变更等结构优化设计领域[42]；2001 年，Kirsch 和 Papalambros 总结了组合近似法适应结构拓扑修改的各种变化，包括自由度不变、减少和增加的情形[43]；Levy 等针对结构改变比较大的情况，构造修正初始结构 (Modified Initial Design, MID)，计算相应修改部分的灵敏度系数，提高了组合近似法的计算精度[44]；Kirsch 和 Papalambros 指出：当两个基向量接近线性相关时，组合近似法能获得足够精度的响应[45]。组合近似法具有高效、准确、通用以及实施简单等特点，近十几年来已经广泛应用于静态、非线性、动态、几何非线性、材料非线性、灵敏度分析和优化等领域，取得了一系列研究成果，并逐步完善了组合近似法的理论体系[46-48]。此外，Wu 和 Li 针对自由度增加的情况，采用组合近似法，通过 Guyan 缩减法凝聚到原有自由度，保证了结构大改变的近似质量[49]；Kirsch 等从理论上证明了组合近似法与 PCG 预处理算法可以得到等同的计算结果，并指出组合近似法的误差判断和收敛准则均可采用 PCG 的误差判断和收敛准则[50]；Kirsch 和 Bogomolni 通过简单的静态算例，证明误差估计评判方法能够反映真实误差，并指出高阶组合近似法近似解更精确[51]；杨志军等考虑新增自由度的情况，结合 Guyan 缩减法，将新增自由度凝聚至原有自由度，利用迭代组合近似法求解结构大改变位移响应[52]，并指出迭代组合近似法的迭代次数与刚度矩阵改变量的 Frobenius 范数的相关性[53]；Kirsch 等针对大型结构参数大量重复修改，结合响应面法，提出了响应面组合近似法，提高了响应面法的计算效率[54]；Zuo 等针对结构大修改的情况，提出了混合 Fox 法和组合近似法的静态重分析方法，提高了组合近似法的计算精度[55]；针对刚度矩阵的低秩变化，Akgün 等从数学理论上证明了虚拟位移法 (Virtual Distortion Method, VDM)、组合近似法和结构变化第二定理均可以根据 SMW 公式推导得到[56]；针对结构自由度增加的情况，Li 等比较了三种常用重分析计算算法，Guyan 缩减法和 Epsilon 静态重分析方法、组合近似法以及 PCG 预处理重分析算法，并指出：Guyan 缩减法和 Epsilon 静态重分析方法构造的 MID 的刚度矩阵有时为不正定矩阵，组合近似法仅当系数极小时，MID 的刚度矩阵正定，但条件数很大，基向量收敛速度慢，而 PCG 预处理法经过预处理算子处理后，MID 的刚度矩阵条件数小，收敛速度快[57]；针对方程组刚度矩阵奇异的情况，黄观新等对组合近似法进行改进[58]，通过奇异值分解 (Singular Value Decomposition, SVD)，组合近似法能够应用于病态方程组重分析的计算。

1.2　动态重分析方法

目前，常用的隐式动态方程解法主要有振型叠加法、威尔逊 (Wilson) θ 法和纽马克 (Newmark) β 法等。由于隐式有限元动态方程在每一增量步内都需要对静态平衡方程进行迭代求解，许多学者为了提高在迭代步内求解线性方程组的计算效率，加快隐式有限元的求解速度，进行了大量卓有成效的动态重分析研究工作，主要研究内容集中在频域和时域两个方面。

1.2.1　频域动态重分析方法

对于直接法：Kashiwagi 针对简单矩阵的数值修改，提出了快速求解精确特征值和特征向量的重分析算法[59]；Cacciola 等提出了基于动态修正方法 (Dynamic Modification Method, DMM)，对确定性和随机性加载动态线性系统，无条件逐步保证了结构特征值和特征向量的准确性[60]。

对于近似法：Grissom 等结合缩减特征值方法 (Reduced Eigenvalue Approach, REA)，提出了稳健动态重分析算法[61]；Sresta 和 Reddy 采用多项式回归法 (Polynomial Regression Method, PRM)，针对梁宽、高的尺寸变化，近似求解出高精度的自然频率[62,63]；陈塑寰和张宗芬利用矩阵摄动法进行模态灵敏度重分析计算[64]；Ravi 等针对梁长和宽的尺寸变化，利用特征参数摄动法 (Eigen Parameter Perturbation Method, EPPM)，求解修改结构模态[65,66]；Level 等提出了柔度法 (Receptance Approach, RA)，节省了模态综合法中迭代求解过程中的计算时间[67]；Ravi 等基于单步摄动法，提出了特征值重分析算法，为了提高计算精度，采用多步摄动法快速准确计算修改后的特征值[68]；徐涛等提出了一种计算亏损系统灵敏度的快速有效算法[69]；杨晓伟和陈塑寰针对结构参数大修改，结合帕德逼近法，提出了改进的组合近似法，计算修改结构的特征值[70]；Yang 等基于矩阵摄动法和帕德逼近法提出的特征值重分析算法扩大了结构参数修改的变化范围[71]；Chen 和 Rong 提出了结构拓扑改变的特征值和特征向量计算方法[72]；基于矩阵摄动法，Yang 等根据刚度矩阵改变量的范数，提出了自适应迭代重分析算法[73]；孙亮等利用向量值函数的有理逼近方法提高了矩阵摄动解的计算精度[74]；吴晓明和陈塑寰利用诺伊曼级数构造缩减基法的基向量，结合 Epsilon 算法，近似求解修改结构的特征值和特征向量[75]；Chen 利用结构的初始模态信息，用矩阵二阶摄动法求解结构大改变的特征值和特征向量，与其他特征值和特征向量的重分析算法相比，节省了大量计算内存[76]；张美艳和韩平畴考虑结构重频或密集频率、介质耦合、结构参数大修改等多种复杂因素，将向量值函数有理逼近法与子结构技术 (Sub-structuring Technique, ST) 相结合，提高了动态重分析的计算精度[77,78]；何建军等基于矩阵摄动法，采用瑞利–里兹法、单步摄动法和瑞利商逆迭代法，分别计算结构尺寸和拓扑变化对系统频率的影响[79,80]；Chen 等基于矩阵二阶摄动法和二阶泰勒展开，计算结构参数变化对特征值和特征向量的影响，提高了计算二阶灵敏度系数矩阵和 Hessian 矩阵的效率[81]；郭睿基于矩阵摄动理论，提出摄动灵敏度法计算特征值和特征向量的灵敏度，并求解结构复模态的一阶、二阶摄动灵敏度矩阵[82]；Massa 等对结构设计参数扰动较大的情况，通过矩阵摄动或者诺伊曼级数构造基向量，采用 Epsilon 法计算近似的特征向量和特征值[83]；Chen 等讨论了区间不确定参数对结构自然频率的影响，利用二阶泰勒级数展开和区间理论，将特征值问题由 2^m 次问题转化为 $2m$ 阶重分析问题，应用 Epsilon 算法加快了泰勒级数展开的收敛速度，估算了结构低阶模态的上下界[84]；Level 等针对结构自由度增加的情况，构建伪初始系统 (Pseudo-Initial System, PIS)，与经典的重分析方法相比，误差更小[85]；Massa 等利用同伦摄动法 (Homotopy Perturbation Method, HPM) 和泰勒展开，计算结构扰动参数的倒数矩阵和扰动特征向量，同时结合投影技术 (Projection Techniques, PT)，进而生成缩减基法的基向量[83]；Sayin 和 Cigeroglu 利用初始结构模态响应和修改结构刚度矩阵的变化量，准确预测修改结构的模态响应[86]；Huang 等利用初始模态响应，结合修改刚度矩阵和质量矩阵的变化量，采用瑞利–里兹法，准确估计了修改结构的特征值和特征向量[87]；Liu 等采用反幂法 (Inverse Power Method, IPM) 对系统进行降阶处理，求解具有内部和外部阻尼的螺旋动态系统[88]；Segura 和 Celigüeta 结合子结构技术和模态综合法 (Modal Synthesis Techniques, MST)，在同等计算精度的前提下，比子结构方法节省了近 50% 计算时间[89]；Brizard 等根据改进的子结构法，提出了行列式估计法 (Determinantal Method, DM)，处理了有阻尼和无阻尼的航天发射器的振动问题[90]，如图 1.4 所示；Yap 和 Zimmerman 提出了迭代动力修正方法，与计算灵敏度相比，自然频率和模态的计算精度有大幅度提升[91]；Liu 和 Oliveira 提出模态迭代摄动法，计算精度高于二阶摄动法，随着迭代步数增加，特征值不断接近完全分析的计算结果[92]；Hang 等从公式推导上证明，当结构修改部分仅占整体结构的小部分时，不需要完全求解更改的数值模型，利用频率响应函数 (Frequency Response Functions, FRF)，将修改结构响应当作初始响应和刚度矩阵变化量的函数，并通过实验验证了重分析计算结果的可靠性[93]。

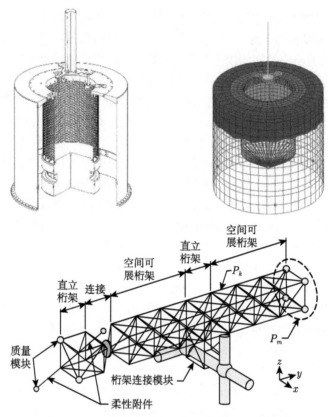

图 1.4   DM 算法在动态工程领域中的应用[90,91]

对于组合近似法：2000 年，Kirsch 应用组合近似法进行结构模态重分析计算[46,47]；Rong 等在结构拓扑修改时，结合迭代摄动法和组合近似法，提高了组合近似法的计算精度，同时计算精度高于瑞利–里兹法[94]；Chen 等比较了 5 种特征值重分析算法的计算精度：摄动法、二阶摄动法、组合近似法、帕德逼近法和 Epsilon 算法，结果表明，当结构修改程度较大时，组合近似法和帕德逼近法的精度高于其他 3 种方法[95]；Kirsch 和 Bogomolni 提出了组合近似法的误差评估策略，其误差估计评判方法能真实反映特征值重分析问题的真实误差，说明了高阶组合近似法精度更高[51]；同时，Kirsch 等针对组合近似法仅能计算前几阶模态的缺点，将组合近似法与移频反迭代 (Inverse Iteration with Shifts, IIS) 相结合，对中高阶模态进行模态重分析计算，保证了框架结构前 8 阶模态 0 误差 (如图 1.5 所示)[96]；Kirsch 和 Bogomolni 在文献 [97] 中指出组合近似法可用于矩阵分解、移频反迭代和子空间迭代三个振动求解过程，与完全分析相比，至少节省 75% 的计算量；Yang 等结合 Guyan 缩减法与组合近似法，提出了适应结构自由度增加的模态重分析算法[98]；Kirsch 等对结构参数大批量的重复修改，结合响应面法，提出 CARS (CA for Response Surface)

动态重分析计算方法[54]；针对大规模结构施加动态载荷时，Bogomolni 等利用组合近似法准确计算了设计参数对结构动态响应的影响[99]；He 等对结构自由度增加情况，把 Guyan 缩减法和组合近似法相结合并应用到带阻尼和不带阻尼的实模态和复模态重分析问题中[100]；由于动态问题属于不断更新求解的线性问题，Kirsch 和 Bogomolni 利用组合近似法，对采用模态叠加法的动态问题整个计算流程进行重分析求解[101]；2010 年，Kirsch 采用组合近似法进行敏度计算，用于动态问题的结构优化设计[48]；Xu 等在计算高阶模态时，选择合适的移频因子，采取移频组合近似法 (Frequency-Shift Combined Approximation)，准确计算较高阶模态[102]；张德文和王建民建立了组合近似法的递推公式，并用来减小组合近似法近似的计算误差[103]；Zheng 等通过合适的移频因子，提出分块组合近似法，同时计算多个特征值和特征向量，并对复杂的车身进行了模态分析，在保证精度的前提下，大幅度提高了求解效率[104]，如图 1.6 所示。此外，通过模态重分析理论，重分析方法成功地对缺陷或接近缺陷的系统进行分析计算[105]；并对结构复特征值问题进行了分析[106]。

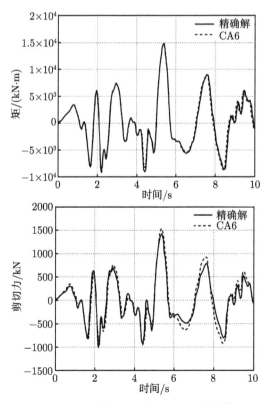

图 1.5　高精度高阶模态快速分析[96]

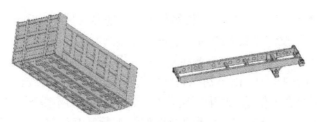

图 1.6   分块组合近似法对自卸车车架的求解[104]

1.2.2   基于时域动态重分析算法

在基于时间域的动态重分析求解过程中，由于迭代求解线性方程组的次数多，多数重分析求解都采用近似法进行计算。但随着迭代次数的不断增加，由近似解造成的误差不断累积，导致重分析响应与真实响应的偏差幅度增大。为了解决这一难题，很多学者进行了深入研究。Ma 等对随着时间变化的质量矩阵，采用纽马克 β 法求解动态响应，利用诺伊曼级数和 Epsilon 算法，对每一时间步进行重分析计算，避免对等效刚度矩阵进行矩阵分解[107]；Chen 等对于任一载荷激励下的结构，在每一时间步内，基于 Epsilon 算法，用诺伊曼级数构造基向量，近似求解迭代步内的结构响应，求解精度高于组合近似法[108]；Leu 和 Tsou 采用纽马克 β 法求解，通过二项式级数展开构造缩减基法的基向量，提出自适应准则，并从理论上说明了该方法对中心差分法同样有效[109]。Gao 等提出了基于纽马克 β 法的自适应全局动态重分析计算方法，通过拉丁方实验设计 (Latin Hypercube Sampling, LHS) 原理，选取反映初始结构特征的时间序列，根据诺伊曼级数，重新构建缩减系统。为控制累积误差，提出自适应修正策略，通过增加新的基向量，减小当前时间步内的误差[110]，具体误差如图 1.7 所示。

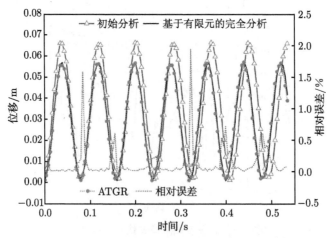

图 1.7   全局动态重分析算法对桁架问题求解的计算精度[110]

1.3 非线性重分析算法

随着重分析算法的快速发展，重分析算法的计算精度不断提高，由于非线性有限元的求解过程为线性的迭代求解过程，所以许多学者开始进行结构非线性重分析算法研究。Yang 等针对结构材料非线性变化，提出了多点压缩技术 (Multi-sample Compression Algorithm, MCA)[111]，Leu 和 Tsou 对动态非线性结构，采用由诺伊曼级数构造基向量的缩减基法，在每一迭代步内，给出相应的自适应准则，使响应自动收敛[109]；Jorge 通过迭代的 Shanks 变换，扩大了诺伊曼级数展开的适应范围，通过非线性问题的验证，与完全分析相比，每一个增量步中，不需要增加额外迭代步[20]；Kirsch 从理论上证明了组合近似法可应用于几何非线性和材料非线性等问题[47]；Kirsch 和 Bogomolni 等针对多参数大量重复修改的非线性问题，提出了 CARS 算法，节省了非线性问题的求解时间[54]；同时，Kirsch 等在采用模态叠加法的动态非线性计算过程中，利用组合近似法快速求解不断更新的特征值问题[112]；在材料非线性分析过程中，Kirsch 和 Bogomolni 采用牛顿迭代法求解非线性问题，把每个加载过程和迭代过程均视为一个更新的线性问题，并采用组合近似法求解不断更新的线性问题[101]；Amir 等从理论上说明对于非线性问题，重分析也许需要进行多次矩阵分解，并不断更新组合近似法的初始刚度矩阵[113]；Sayin 和 Cigeroglu 在非线性动态问题中，采用谐波平衡法和模态叠加法把偏微分方程转变为数值方程，并将修改的有限元模型分为修改部分和未修改部分，利用初始模态响应和变化后的刚度矩阵，预测修改结构模态响应，利用的模态阶数越多，计算结果越准确[114]，计算结果如图 1.8 所示。

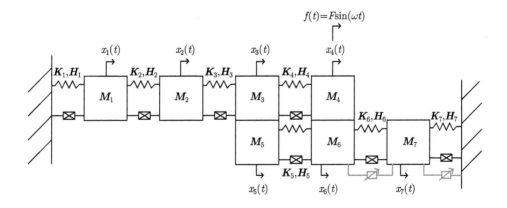

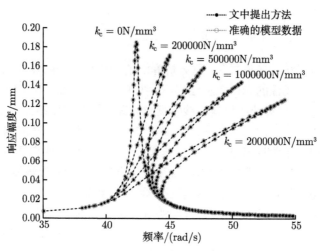

图 1.8　重分析算法对非线性问题的求解[114]

1.4　重分析方法在优化设计中的应用

建立重分析方法的真正意义在于提高设计过程中的求解效率，进而缩短产品设计周期，仅从计算层面考虑重分析的效率显然并不全面。因此，从初始的重分析方法开始，重分析方法如何和优化算法相结合，并应用于实际产品设计，便成为一项非常重要的课题。

早期的优化方法多建立在基于梯度的局部优化上。如 Fleury 在满足应力要求的情况下，采用一阶和二阶凸形近似方法 (Convex Approximation)，对悬臂梁体积进行优化[115]；Makoto 结合 SMW 公式，采用随机优化方法，对杆件结构的横截面面积进行优化[116]，Leu 和 Huang 采用组合近似法和数学规划法对杆件横截面面积进行优化，计算结果表明与未使用重分析方法的结果一致[117]；徐岩等将组合近似法应用于载货汽车发动机飞轮壳的加强筋进行布置优化设计，缩短了该设备的设计周期[118]；陈塑寰和麻凯采用改进的 DFP (Davidon, Fletcher and Powell) 优化方法，辅以组合近似法，对板壳加强筋的布置进行优化设计[119]。

随着优化理论的发展，启发式优化方法、代理模型优化技术以及可靠性优化广泛应用于产品设计，重分析方法作为高效的求解器，与这些方法的结合层出不穷：张曙光等将静力分析的摄动理论与区间函数扩张定理相结合，推导结构静力分析的区间方法，将区间优化问题转化为相应近似的确定性问题[120]；Zuo 等针对遗传算法在优化过程中计算次数多、计算量太大的计算瓶颈，提出自适应的特征值重分析算法，进行结构的频率优化[121]；Mourelatos 和 Nikolaidis 对大规模结构优化的概率性分析和可靠性分析，采取改进的组合近似法，结合伽辽金插值近似函数，构造代理模型, 与完全分析相比, 既保证了优化的计算精度, 又节省了大量的计算时间[122]; Perdahcloğlu 等采用拉丁方实验设计方法, 建立代理模型, 利用缩减基法和子结构技术, 近似计算样本点的力学响应[123]。

拓扑优化作为优化设计领域的重要分支, 在现代产品概念设计中发挥着重要作用。随着设计规模的扩大, 重分析方法在优化设计中扮演着非常重要的角色。2000年左右, Kirsch 等即将组合近似法应用于拓扑优化设计中的关键环节 (如敏感性分析), 并用于针对柔度和模态的结构优化[124,125,48]; Amir 等将 SIMP (Solid Isotropic Material with Peualization) 算法与组合近似法相结合, 快速进行结构拓扑优化设计[126]; Apte 和 Wang 采用精确重分析方法, 结合 SIMP 拓扑优化方法, 对连续体结构进行柔性机械设计[127]; 龙凯等在结构优化设计中, 提出自适应组合近似法, 当误差超过阈值时, 采用完全分析进行精确计算, 并更新初始刚度矩阵[128]; 对多水平–相关稳定高斯随机输入 (Multi-correlated Stationary Gaussian Stochastic, MSGS) 的拓扑或者非拓扑变化进行了分析[129]; Chentouf 等则将组合近似法应用到不确定性以及结构稳健性拓扑优化设计中, 节省了大量的计算时间[130,131], 如图1.9 所示。

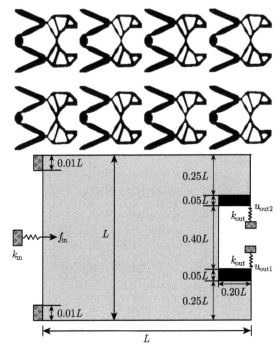

图 1.9　重分析方法在稳健性拓扑优化设计中的应用[126]

在实际的工程设计中, 工程技术人员往往希望快速看到根据经验实时修改后设计的结果。为此, Wang 等提出了 "Seen is Solution"(所见即所解) 的思路, 充分利用重分析在求解效率上的优势，实现了对车身结构的设计[132]。类似的研究还包括：Trevelyan 等从 CAD 层面上，采用重分析快速算法，对结构概念设计阶段的几何修改做出快速显示[133,134]；Kirsch 和 Eisenberger 将组合近似法应用到结构交互设计领域；Ko 等应用重分析快速算法，建立了交互界面，成功地对复合材料进行了设计[135]；Terdalkar 和 Rencis 在结构概念设计阶段，基于 ANSYS 软件二次开发平台，采用 ANSYS 有限元组装模块和 ANSYS 直接法求解器模块，对结构修改后的位移和应力结果进行快速显示[136]，如图 1.10 所示。

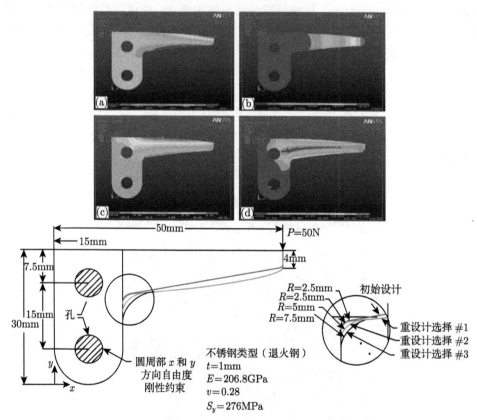

图 1.10   重分析算法与 ANSYS 平台的结合[136]（后附彩图）

1.5   基于其他求解器的重分析方法

重分析方法实质上是一类辅助求解器，通常基于有限元进行求解，随着重分析方法的发展，重分析方法还在其他求解器中得到了应用。重分析算法初步应用于基于力法的有限元结构分析中[137–139]；分析了结构响应与设计变量的敏度关系[140-142]；结合边界元法，建立了基于边界元的重分析计算方法[143,144]；对边界元不同局部网格划分间的误差进行数值分析[145]。应用 VDM，对生物医学领域中的骨骼结构损失进行有效识别[146,147]；与模糊有限元方法相结合，大幅度提高了计算效率[148]；结合楚列斯基分解，对固体力学中结构裂纹的扩展进行精确模拟[149]。

1.6 重分析方法的主要瓶颈和展望

综上所述，近几十年来重分析技术得到了快速的发展。但面对日趋复杂的物理模型，重分析方法理论研究到实际的工程应用，依然有很长的路要走。为此，我们认为，从方法层面和应用层面，目前重分析方法存在如下问题亟待解决：

从方法层面考虑：对于线性静态问题，直接法可以给出精确的计算结果，但随着结构修改部分所占整体结构修改部分的比例逐渐增大，计算效率大幅度下降，求解时间甚至大于完全分析。近似法虽然计算效率高，但是随着结构改变幅度的增加，为了保证计算精度，往往需要采取高阶近似。但是，高阶近似会导致计算结果的不稳定。因此，如何构建具备保证精度特点的高效重分析方法是重分析研究领域的重要课题。而对于动态问题，目前已有的模态重分析方法，如组合近似法、帕德逼近法和子结构技术等，已经能够处理绝大多数频域问题的求解。而对于时域方面问题，迭代次数多，随着迭代次数的不断增加，需要反复重构并调用减缩矩阵，导致计算效率大幅度下降。反之，如果采用自适应模式，则会造成累积误差。因此，如何控制误差和计算效率处于相对的稳定平衡状态，同时又保证重分析计算结果准确可靠，是亟待解决的重要问题。此外，对于大规模非线性问题的求解，重分析方法并不成熟。理论上，虽然重分析方法可以分别对几何非线性、材料非线性进行求解。但对于大多数复杂的产品设计，重分析方法在计算效率上的优势并不明显。而计算规模的不断增大、结构复杂度的提升，以及非线性程度的不断增加，都将严重影响重分析的计算精度和计算效率。因此，需要突破重分析方法的现有框架，建立更为完善的重分析理论。最为重要的是，目前主流的重分析求解体系建立在变刚度矩阵体系之上，需要建立网格变化前后的映射关系，并分别根据自由度不变、自由度增加、自由度减少等具体情况进行相应操作。然而，在实际应用中，三种情况往往难以区分，尤其对于具体不规则的几何特征边界的结构，需要根据初始和修改后的拓扑关系找到对应的节点。为了解决这一问题，需要进行复杂的 CAD 操作并构造完备的映射机制，因此，随着几何特征复杂度大幅度提升，效率也会随之下降。即使如此，在优化迭代过程中，原始单元可能会被破坏重构，难以保证单元相关信息的完备，重分析的精度会进一步丧失。简而言之，对于具有较为复杂几何特征的设计模式，几何特征的变化会导致网格质量下降 (尤其是边界)，刚度矩阵的条件数增大，重分析的求解效率和精度下滑。因此，有必要建立一种新型的重分析构造模式，尽量避免刚度矩阵变化前后的节点映射的搜寻，并且能有效控制条件数。

从应用层面考虑，目前主流的重分析方法多局限于传统计算固体力学宏观领域，如刚度、强度和模态等快速问题，重分析的潜力在很多应用领域还没有发挥出应用的作用。例如，在动态问题的迭代步中网格变化较小的情况下，如何充分发挥重分析计算的长处，对流体力学的计算、裂纹扩展、瞬态温度场以及多物理场的分析进行求解。对于目前非常活跃的多尺度计算领域，重分析方法的相关研究也未见报道。

作为一种快速求解的辅助工具，重分析方法目前主要将有限元作为其主求解器，这在一定程度上限制了重分析的应用领域。如何将重分析和其他数值计算方法 (如无网格方法、扩展有限元、物质点法) 合理结合，也是目前该研究领域面对的重要课题。如果能充分利用重分析方法的优势，可以大幅度提高这些研究领域的求解效率和扩大计算规模。

参 考 文 献

[1]   Sherman J, Morrison W J. Adjustment of an inverse matrix corresponding to a change in one element of a given matrix [J]. The Annals of Mathematical Statistics, 1950, 21(1): 124-127.

[2]   Woodbury M A. Inverting modified matrices [R]. Memorandum Report, 1950, 42: 106.

[3]   Fox R, Miura H. An approximate analysis technique for design calculations [J]. AIAA Journal, 1971, 9(1): 177-179.

[4]   Unal R, Lepsch R, Engelund W, et al. Approximation model building and multidisciplinary design optimization using response surface methods [J]. AIAA Journal, 1996, 4-6: 592-598.

[5]   Haftka R T, Nachlas J A, Watson L T, et al. Two-point constraint approximation in structural optimization [J]. Computer Methods in Applied Mechanics and Engineering, 1987, 60(3): 289-301.

[6]   Li Z G, Wu B S. A preconditioned conjugate gradient approach to structural reanalysis for general layout modifications [J]. International Journal for Numerical Methods in Engineering, 2007, 70(5): 505-522.

[7]   Wang H, Li E, Li G. A parallel reanalysis method based on approximate inverse matrix for complex engineering problems [J]. Journal of Mechanical Design, 2013, 135(8): 081001.

[8]   Kirsch U. Approximate structural reanalysis based on series expansion [J]. Computer Methods in Applied Mechanics and Engineering, 1981, 26(2): 205-223.

[9]   Abu Kassim A M, Topping B H V. Static reanalysis: a review [J]. Journal of Structural

Engineering, 1987, 113(5): 1029-1045.

[10] 黄传奇. 一种结构静力重分析方法及其在层合板逐次失效分析中的应用 [J]. 工程力学, 1996, 13(3): 130-141.

[11] Huang C, Verchery G. An exact structural static reanalysis method [J]. Communications in Numerical Methods in Engineering, 1997, 13(2): 103-112.

[12] 杨任，宋琦，陈璞. 一种新的结构修改算法及其在工程设计中的应用 [J]. 工程力学, 2016, 33(7): 1-6.

[13] 赵锡钱, 丁成辉. 刚度局部更改的一种通用精确算法 [J]. 工程力学, 2002, 19(1): 57-59.

[14] Deng L, Ghosn M. Pseudoforce method for nonlinear analysis and reanalysis of structural systems [J]. Journal of Structural Engineering, 2001, 127(5): 570-578.

[15] Cheikh M, Loredo A. Static reanalysis of discrete elastic structures with reflexive inverse [J]. Applied Mathematical Modelling, 2002, 26(9): 877-891.

[16] Qi S, Pu C, Shuli S. An exact reanalysis algorithm for local non-topological high-rank structural modifications in finite element analysis [J]. Computers and Structures, 2014, 143: 60-72.

[17] Huang G, Wang H, Li G. A reanalysis method for local modification and the application in large-scale problems [J]. Struct Multidisc Optim, 2014, 49(6): 915-930.

[18] Gao G, Wang H, Li E, et al. An exact block-based reanalysis method for local modifications [J]. Computers and Structures, 2015, 158: 369-380.

[19] Jenkins W M. Structural reanalysis using a neural network-based iterative method [J]. Journal of Structural Engineering, 2002, 128(7): 946-950.

[20] Jorge E H. Reanalysis of linear and nonlinear structures using iterated Shanks transformation [J]. Computer Methods in Applied Mechanics and Engineering, 2002, 191(37-38): 4215-4229.

[21] Wu B, Li Z, Li S. The implementation of a vector-valued rational approximate method in structural reanalysis problems [J]. Computer Methods in Applied Mechanics and Engineering, 2003, 192(13-14): 1773-1784.

[22] 张义民, 陈塑寰, 周振平, 等. 静力分析的一般随机摄动法 [J]. 应用数学和力学, 1995, 16(8): 709-714.

[23] 黄海, 陈塑寰, 孟光. 摄动法结合 Padé逼近在结构拓扑重分析中的应用 [J]. 应用力学学报, 2005, 22(2): 155-158.

[24] 黄海, 陈塑寰, 孟光, 等. 结构静态拓扑重分析的摄动-Padé逼近法 [J]. 固体力学学报, 2005, 26(3): 321-324.

[25] Chen S H, Yang X W, Wu B S. Static displacement reanalysis of structures using perturbation and Padé approximation [J]. Communications in Numerical Methods in Engineering, 2000, 16(2): 75-82.

[26] 吴晓明, 陈塑寰, 黄志东. Epsilon 算法在汽车结构设计分析中的应用 [J]. 吉林大学学报 (工学版), 2006, 36(3): 8-11.

[27] Ha-Rok B, Grandhi R V, Canfield R A. Accelerated engineering design optimization using successive matrix inversion method [J]. International Journal for Numerical Methods in Engineering, 2006, 66(9): 1361-1377.

[28] 杨志军, 陈新, 吴晓明, 等. 结构拓扑修改静态重分析自适应迭代方法 [J]. 工程力学, 2009, 11: 36-40.

[29] Yang Z J, Chen X, Kelly R. An adaptive static reanalysis method for structural modifications using epsilon algorithm [J]. International Joint Conference on Computational Sciences and Optimization, 2009, 2: 897-899.

[30] 黄冀卓, 王湛. 大型结构大修改下的静力重分析方法 [J]. 力学学报, 2011, 43(2): 355-361.

[31] Wu B S, Lim C W, Li Z G. A finite element algorithm for reanalysis of structures with added degrees of freedom [J]. Finite Elements in Analysis and Design, 2004, 40(13-14): 1791-1801.

[32] Wu B, Li Z. Reanalysis of structural modifications due to removal of degrees of freedom [J]. Acta Mechanica, 2005, 180(1): 61-71.

[33] Wu B, Li Z. Static reanalysis of structures with added degrees of freedom [J]. Communications in Numerical Methods in Engineering, 2006, 22(4): 269-281.

[34] Liu H, Wu B, Lim C, et al. An approach for structural static reanalysis with unchanged number of degrees of freedom [J]. Structural and Multidisciplinary Optimization, 2012, 45(5): 681-692.

[35] 徐涛, 程飞, 于澜, 等. 基于预条件 Lanczos 算法的结构拓扑修改静态重分析方法 [J]. 吉林大学学报 (工学版), 2007, 37(5): 1214-1219.

[36] 徐涛, 程飞, 郭桂凯, 等. 结构静态重分析的改进预条件 Lanczos 方法 [J]. 机械强度, 2009, 31(3): 425-431.

[37] Xu T, Kai H W, Cheng F, et al. A new static reanalysis method of topological modifications with added degrees of freedom [J]. International Joint Conference on Computational Sciences and Optimization, 2010, 1: 321-324.

[38] Liu H L, Wu B W, Li Z L. Simple iteration method for structural static reanalysis [J]. Canadian Journal of Civil Engineering, 2009, 36(9): 1535-1538.

[39] 徐涛, 程飞, 宋广才, 等. 结构拓扑修改静态重分析的 BFGS 方法 [J]. 吉林大学学报 (工学版), 2009, 39(1): 103-107.

[40] Kirsch U. Efficient reanalysis for topological optimization [J]. Structural Optimization, 1993, 6(3): 143-150.

[41] Kirsch U, Moses F. An improved reanalysis method for grillage-type structures [J]. Computers & Structures, 1998, 68(1): 79-88.

[42] Kirsch U, Liu S. Exact structural reanalysis by a first-order reduced basis approach [J]. Structural Optimization, 1995, 10(3-4): 153-158.

[43] Kirsch U, Papalambros P Y. Structural reanalysis for topological modifications—a unified approach [J]. Structural and Multidisciplinary Optimization, 2001, 21(5): 333-344.

[44] Levy R, Kirsch U, Liu S. Reanalysis of trusses using modified initial designs [J]. Structural and Multidisciplinary Optimization, 2000, 19(2): 105-112.

[45] Kirsch U, Papalambros P Y. Exact and accurate reanalysis of structures for geometrical changes [J]. Engineering with Computers, 2001, 17(4): 363-372.

[46] Kirsch U. Combined approximations—a general reanalysis approach for structural optimization [J]. Structural and Multidisciplinary Optimization, 2000, 20(2): 97-106.

[47] Kirsch U. A unified reanalysis approach for structural analysis, design, and optimization [J]. Structural and Multidisciplinary Optimization, 2003, 25(2): 67-85.

[48] Kirsch U. Reanalysis and sensitivity reanalysis by combined approximations [J]. Structural and Multidisciplinary Optimization, 2010, 40(1-6): 1-15.

[49] Wu B, Li Z. Approximate reanalysis for modifications of structural layout [J]. Engineering Structures, 2001, 23(12): 1590-1596.

[50] Kirsch U, Kocvara M, Zowe J. Accurate reanalysis of structures by a preconditioned conjugate gradient method [J]. International Journal for Numerical Methods in Engineering, 2002, 55(2): 233-251.

[51] Kirsch U, Bogomolni M. Error evaluation in approximate reanalysis of structures [J]. Structural and Multidisciplinary Optimization, 2004, 28(2): 77-86.

[52] 杨志军, 陈塑寰, 吴晓明. 结构静态拓扑重分析的迭代组合近似方法 [J]. 力学学报, 2004, 36(5): 611-616.

[53] Chen S H, Yang Z J. A universal method for structural static reanalysis of topological modifications [J]. International Journal for Numerical Methods in Engineering, 2004, 61(5): 673-686.

[54] Kirsch U, Bogomolni M, Sheinman I. Efficient procedures for repeated calculations of the structural response using combined approximations [J]. Structural and Multidisciplinary Optimization, 2006, 32(6): 435-446.

[55] Zuo W, Yu Z, Zhao S, et al. A hybrid fox and Kirsch's reduced basis method for structural static reanalysis [J]. Structural and Multidisciplinary Optimization, 2012, 46(2): 261-272.

[56] Akgün M A, Garcelon J H, Haftka R T. Fast exact linear and non-linear structural reanalysis and the Sherman-Morrison-Woodbury formulas [J]. International Journal for Numerical Methods in Engineering, 2001, 50(7): 1587-1606.

[57] Li Z, Lim C, Wu B. A comparison of several reanalysis methods for structural layout modifications with added degrees of freedom [J]. Structural and Multidisciplinary Optimization, 2008, 36(4): 403-410.

[58] 黄观新, 王琥, 高国强, 等. 修正组合近似法及其在车架刚度重分析中的应用 [J]. 机械工程学报, 2011, 47(18): 86-92.

[59] Kashiwagi M. A numerical method for eigensolution of locally modified systems based on the inverse power method [J]. Finite Elements in Analysis and Design, 2009, 45(2): 113-120.

[60] Cacciola P, Impollonia N, Muscolino G. A dynamic reanalysis technique for general structural modifications under deterministic or stochastic input [J]. Computers & Structures, 2005, 83(14): 1076-1085.

[61] Grissom M D, Belegundu A D, Koopmann G H. A reduced eigenvalue method for broadband analysis of a structure with vibration absorbers possessing rotatory inertia [J]. Journal of Sound and Vibration, 2005, 281(3-5): 869-886.

[62] Sresta B R S, Reddy Y M. Dynamic reanalysis of beams using polynomial regression method [J]. Advances in Engineering Software, 2012, 2(4): 2126-2131.

[63] Latha P N, Sreenivas P. Structural dynamic reanalysis of beam elements using regression method [J]. Journal of Mechanical and Civil Engineering. 2013, 9(4): 50-58.

[64] 陈塑寰, 张宗芬. 矩阵摄动法在振动工程中的若干应用 [J]. 振动工程学报, 1987, 01: 100-104.

[65] Ravi S S A, Kundra T K, Nakra B C. A response re-analysis of damped beams using eigenparameter perturbation [J]. Journal of Sound and Vibration, 1995, 179(3): 399-412.

[66] Ravi S S A, Kundra T K, Nakra B C. Reanalysis of plates modified by free damping layer treatment [J]. Computers and Structures, 1996, 58(3): 535-541.

[67] Level P, Oudshoorn A, Drazetic P, et al. Implementation of a modal reanalysis method in a finite element analysis context [J]. Computer Methods in Applied Mechanics and Engineering, 1995, 126(3-4): 239-249.

[68] Ravi S S A, Kundra T K, Nakra B C. Reanalysis of damped structures using the single step perturbation method [J]. Journal of Sound and Vibration, 1998, 211(3): 355-363.

[69] 徐涛, 陈塑寰, 杨光. 接近亏损系统的摄动灵敏度 [J]. 吉林工业大学自然科学学报, 2000, 30(3): 65-67.

[70] 杨晓伟, 陈塑寰. 结构参数大修改时的特征值重分析方法 [J]. 力学学报, 2001, 33(4): 555-560.

[71] Yang X, Chen S, Wu B. Eigenvalue reanalysis of structures using perturbations and Padé approximation [J]. Mechanical Systems and Signal Processing, 2001, 15(2): 257-263.

[72] Chen S H, Rong F. A new method of structural modal reanalysis for topological modifications [J]. Finite Elements in Analysis and Design, 2002, 38(11): 1015-1028.

[73] Yang X, Lian H, Chen S. An adaptive iteration algorithm for structural modal re-analysis of topological modifications [J]. Communications in Numerical Methods in Engineering, 2002, 18(5): 373-382.

[74] 孙亮, 李顺华, 李正光, 等. 结构动力重分析的向量值有理逼近方法 [J]. 吉林大学学报 (理学版), 2005, 43(3): 258-261.

[75] 吴晓明, 陈塑寰. Epsilon 算法在结构模态重分析中的应用 [J]. 吉林大学学报 (工学版), 2006, 36(4): 447-450.

[76] Chen H P. Efficient methods for determining modal parameters of dynamic structures with large modifications [J]. Journal of Sound and Vibration, 2006, 298(1-2): 462-470.

[77] 张美艳, 韩平畴. 基于有理逼近和灵敏度分析的结构动力重分析方法 [J]. 振动与冲击, 2006, 25(4): 50-52.

[78] 张美艳. 复杂结构的动力重分析方法研究 [D]. 复旦大学博士学位论文, 2007.

[79] 何建军, 姜节胜. 结构拓扑修改动力学重分析的单步摄动逆迭代法 [J]. 西北工业大学学报, 2006, 24(3): 313-316.

[80] 何建军, 姜节胜, 康兴无. 结构拓扑大修改的动力学重分析方法 [J]. 振动工程学报, 2007, 20(4): 407-411.

[81] Chen S H, Guo R, Meng G W. Second-order sensitivity of eigenpairs in multiple parameter structures [J]. Applied Mathematics and Mechanics-English Edition, 2009, 30(12): 1475-1487.

[82] 郭睿. 多参数结构动态二阶灵敏度及重分析研究 [D]. 吉林大学博士学位论文, 2009.

[83] Massa F, Tison T, Lallemand B, et al. Structural modal reanalysis methods using homotopy perturbation and projection techniques[J]. Computer Methods in Applied Mechanics and Engineering, 2011, 200(45-46): 2971-2982.

[84] Chen S H, Ma L, Meng G W, et al. An efficient method for evaluating the natural frequencies of structures with uncertain-but-bounded parameters [J]. Computers and Structures, 2009, 87(9-10): 582-590.

[85] Level P, Gallo Y, Tison T, et al. On an extension of classical modal reanalysis algorithms: the improvement of initial models [J]. Journal of Sound and Vibration, 1995, 186(4): 551-560.

[86] Sayin B, Clgeroglu E. A New Structural Modification Method with Additional Degrees of Freedom for Dynamic Analysis of Large Systems [M]. New York: Springer, 2014: 137-144.

[87] Huang C, Chen S H, Liu Z. Structural modal reanalysis for topological modifications of finite element systems [J]. Engineering Structures, 2000, 22(4): 304-310.

[88] Liu J K, Tham L G, Au F T K. A universal perturbation technique for reanalysis of gyroscopic systems with internal and external damping [J]. Journal of Sound and Vibration, 2001, 240(4): 779-787.

[89] Segura M M, Celigüeta J T. A new dynamic reanalysis technique based on modal synthesis [J]. Computers and Structures, 1995, 56(4): 523-527.

[90] Brizard D, Besset S, Jezequel L, et al. Determinantal method for locally modified structures. Application to the vibration damping of a space launcher [J]. Computational Mechanics, 2012, 50(5): 631-644.

[91] Yap K C, Zimmerman D C. A comparative study of structural dynamic modification and sensitivity method approximation [J]. Mechanical Systems and Signal Processing, 2002, 16(4): 585-597.

[92] Liu X L, Oliveira C S. Iterative modal perturbation and reanalysis of eigenvalue problem [J]. Communications in Numerical Methods in Engineering, 2003, 19(4): 263-274.

[93] Hang H, Shankar K, Lai J C S. Prediction of the effects on dynamic response due to distributed structural modification with additional degrees of freedom [J]. Mechanical Systems and Signal Processing, 2008, 22(8): 1809-1825.

[94] Rong F, Chen S H, Chen Y D. Structural modal reanalysis for topological modifications with extended Kirsch method [J]. Computer Methods in Applied Mechanics and Engineering, 2003, 192(5-6): 697-707.

[95] Chen S H, Yang X W, Lian H D. Comparison of several eigenvalue reanalysis methods for modified structures [J]. Structural and Multidisciplinary Optimization, 2000, 20(4): 253-259.

[96] Kirsch U, Bogomolni M, Sheinman I. Efficient dynamic reanalysis of structures [J]. Journal of Structural Engineering, 2007, 133(3): 440-448.

[97] Kirsch U, Bogomolni M. Procedures for approximate eigenproblem reanalysis of structures [J]. International Journal for Numerical Methods in Engineering, 2004, 60(12): 1969-1986.

[98] Yang Z J, Chen S H, Wu X M. A method for modal reanalysis of topological modifications of structures [J]. International Journal for Numerical Methods in Engineering, 2006, 65(13): 2203-2220.

[99] Bogomolni M, Kirsch U, Sheinman I. Efficient design sensitivities of structures subjected to dynamic loading [J]. International Journal of Solids and Structures, 2006, 43(18-19): 5485-5500.

[100] He J J, Jiang J S, Xu B. Modal reanalysis methods for structural large topological modifications with added degrees of freedom and non-classical damping [J]. Finite Elements in Analysis and Design, 2007, 44(1-2): 75-85.

[101] Kirsch U, Bogomolni M. Nonlinear and dynamic structural analysis using combined approximations [J]. Computers and Structures, 2007, 85(10): 566-578.

[102] Xu T, Guo G, Zhang H. Vibration reanalysis using frequency-shift combined approximations [J]. Structural and Multidisciplinary Optimization, 2011, 44(2): 235-246.

[103] 张德文, 王建民. 特征值重分析的递推算法和若干技术比较 [J]. 强度与环境, 2013, 06: 22-32.

[104] Zheng S P, Wu B S, Li Z G. Vibration reanalysis based on block combined approximations with shifting [J]. Computers and Structures, 2015, 149: 72-80.

[105] Zhao S, Xu T, Zhang W, et al. Shift-relaxation combined approximations method for structural vibration reanalysis of near defective systems [J]. Applied Sciences, Engineering and Technology, 2013, 6(7): 1192-1199.

[106] Ma L, Chen S H, Meng G W. Combined approximation for reanalysis of complex eigenvalues [J]. Computers & Structures, 2009, 87(7-8): 502-506.

[107] Ma L, Chen Y, Chen S, et al. Efficient computation for dynamic responses of systems with time-varying characteristics [J]. Acta Mechanica Sinica, 2009, 25(5): 699-705.

[108] Chen S H, Ma L, Meng G. Dynamic response reanalysis for modified structures under arbitrary excitation using Epsilon-algorithm [J]. Computers and Structures, 2008, 86(23-24): 2095-2101.

[109] Leu L J, Tsou C H. Applications of a reduction method for reanalysis to nonlinear dynamic analysis of framed structures [J]. Computational Mechanics, 2000, 26(5): 497-505.

[110] Gao G, Wang H, Li G. An adaptive time-based global method for dynamic reanalysis [J]. Structural and Multidisciplinary Optimization, 2013: 1-11.

[111] Yang J, Xu J, Chen Q. A new method of reanalysis: multi-sample compression algorithm for the elastoplastic FEM [J]. Computational Mechanics, 2010, 46(6): 783-789.

[112] Kirsch U, Bogomolni M, Sheinman I. Nonlinear dynamic reanalysis of structures by combined approximations [J]. Computer Methods in Applied Mechanics and Engineering, 2006, 195(33-36): 4420-4432.

[113] Amir O, Kirsch U, Sheinman I. Efficient non-linear reanalysis of skeletal structures using combined approximations [J]. International Journal for Numerical Methods in Engineering, 2008, 73(9): 1328-1346.

[114] Sayin B, Cigeroglu E. Reanalysis of Large Finite Element Models with Structural Nonlinearities [M]. New York: Springer, 2013, 35: 281-287.

[115] Fleury C. First and second order convex approximation strategies in structural optimization [J]. Structural Optimization, 1989, 1(1): 3-10.

[116] Makoto O. Random search method based on exact reanalysis for topology optimization of trusses with discrete cross-sectional areas [J]. Computers and Structures, 2001, 79(6): 673-679.

[117] Leu L J, Huang C W. Reanalysis-based optimal design of trusses [J]. International Journal for Numerical Methods in Engineering, 2000, 49(8): 1007-1028.

[118] 徐岩, 杨志军, 陈宇东, 等. 载货汽车发动机飞轮壳加强筋布置的优化设计 [J]. 吉林大学学报 (工学版), 2005, 35(4): 451-456.

[119] 陈塑寰, 麻凯. 板壳加筋结构的组合优化 [J]. 吉林大学学报 (工学版), 2008, 38(2): 388-392.

[120] 张曙光, 陈塑寰, 麻凯. 区间参数结构分析的静力优化 [J]. 吉林大学学报 (工学版), 2007, 37(5): 1220-1224.

[121] Zuo W, Xu T, Zhang H, et al. Fast structural optimization with frequency constraints by genetic algorithm using adaptive eigenvalue reanalysis methods [J]. Structural and Multidisciplinary Optimization, 2011, 43(6): 799-810.

[122] Mourelatos Z P, Nikolaidis E. Efficient re-analysis methodology for vibration of large-scale structures [J]. International Journal of Vehicle Design, 2013, 61(1-4): 37.

[123] Perdahcloğlu D A, Geijselaers H, Ellenbroek M, et al. Dynamic substructuring and reanalysis methods in a surrogate-based design optimization environment [J]. Structural and Multidisciplinary Optimization, 2012, 45(1): 129-138.

[124] Kirsch U. Implementation of combined approximations in structural optimization [J]. Computers and Structures, 2000, 78(1-3): 449-457.

[125] Kirsch U, Bogomolni M, Sheinman I. Efficient structural optimization using reanalysis and sensitivity reanalysis [J]. Engineering with Computers, 2007, 23(3): 229-239.

[126] Amir O, Bendsøe M P, Sigmund O. Approximate reanalysis in topology optimization [J]. International Journal for Numerical Methods in Engineering, 2009, 78(12): 1474-1491.

[127] Apte A, Wang B. Design of compliant mechanism using hyper radial basis function network and reanalysis formulation [J]. Structural and Multidisciplinary Optimization, 2011, 43(4): 529-539.

[128] 龙凯, 左正兴, 肖涛, 等. 组合近似方法在结构优化中的应用 [J]. 中国机械工程, 2007, 18(9): 1043-1046.

[129] Cacciola P, Muscolino G. Reanalysis techniques in stochastic analysis of linear structures under stationary multi-correlated input [J]. Probabilistic Engineering Mechanics, 2011, 26(1): 92-100.

[130] Chentouf S A, Bouhaddi N, Laitem C. Robustness analysis by a probabilistic approach for propagation of uncertainties in a component mode synthesis context [J]. Mechanical Systems and Signal Processing, 2011, 25(7): 2426-2443.

[131] Amir O, Sigmund O, Lazarov B S, et al. Efficient reanalysis techniques for robust topology optimization [J]. Computer Methods in Applied Mechanics and Engineering, 2012, 245-246(0): 217-231.

[132] Wang H, Zeng Y, Li E, et al. "Seen Is Solution" a CAD/CAE integrated parallel reanalysis design system[J]. Computer Methods in Applied Mechanics and Engineering, 2016, 299: 187-214.

[133] Trevelyan J, Wang P. Interactive re-analysis in mechanical design evolution. Part I. Background and implementation [J]. Computers & Structures, 2001, 79(9): 929-938.

[134] Trevelyan J, Wang P, Walker S K. A scheme for engineer-driven mechanical design improvement [J]. Engineering Analysis with Boundary Elements, 2002, 26(5): 425-433.

[135] Ko J B, Lee K S, Kim S J. Finite element aided design of laminated and sandwich plates using reanalysis methods [J]. Journal of Mechanical Science and Technology, 2006, 20(6): 782-794.

[136] Terdalkar S S, Rencis J J. Graphically driven interactive finite element stress reanalysis for machine elements in the early design stage [J]. Finite Elements in Analysis and Design, 2006, 42(10): 884-899.

[137] Kirsch U, Taye S. High quality approximations of forces for optimum structural design [J]. Computers and Structures, 1988, 30(3): 519-527.

[138] Level P, Moraux D, Drazetic P, et al. On a direct inversion of the impedance matrix in response reanalysis [J]. Communications in Numerical Methods in Engineering, 1996, 12(3): 151-159.

[139] Jang H J. A constrained least-squares approach to the rapid reanalysis of structures [J]. Linear Algebra and its Applications, 1997, 265(1-3): 185-202.

[140] Kirsch U, Papalambros P Y. Accurate displacement derivatives for structural optimization using approximate reanalysis [J]. Computer Methods in Applied Mechanics and Engineering, 2001, 190(31): 3945-3956.

[141] Impollonia N. A method to derive approximate explicit solutions for structural mechanics problems [J]. International Journal of Solids and Structures, 2006, 43(22-23): 7082-7098.

[142] Xu T, Xu T S, Zuo W J, et al. Fast sensitivity analysis of defective system [J]. Applied Mathematics and Computation, 2010, 217(7): 3248-3256.

[143] Kane J H, Kumar B L K, Gallagher R H. Boundary-element iterative reanalysis for continuum structures [J]. Journal of Engineering Mechanics, 1990, 116(10): 2310-2328.

[144] Leu L J. A reduction method for boundary element reanalysis [J]. Computer Methods in Applied Mechanics and Engineering, 1998, 178(1-2): 125-139.

[145] Charafi A, Wrobel L C. A new h-adaptive refinement scheme for the boundary element method using local reanalysis [J]. Applied Mathematics and Computation, 1997, 82(2-3): 239-271.

[146] Świercz A, Kołakowski P, Holnicki-Szulc J. Damage identification in skeletal structures using the virtual distortion method in frequency domain [J]. Mechanical Systems and Signal Processing, 2008, 22(8): 1826-1839.

[147] Zhang Q X, Jankowski L, Duan Z D. Identification of coexistent load and damage [J]. Structural and Multidisciplinary Optimization, 2010, 41(2): 243-253.

[148] Farkas L, Moens D, Vandepitte D, et al. Fuzzy finite element analysis based on reanalysis technique [J]. Structural Safety, 2010, 32(6): 442-448.

[149] Pais M J, Yeralan S N, Davis T A, et al. An exact reanalysis algorithm using incremental Cholesky factorization and its application to crack growth modeling [J]. International Journal for Numerical Methods in Engineering, 2012, 91(12): 1358-1364.

第 2 章　组合近似法

重分析方法的种类繁多，从逼近的模式上考虑，可以分为直接法和近似法，组合近似 (CA) 法[1] 则充分利用了二项式级数法的高效性与缩减基法的精度，在保证精度的前提下，能够对在结构上具有较大变形量的问题进行快速求解。CA 法具有容易实施、拓展等优势。CA 法以及其他建立在 CA 模式上的重分析方法，形成了一套较为完整的快速计算体系，理论上，可以应用于线性、非线性、特征值等问题的快速求解，是目前重分析数值计算领域较为主流的方法。此外，研究表明，CA 法和预条件共轭梯度法具有相同的精度，这也保证了 CA 法在理论上的完备[2]。然而，传统的 CA 法主要用于杆件结构的快速求解 (桁架)，虽然 CA 法也在其他类型的单元有所应用[3]，但并没有系统地对不同类型的单元 CA 计算进行系统研究和测试。为此，本章重点介绍了 CA 法的基本理论和实施策略，并对工程应用中的常用单元进行了求解和计算。

2.1　问题的提出

从有限元的角度出发，初始结构的静态代数平衡方程可以表示为

$$\boldsymbol{K}_0 \boldsymbol{r}_0 = \boldsymbol{F}_0 \tag{2.1}$$

式中，$\boldsymbol{K}_0$ 为初始对称正定刚度矩阵；$\boldsymbol{F}_0$ 为初始载荷向量；$\boldsymbol{r}_0$ 为待求位移向量。

为了求解线性方程组，可以对刚度矩阵进行楚列斯基分解，则初始刚度矩阵 $\boldsymbol{K}_0$ 可以表示为

$$\boldsymbol{K}_0 = \boldsymbol{U}_0^{\mathrm{T}} \boldsymbol{U}_0 \tag{2.2}$$

式中，$\boldsymbol{U}_0$ 为上三角矩阵。

于是，初始位移向量 $\boldsymbol{r}_0$ 可以表示为

$$\boldsymbol{r}_0 = (\boldsymbol{U}_0)^{-1}(\boldsymbol{U}_0^{\mathrm{T}})^{-1}\boldsymbol{F}_0 \tag{2.3}$$

由式 (2.3)，令刚度矩阵的维数为 n，初始刚度矩阵 $\boldsymbol{K}_0$ 的带宽为 $n^{1/2}$，随着维数 n 的不断增加，求解式 (2.1) 的计算操作数 Q 如图 2.1 所示。从图 2.1 可以看出，随着维数 n 的不断增大，计算操作数 Q 呈指数形式增加。显然，计算操作数 Q 越大，计算时间增幅越大。

任何设计过程，是结构调整的迭代过程，对于静态问题，则是刚度矩阵每个迭代步中的不断修改。而当结构发生改变时，结构修改后的有限元平衡方程可以表示为

$$\boldsymbol{K}\boldsymbol{r} = \boldsymbol{F} \tag{2.4}$$

式中，$\boldsymbol{K}$ 为结构修改后的刚度矩阵；$\boldsymbol{F}$ 为载荷向量；$\boldsymbol{r}$ 为待求位移向量。同初始刚度矩阵和载荷相比，刚度矩阵改变量 $\Delta \boldsymbol{K}$ 和载荷变化量 $\Delta \boldsymbol{F}$ 可以分别表示为

$$\begin{cases} \Delta \boldsymbol{K} = \boldsymbol{K} - \boldsymbol{K}_0 \\ \Delta \boldsymbol{F} = \boldsymbol{F} - \boldsymbol{F}_0 \end{cases} \tag{2.5}$$

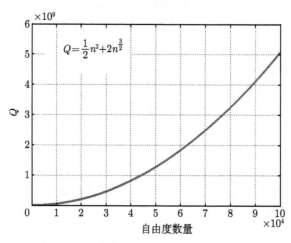

图 2.1　操作数随着结构自由度变化趋势

对于绝大多数的设计过程，在迭代中迭代反复修改时，虽然结构每次的变化程度有限，但即使再小的变化，也需要重新对代数方程进行求解，因此计算量将成倍增加。而随着结构自由度 n 的不断增大，计算时间相应增加，直接导致了设计周期冗长。显然，目前设计中完全分析计算的模式并不合理。因此，重分析方法的核心意义在于：对于结构改变量较小的情况，充分利用初始刚度矩阵的分解形式、刚度矩阵改变量和载荷向量，快速求解式 (2.4)，节省修改结构的计算时间，缩短结构设计周期。

2.2　组合近似法基本理论

2.2.1　二项式级数法

根据式 (2.4) 和式 (2.5) 以及线性代数方程组迭代求解方法，结构更新后位移向量 $\boldsymbol{r}$ 可以表示为迭代形式

$$\boldsymbol{K}_0 \boldsymbol{r}^{(k+1)} = \boldsymbol{F} - \Delta \boldsymbol{K} \boldsymbol{r}^{(k)} \tag{2.6}$$

式中，上标 k 和 $k+1$ 分别表示方程组迭代求解方法中第 k 次和第 $k+1$ 次迭代更新。

经过 m 次迭代后，利用二项式技术，更新位移向量 r 可以用初始解 r_1 表示为

$$r = (I - B + B^2 - B^3 + \cdots + (-1)^{m-1}B^{m-1})r_1 \tag{2.7}$$

式中

$$\begin{cases} B = K_0^{-1}\Delta K \\ r_1 = K_0^{-1}F \end{cases} \tag{2.8}$$

由于初始刚度矩阵的逆已知，计算过程中仅涉及矩阵和向量的相乘，不存在矩阵分解或者求逆运算。因此，对于改变较小的修改结构，二项式级数法计算效率高；但结构改变量较大时，收敛速度较慢，计算结果难以收敛，因此需要对单纯的二项式方法进行求解。

2.2.2 缩减基的构造

假设结构响应可以近似表达为预先设定的基向量的线性组合形式

$$r = y_1r_1 + y_2r_2 + \cdots + y_sr_s = r_B y \tag{2.9}$$

式中，s 为基向量的数目，应远小于刚度矩阵维度；r_B 为预先设定的基向量，其中

$$\begin{cases} r_B = [r_1, r_2, \cdots, r_s] \\ y = [y_1, y_2, \cdots, y_s]^{\mathrm{T}} \end{cases} \tag{2.10}$$

对式 (2.4) 两边同时乘以 r_B^{T}，并代入式 (2.9)，得到

$$K_R y = F_R \tag{2.11}$$

式中，K_R 为缩减刚度矩阵；R_R 为缩减载荷向量。它们可以表示为

$$\begin{cases} K_R = r_B^{\mathrm{T}} K r_B \\ F_R = r_B^{\mathrm{T}} F \end{cases} \tag{2.12}$$

求解式 (2.11)，得到系数矩阵 y，代入式 (2.9)，得到修改位移向量 r。

缩减基法经常通过多个样本点构造基向量，计算精度与预先设定的基向量直接相关，基向量的数目过少，会造成求解精度的下降；反之，会导致求解结果的不稳定。因此，合适的基向量数目是缩减基法能成功求解的关键。

2.2.3 组合近似

CA 法中的基向量通过二项式级数构造式 (2.7)，基向量的构造过程仅涉及矩阵与向量相乘。同缩减基相比，不需要通过多个样本点，求解多个初始结构，并进行多次矩阵分解。显然，CA 法的计算效率明显更高。

此外，为保证基向量线性独立，避免因为线性相关所构造缩减矩阵的奇异性，新生成的基向量必须满足式 (2.13)，否则不再生成新的基向量 r_{i+1}。

$$\frac{r_i^{\mathrm{T}} B r_i}{|r_i| \cdot |B r_i|} \leqslant \varepsilon \tag{2.13}$$

式中，ε 为预先设定常数，一般 $\varepsilon = 0.95$。

对式 (2.4) 两边同时左乘 $r_{\mathrm{B}}^{\mathrm{T}}$，构建缩减平衡方程 (形式上和式 (2.11)，式 (2.12) 相同)

$$\boldsymbol{K}_{\mathrm{R}}\boldsymbol{y} = \boldsymbol{F}_{\mathrm{R}} \tag{2.14}$$

$$\begin{cases} \boldsymbol{K}_{\mathrm{R}} = \boldsymbol{r}_{\mathrm{B}}^{\mathrm{T}}\boldsymbol{K}\boldsymbol{r}_{\mathrm{B}} \\ \boldsymbol{F}_{\mathrm{R}} = \boldsymbol{r}_{\mathrm{B}}^{\mathrm{T}}\boldsymbol{F} \end{cases} \tag{2.15}$$

虽然表现形式一致，但是缩减平衡方程缩减为 s 维线性方程组，与 n 维平衡方程相比，计算量大幅度减少，使修改结构的求解速度大幅度提升。

求解缩减平衡方程 (2.14)，求出系数矩阵 $\boldsymbol{y}$，代入式 (2.9)，近似位移 $\boldsymbol{r}$ 可以表示为

$$\boldsymbol{r} = y_1\boldsymbol{r}_1 + y_2\boldsymbol{r}_2 + \cdots + y_s\boldsymbol{r}_s = \boldsymbol{r}_{\mathrm{B}}\boldsymbol{y} \tag{2.16}$$

2.2.4　施密特正交化[4]

为避免缩减刚度矩阵的奇异性或近奇异性影响缩减系统的求解精度和效率，需要采用施密特正交化对缩减基向量进行正交化，进而提高 CA 法的计算精度。

构造新的基向量 $\boldsymbol{V}_i$，使

$$\boldsymbol{V}_i^{\mathrm{T}}\boldsymbol{K}\boldsymbol{V}_j = \delta_{ij} \tag{2.17}$$

式中，δ_{ij} 为克罗内克二阶张量，

$$\delta_{ij} = \begin{cases} 1 & (i = j) \\ 0 & (i \neq j) \end{cases} \tag{2.18}$$

通过施密特正交化处理后，基向量 $\boldsymbol{V}_i$ 为

$$\begin{cases} \boldsymbol{V}_1 = \left|\boldsymbol{r}_1^{\mathrm{T}}\boldsymbol{K}\boldsymbol{r}_1\right|^{-1/2}\boldsymbol{r}_1 \\ \boldsymbol{V}_i = \left|\overline{\boldsymbol{V}}_i^{\mathrm{T}}\boldsymbol{K}\overline{\boldsymbol{V}}_i\right|^{-1/2}\overline{\boldsymbol{V}}_i \end{cases} \quad (i = 2, \cdots, s) \tag{2.19}$$

式中

$$\overline{\boldsymbol{V}}_i = \boldsymbol{r}_i - \sum_{j=1}^{i-1}(\boldsymbol{r}_i^{\mathrm{T}}\boldsymbol{K}\boldsymbol{V}_j)\boldsymbol{V}_j \quad (i = 2, \cdots, s) \tag{2.20}$$

根据式 (2.17)，代入式 (2.4)，式 (2.4) 近似位移 $\boldsymbol{r}$ 为

$$\boldsymbol{r} = \sum_{i=1}^{s}\boldsymbol{V}_i\boldsymbol{V}_i^{\mathrm{T}}\boldsymbol{R} \tag{2.21}$$

显然，近似位移为正交化向量与载荷向量点乘之和，为了提高计算精度，可以适当增加基向量个数，不需要重新生成缩减刚度矩阵，求解缩减系统线性方程组，不影响组合近似法的计算效率。

2.2.5 组合近似法计算流程

CA 法的具体计算流程分为如下几个步骤：

(1) 根据式 (2.5)，计算修改结构的载荷 F 和刚度矩阵的改变量 ΔK；

(2) 由缩减基法的计算原理，根据式 (2.9)，设定修改位移响应 r 的近似形式；

(3) 由二项式级数法，设定常数 ε，根据式 (2.14)~式 (2.16)，构造基向量 r_B；

(4) 根据施密特正交法则，由式 (2.19) 和式 (2.20)，生成新的基向量 V_i；

(5) 根据式 (2.21)，计算近似位移 r。

综上所述，根据 CA 法的计算流程，应用 CA 法进行结构设计的具体计算流程如图 2.2 所示。

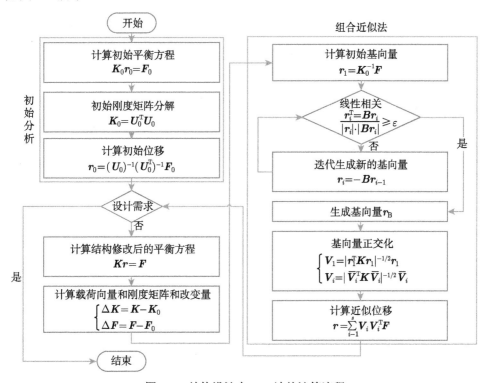

图 2.2 结构设计中 CA 法的计算流程

2.3 组合近似法在主要单元中的应用

2.3.1 杆单元

杆单元在各个领域中有着广泛的应用，尤其是土木工程，如桁架结构。本节将采用 CA 法，分别对平面杆单元和空间杆单元修改结构进行重分析计算。

1. 平面杆单元

如图 2.3 为 10 杆桁架结构，该结构包括 6 个节点和 10 个杆单元，在节点 1 和 2 施加刚性约束，节点 4 和 6 施加垂直方向载荷 $F=100\mathrm{N}$，8 个待求自由度位移分别为节点 3、4、5 和 6 的竖直和水平位移。弹性模量均为 $3.0\times10^9\mathrm{MPa}$。假设设计变量 $\boldsymbol{X}$ 为杆的横截面面积，杆的初始横截面面积均为 $1.0\mathrm{mm}^2$，当结构修改后，设计变量 $\boldsymbol{X}$ 变化为

$$\boldsymbol{X}^{\mathrm{T}}=\{3.8, 0.6, 3.8, 2.2, 0.6, 0.6, 2.867, 2.867, 2.867, 0.6\} \tag{2.22}$$

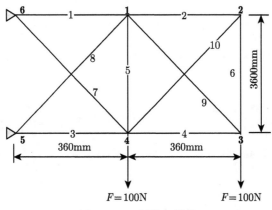

图 2.3　10 杆桁架结构

10 杆桁架结构中，10 个杆单元的横截面面积均发生了变化，其中，1 杆横截面面积大小的变化率高达 2.8，最小的变化率也达到了 0.4。为了验证 CA 法的有效性，分别采用 2 至 6 个基向量进行近似计算，计算结果如表 2.1 所示。

表 2.1　10 杆各自由度位移比较

自由度	CA 法 ($s=2$)	CA 法 ($s=3$)	CA 法 ($s=4$)	CA 法 ($s=5$)	完全分析
1	5.93E−01	6.11E−01	6.13E−01	6.14E−01	6.14E−01
2	−1.78E+00	−1.71E+00	−1.73E+00	−1.73E+00	−1.73E+00
3	8.36E−01	8.79E−01	8.86E−01	8.89E−01	8.89E−01
4	−4.14E+00	−4.20E+00	−4.21E+00	−4.21E+00	−4.21E+00
5	−1.04E+00	−1.12E+00	−1.13E+00	−1.12E+00	−1.12E+00
6	−4.38E+00	−4.47E+00	−4.48E+00	−4.49E+00	−4.49E+00
7	−6.36E−01	−6.53E−01	−6.50E−01	−6.49E−01	−6.49E−01
8	−1.98E+00	−1.91E+00	−1.90E+00	−1.90E+00	−1.90E+00

计算结果表明，尽管每个杆单元的横截面面积均发生了改变，仅需要 4 个基向量就能得到将近准确的计算结果，5 个基向量得到的结果与完全分析结果几乎完

全相同。显然,随着基向量个数的不断增加,近似计算的结果将不断逼近完全分析的计算结果。

2. 空间杆单元

图 2.4 为 25 杆空间塔架结构。塔架结构包含 10 个节点和 25 个杆件单元,塔架结构的具体尺寸、约束和加载如图所示,其中,$F_1 = 10000N$,$F_2 = -500N$,$F_3 = 10000N$,$F_4 = -500N$,$F_5 = 1000N$,$F_6 = 500N$,$F_7 = 500N$,各杆弹性模量与上个例子一样,假设设计变量为各杆横截面面积 X(表 2.2),设计变量 X 的初始值均为 1.0。当结构发生改变后,设计变量 X 变化为

$$\boldsymbol{X}^{\mathrm{T}} = \{1.0, 0.3, 1.25, 0.45, 0.9, 1.118, 1.4\} \tag{2.23}$$

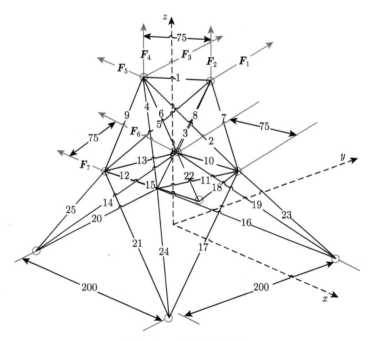

图 2.4　25 杆塔架结构

表 2.2　塔架结构的设计变量

设计变量	1	2	3	4	5	6	7
单元	1	2~5	6~9	10~13	14~17	18~21	22~25

25 杆塔架结构中,24 根杆单元的横截面面积发生了改变,其中,第 2~5 杆的横截面面积大小的变化率达到了 0.7。为了验证 CA 法的准确性,分别采用 5 个和 6 个基向量进行重分析计算,并采用式 (2.24) 衡量 CA 法的计算精度,计算结果如

表 2.3 所示。

$$误差 = \frac{|r_{\text{Exact}} - r_{\text{CA}}|}{|r_{\text{Exact}}|} \times 100\% \tag{2.24}$$

式中，r_{Exact} 为完全分析的计算结果；r_{CA} 为 CA 法的计算结果。

表 2.3   塔架结构各自由度位移比较

自由度	完全分析	CA 法 ($s=5$)	误差/%	CA 法 ($s=6$)	误差/%
1	1.97E−02	1.95E−02	9.80E−01	1.97E−02	2.00E−02
2	2.30E−01	2.30E−01	1.00E−02	2.30E−01	0.00E+00
3	−1.31E−02	−1.31E−02	1.80E−01	−1.31E−02	8.00E−02
4	1.97E−02	1.96E−02	4.40E−01	1.97E−02	1.00E−02
5	2.30E−01	2.30E−01	1.00E−02	2.30E−01	0.00E+00
6	−1.92E−02	−1.92E−02	2.80E−01	−1.92E−02	3.00E−02
7	5.23E−03	5.24E−03	2.80E−01	5.23E−03	6.00E−02
8	5.81E−03	5.86E−03	9.80E−01	5.81E−03	4.00E−02
9	−5.31E−02	−5.31E−02	1.00E−01	−5.31E−02	0.00E+00
10	−1.24E−03	−1.27E−03	2.35E+00	−1.24E−03	1.50E−01
11	6.30E−03	6.35E−03	8.90E−01	6.29E−03	3.00E−02
12	−5.69E−02	−5.69E−02	1.30E−01	−5.69E−02	1.00E−02
13	3.38E−03	3.36E−03	3.70E−01	3.37E−03	5.00E−02
14	5.24E−03	5.31E−03	1.39E+00	5.24E−03	7.00E−02
15	3.52E−02	3.52E−02	1.00E−02	3.52E−02	2.00E−02
16	6.13E−04	6.11E−04	3.50E−01	6.16E−04	5.10E−01
17	5.73E−03	5.80E−03	1.26E+00	5.73E−03	7.00E−02
18	3.90E−02	3.90E−02	4.00E−02	3.90E−02	1.00E−02

数值结果表明，在基向量为 5 时，在第 10 个自由度相对误差大于 2%，对于静态问题，2% 的误差显然不能满足精度要求。为此，增加一个基向量，当基向量个数为 6 时，相对误差迅速下降。如表 2.3 所示，相对误差最大为编号 16 的自由度，为 0.51%，属于可接受范围，并且对结构中位移较大的自由度，相对误差为 0。显然，CA 法能够获得较为精确的近似结果。

2.3.2   平面单元

为验证 CA 法在平面问题中的求解精度，本小节将分别采用最为常用的四边形等参单元和常应变三角形单元，对简支梁结构材料参数进行修改，并进行重分析计算。

如图 2.5 所示的简支梁结构，长度 $L = 10\text{mm}$，高 $H = 2\text{mm}$，在梁的对称中心施加集中载荷 $F = -100\text{N}$，简支梁的弹性模量 $E_0 = 1.5 \times 10^6\text{MPa}$，泊松比 $\nu_0 = 0.2$，设简支梁的设计变量为弹性模量 E 和泊松比 ν。当材料参数发生修改后，弹性模量 E 为 $1.91 \times 10^6\text{MPa}$，泊松比 ν 为 0.25。

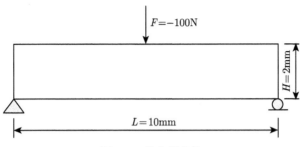

图 2.5 简支梁结构

1. 四边形等参单元

如图 2.6 所示为简支梁的四边形有限元模型，该有限元模型包括 100 个四边形单元，126 个节点，共计 252 个自由度。

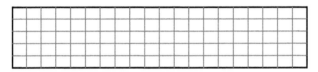

图 2.6 简支梁的四边形有限元模型

简支梁的材料参数最大变化率为 0.25，CA 法采用 3 个基向量进行近似计算，完全分析和 CA 法在 x 和 y 方向的位移云图如图 2.7 和图 2.8 所示。

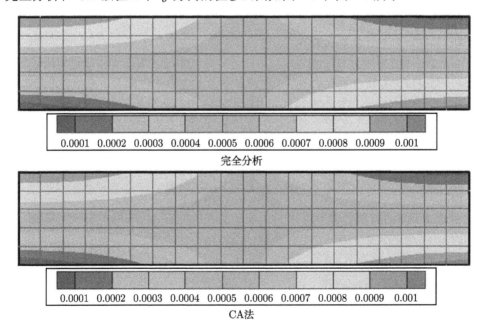

图 2.7 四边形单元的完全分析和 CA 法在 x 方向的位移云图 (后附彩图)

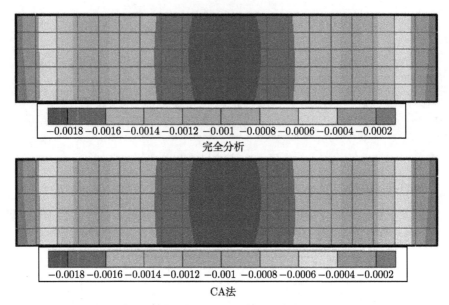

图 2.8　四边形单元的完全分析和 CA 法在 y 方向的位移云图 (后附彩图)

　　如图 2.7 和图 2.8 所示, CA 法与完全分析法在 x 和 y 方向上的变形形状基本一致, 为进一步验证 CA 法的具体计算精度, 选取 5 个在 x 和 y 方向上位移最大的自由度, 并与完全分析进行对比, 如表 2.4 所示。

表 2.4　基于四边形单元选择的自由度位移比较

自由度	完全分析	CA 法	误差/%
1	$1.01E{-}03$	$1.01E{-}03$	$4.10E{-}05$
13	$1.07E{-}03$	$1.07E{-}03$	$3.30E{-}05$
49	$1.02E{-}03$	$1.02E{-}03$	$6.50E{-}05$
51	$1.05E{-}03$	$1.05E{-}03$	$3.80E{-}05$
82	$-1.95E{-}03$	$-1.95E{-}03$	$0.00E{+}00$
99	$1.01E{-}03$	$1.01E{-}03$	$4.10E{-}05$
120	$-1.91E{-}03$	$-1.91E{-}03$	$3.00E{-}06$
158	$-1.90E{-}03$	$-1.90E{-}03$	$1.70E{-}05$
196	$-1.89E{-}03$	$-1.89E{-}03$	$9.00E{-}06$
234	$-1.87E{-}03$	$-1.87E{-}03$	$4.00E{-}06$

　　数值结果表明, 对涉及 252 个自由度的简支梁结构, 仅采用 3 个基向量的 CA 法的相对误差小于 0.0001%, 相对误差可以忽略不计, 因此, 对采用四边形单元的结构, CA 法的计算精度可行。

2. 常应变三角形单元

　　如图 2.9 所示为简支梁的常应变三角形单元有限元模型, 包括 200 个单元, 126 个节点, 共计 252 个自由度。

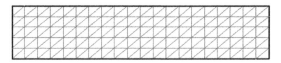

图 2.9　简支梁的常应变三角形单元有限元模型

CA 法采用 3 个基向量进行近似计算, 完全分析和 CA 法在 x 和 y 方向的位移云图如图 2.10 和图 2.11 所示。

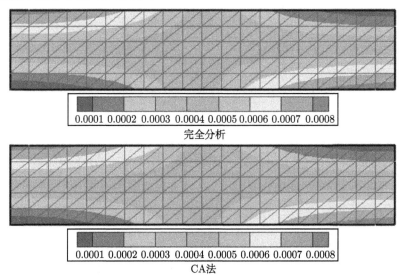

图 2.10　三角形单元的完全分析和 CA 法在 x 方向的位移云图 (后附彩图)

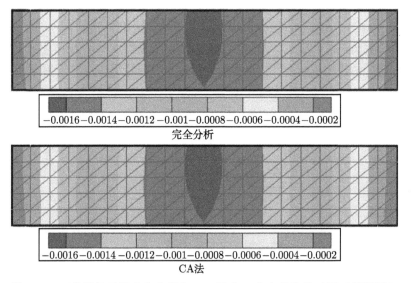

图 2.11　三角形单元的完全分析和 CA 法在 y 方向的位移云图 (后附彩图)

如图 2.10 和图 2.11 所示，CA 法与完全分析法在 x 和 y 的方向上变形形状完全相同，为进一步验证 CA 法具体的计算精度，选取 5 个在 x 和 y 方向上位移最大的自由度，并与完全分析进行对比，如表 2.5 所示。

表 2.5　基于常应变三角形单元选择的自由度位移比较

自由度	完全分析	CA 法	误差/%
1	8.50E−04	8.50E−04	2.32E−04
13	8.96E−04	8.96E−04	2.00E−05
49	8.53E−04	8.53E−04	1.42E−04
51	8.73E−04	8.73E−04	2.70E−05
82	−1.66E−03	−1.66E−03	0.00E+00
99	8.48E−04	8.48E−04	2.10E−04
120	−1.61E−03	−1.61E−03	1.50E−05
158	−1.62E−03	−1.62E−03	2.40E−05
196	−1.63E−03	−1.63E−03	3.10E−05
234	−1.65E−03	−1.65E−03	3.20E−05

计算结果表明，CA 法的相对误差小于 0.00025%，与四边形单元的相对误差处于同一个量级，精度非常高，因此，对于平面问题，无论采用四边形单元，还是常应变三角形单元，CA 法都是有效的，计算结果是准确的。

2.3.3　实体单元

为了计算三维弹性连续体结构中局部细节的受力情况，通常需要应用实体单元进行有限元网格划分，常用的实体单元包括四面体单元和六面体单元。本小节将分别采用常用四面体和六面体单元，对如图 2.12 所示的块体结构进行离散，当该结构的材料参数发生改变时，应用 CA 法，进行重分析快速计算。

如图 2.12 所示的块体结构长 $l=3.0\text{mm}$，宽 $w=1.0\text{mm}$，高 $h=2.0\text{mm}$，在块体的左端施加刚性约束，块体上表面法向施加均布载荷 $p=1.0\text{N}$，弹性模量 $E_0=1.0\times10^6\text{MPa}$，泊松比 $\nu_0=0.25$。设块体结构的设计变量为弹性模量 E 和泊松比 ν。当材料参数发生改变后，弹性模量 E 为 $1.25\times10^6\text{MPa}$，泊松比 ν 为 0.3。

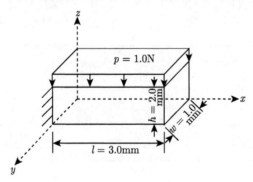

图 2.12　块体结构的几何模型

1. 四面体单元

如图 2.13 所示为块体结构的四面体单元网格模型，该有限元模型包括 3377 个四面体单元，791 个节点，共计 2373 个自由度。

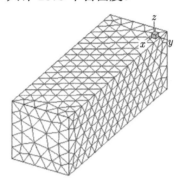

图 2.13 块体结构的四面体单元网格模型

块体结构弹性模量的变化率为 0.25，泊松比的变化率为 0.2，CA 法采用 3 个基向量进行近似计算，完全分析和 CA 法在 xy 方向上，x、y 和 z 方向的位移云图如图 2.14～图 2.16 所示。

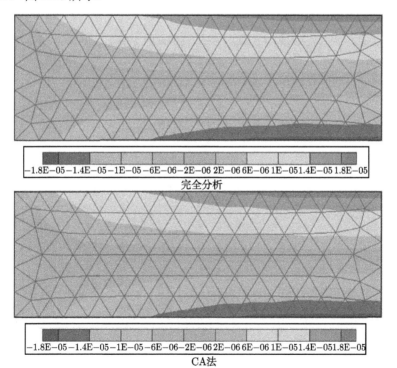

图 2.14 四面体单元的完全分析和 CA 法在 xy 方向上 x 方向位移云图 (后附彩图)

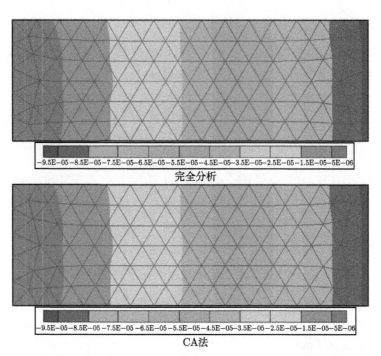

图 2.15　四面体单元的完全分析和 CA 法在 xy 方向上 y 方向位移云图 (后附彩图)

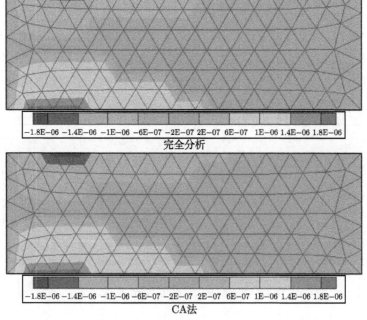

图 2.16　四面体单元的完全分析和 CA 法在 xy 方向上 z 方向位移云图 (后附彩图)

如图 2.14~图 2.16 所示，对 2373 个自由度进行结构修改，CA 法仅需要 3 个基向量，缩减刚度矩阵的维数远小于修改刚度矩阵，并且保证了 CA 法与完全分析法在 x、y 和 z 方向上变形形状基本一致，为进一步验证 CA 法的计算精度，总共选取 14 个在 x、y 和 z 方向上位移最大的自由度与完全分析进行精度校核，如表 2.6 所示。

表 2.6　基于四面体单元选择的自由度位移比较

自由度	完全分析	CA 法	误差/%
20	$-9.80\text{E}{-}05$	$-9.80\text{E}{-}05$	$3.21\text{E}{-}04$
84	$-2.00\text{E}{-}06$	$-2.00\text{E}{-}06$	$7.17\text{E}{-}04$
87	$-2.00\text{E}{-}06$	$-2.00\text{E}{-}06$	$1.39\text{E}{-}02$
345	$2.00\text{E}{-}06$	$2.00\text{E}{-}06$	$1.92\text{E}{-}02$
348	$2.00\text{E}{-}06$	$2.00\text{E}{-}06$	$3.25\text{E}{-}02$
382	$2.00\text{E}{-}05$	$2.00\text{E}{-}05$	$6.35\text{E}{-}04$
905	$-9.80\text{E}{-}05$	$-9.80\text{E}{-}05$	$3.80\text{E}{-}04$
907	$2.00\text{E}{-}05$	$2.00\text{E}{-}05$	$7.61\text{E}{-}04$
908	$-9.80\text{E}{-}05$	$-9.80\text{E}{-}05$	$4.47\text{E}{-}04$
910	$2.00\text{E}{-}05$	$2.00\text{E}{-}05$	$6.91\text{E}{-}04$
911	$-9.80\text{E}{-}05$	$-9.80\text{E}{-}05$	$5.16\text{E}{-}04$
913	$2.00\text{E}{-}05$	$2.00\text{E}{-}05$	$6.64\text{E}{-}04$
914	$-9.80\text{E}{-}05$	$-9.80\text{E}{-}05$	$5.77\text{E}{-}04$
1135	$2.00\text{E}{-}05$	$2.00\text{E}{-}05$	$7.05\text{E}{-}04$

计算结果表明，对 2373 个自由度的块体结构，仅采用 3 个基向量的 CA 法的相对误差小于 0.04%，近似值与精确解相差很小，因此，对采用四面体单元的结构，CA 法的计算误差小，计算效率高。

2. 六面体单元

如图 2.17 所示为块体结构的六面体单元网格模型，该有限元模型包括 375 个四面体单元，576 个节点，共计 1728 个自由度。

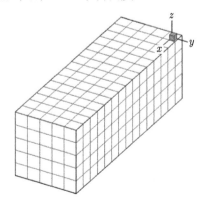

图 2.17　块体结构六面体单元网格模型

　　CA 法采用 3 个基向量进行近似计算，完全分析和 CA 法在 xy 方向上，x、y 和 z 方向的位移云图如图 2.18~图 2.20 所示。

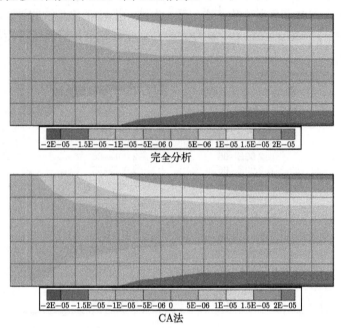

图 2.18　六面体单元的完全分析和 CA 法在 xy 方向上 x 方向位移云图 (后附彩图)

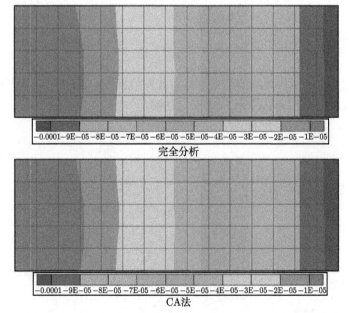

图 2.19　六面体单元的完全分析和 CA 法在 xy 方向上 y 方向位移云图 (后附彩图)

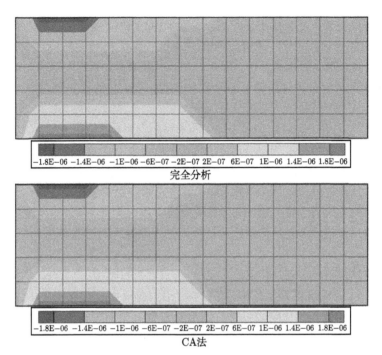

图 2.20   六面体单元的完全分析和 CA 法在 xy 方向上 z 方向位移云图 (后附彩图)

如图 2.18~图 2.20 所示，CA 法与完全分析法在 xy 方向上，x、y 和 z 方向上变形形状完全相同，为进一步验证 CA 法的具体计算精度，总共选取 14 个在 x、y 和 z 方向上位移最大的自由度，并与完全分析进行对比，如表 2.7 所示。

表 2.7   基于六面体单元选择的自由度位移比较

自由度	完全分析	CA 法	误差/%
20	$-1.10E-04$	$-1.10E-04$	$3.23E-04$
81	$-2.00E-06$	$-2.00E-06$	$1.45E-02$
84	$-2.00E-06$	$-2.00E-06$	$1.09E-03$
297	$2.00E-06$	$2.00E-06$	$1.45E-02$
300	$2.00E-06$	$2.00E-06$	$1.09E-03$
337	$2.20E-05$	$2.20E-05$	$5.90E-04$
338	$-1.10E-04$	$-1.10E-04$	$3.23E-04$
769	$2.20E-05$	$2.20E-05$	$6.03E-04$
770	$-1.10E-04$	$-1.10E-04$	$3.18E-04$
772	$2.20E-05$	$2.20E-05$	$6.17E-04$
773	$-1.10E-04$	$-1.10E-04$	$3.14E-04$
775	$2.20E-05$	$2.20E-05$	$6.17E-04$
778	$2.20E-05$	$2.20E-05$	$6.03E-04$
779	$-1.10E-04$	$-1.10E-04$	$3.18E-04$

数值结果表明, 对涉及 1728 个自由度的块体结构, 仅采用 3 个基向量的 CA 法的相对误差小于 0.015%, 稍小于四面体单元计算的相对误差, 但仍处于同一数量级, 近似值与精确解相差很小, 因此, 对于三维问题, 无论采用四面体单元, 还是六面体单元, 针对块体结构材料参数的变更, CA 法的计算误差很小, 计算效率高。

2.3.4　板壳单元

几何上, 板壳结构通常厚度方向的尺度比其他两个方向小得多, 板的中面是平面, 壳的中面是曲面, 板壳结构在工程实际中有着广泛的应用, 如飞机、火箭和机械等结构中的各类容器, 土木、水利工程中的穹顶、拱坝, 车身的外覆盖件等。本小节将采用 CA 法, 分别对常用板壳杆单元的修改结构进行重分析计算。

1. 板单元

如图 2.21 为简支圆薄板结构。该结构半径 $R= 1.0$mm, 厚度 $t = 0.01$mm, 在该结构周边圆环处施加固定边界条件, 上表面垂直施加均布载荷 $p= 1.0$N, 圆板弹性模量 $E_0= 2.1\times10^6$MPa, 泊松比 $\nu_0= 0.3$, 有限元模型包括 300 个四边形板单元, 321 个节点, 共计 963 个自由度, 假设结构设计变量为材料参数 E 和 ν, 结构修改后, 弹性模量 $E= 2.3\times10^6$MPa, 泊松比 $\nu_0= 0.27$。

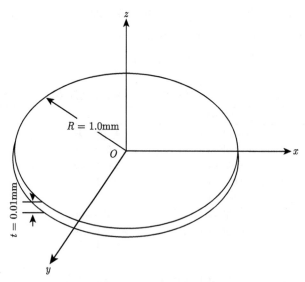

图 2.21　简支圆薄板结构

圆板弹性模量的变化率为 0.095, 泊松比的变化率为 0.1, CA 法采用 3 个基向量进行近似计算, 完全分析和 CA 法在绕 x、y 轴转动和 z 方向的位移云图如图

2.22~图 2.24 所示。

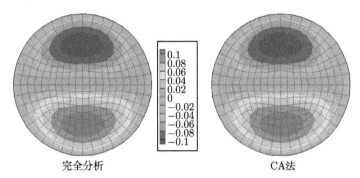

图 2.22 圆薄板的完全分析和 CA 法在 x 轴转动的位移云图 (后附彩图)

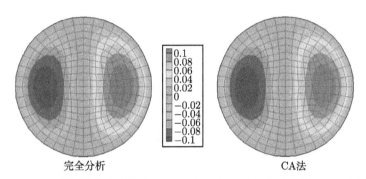

图 2.23 圆薄板的完全分析和 CA 法在 y 轴转动的位移云图 (后附彩图)

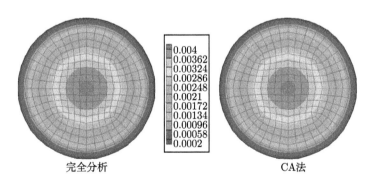

图 2.24 圆薄板的完全分析和 CA 法在 z 方向的位移云图 (后附彩图)

如图 2.22~图 2.24 所示，对一个包含 963 个自由度的修改结构，CA 法仅需要 3 个基向量，保证了 CA 法与完全近似法在 x、y 转动和 z 方向位移的变形基本一致，为进一步验证 CA 法的具体计算精度，总共选取 14 个在 x、y 轴转动和 z 方向位移最大的自由度，与完全分析进行对比，结果如表 2.8 所示。

表 2.8 基于板单元选择的自由度位移比较

自由度	完全分析	CA 法	误差/%
69	4.07E−03	4.07E−03	0.00E+00
75	4.02E−03	4.02E−03	0.00E+00
106	−1.17E−01	−1.17E−01	0.00E+00
129	4.02E−03	4.02E−03	0.00E+00
161	1.17E−01	1.17E−01	0.00E+00
353	1.16E−01	1.16E−01	0.00E+00
358	−1.15E−01	−1.15E−01	0.00E+00
609	4.02E−03	4.02E−03	0.00E+00
641	−1.17E−01	−1.17E−01	0.00E+00
832	−1.16E−01	−1.16E−01	0.00E+00
1089	4.02E−03	4.02E−03	0.00E+00
1120	1.17E−01	1.17E−01	0.00E+00
1313	−1.16E−01	−1.16E−01	0.00E+00
1318	1.15E−01	1.15E−01	0.00E+00

数值结果表明，对涉及 963 个自由度的圆板结构，采用 3 个基向量的 CA 法不存在相对误差，因此，CA 法同样适应于板结构重分析快速求解。

2. 壳单元

如图 2.25 所示为一圆柱壳结构，圆柱壳半径 $R = 300\text{mm}$，长度 $L = 600\text{mm}$，厚度 $t = 10\text{mm}$，在该结构 xy 平面内增加刚性墙，限制圆柱壳的移动，在上表面中心位置施加集中载荷 $F_z = 1\text{N}$，圆柱壳弹性模量 $E_0 = 3.0 \times 10^6 \text{MPa}$，泊松比 $\nu_0 = 0.3$，有限元模型包括 240 个四边形板单元，264 个节点，共计 1584 个自由度，假设结构设计变量为材料参数 E 和 ν，当结构修改后，弹性模量 $E = 3.5 \times 10^6 \text{MPa}$，泊松比 $\nu_0 = 0.25$。

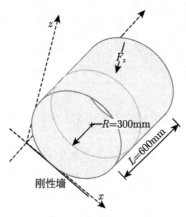

图 2.25 圆柱壳结构

　　圆柱壳材料参数的最大变化率为 1/6，CA 法采用 3 个基向量进行近似计算，完全分析和 CA 法在各个方向的位移云图如图 2.26 所示。显然，对一个 1584 个自由度的圆柱壳，CA 法仅需要 3 个基向量，保证了 CA 法与完全近似法各个方向上的变形基本一致，为进一步验证 CA 法的具体计算精度，选取 5 个各个方向位移最大的自由度，与完全分析进行对比，结果如表 2.9 所示。数值结果表明，对涉及 1584 个自由度的圆柱壳结构，仅采用 3 个基向量的 CA 法的相对误差小于0.007%。由此可见，CA 法适应于壳体结构重分析快速计算。

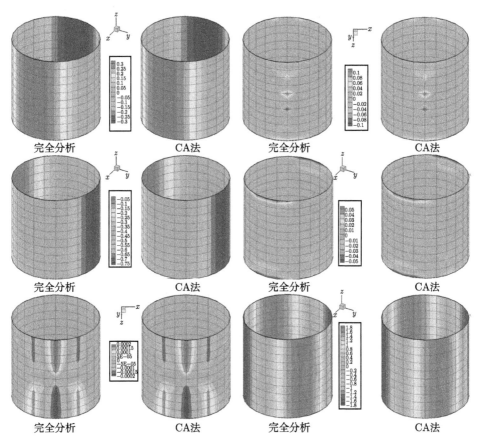

图 2.26　圆柱壳各个方向的位移云图 (后附彩图)

表 2.9　基于壳单元的自由度位移比较

自由度	完全分析	CA 法	误差/%
1	3.55E−01	3.55E−01	1.00E−06
17	−5.80E−02	−5.80E−02	1.67E−03
30	1.88E+00	1.88E+00	8.20E−05

自由度	完全分析	CA 法	误差/%
40	$-7.61\text{E}-02$	$-7.61\text{E}-02$	$7.00\text{E}-06$
51	$2.47\text{E}-04$	$2.47\text{E}-04$	$3.38\text{E}-03$
62	$-7.65\text{E}-01$	$-7.65\text{E}-01$	$1.50\text{E}-05$
63	$2.41\text{E}-04$	$2.41\text{E}-04$	$6.44\text{E}-03$
68	$-7.67\text{E}-01$	$-7.67\text{E}-01$	$9.00\text{E}-06$
70	$1.04\text{E}-01$	$1.04\text{E}-01$	$2.44\text{E}-03$
74	$-7.70\text{E}-01$	$-7.70\text{E}-01$	$0.00\text{E}+00$
80	$-7.67\text{E}-01$	$-7.67\text{E}-01$	$9.00\text{E}-06$
82	$-1.04\text{E}-01$	$-1.04\text{E}-01$	$2.44\text{E}-03$
86	$-7.65\text{E}-01$	$-7.65\text{E}-01$	$1.50\text{E}-05$
87	$-2.40\text{E}-04$	$-2.40\text{E}-04$	$6.45\text{E}-03$
93	$-2.30\text{E}-04$	$-2.30\text{E}-04$	$1.13\text{E}-03$
99	$-2.50\text{E}-04$	$-2.50\text{E}-04$	$3.40\text{E}-03$
103	$3.55\text{E}-01$	$3.55\text{E}-01$	$1.00\text{E}-06$
126	$1.88\text{E}+00$	$1.88\text{E}+00$	$8.20\text{E}-05$
136	$7.61\text{E}-02$	$7.61\text{E}-02$	$7.00\text{E}-06$
306	$1.86\text{E}+00$	$1.86\text{E}+00$	$7.90\text{E}-05$
463	$-3.55\text{E}-01$	$-3.55\text{E}-01$	$1.00\text{E}-06$
472	$-7.61\text{E}-02$	$-7.61\text{E}-02$	$7.00\text{E}-06$
486	$-1.88\text{E}+00$	$-1.88\text{E}+00$	$8.20\text{E}-05$
499	$-3.55\text{E}-01$	$-3.55\text{E}-01$	$1.00\text{E}-06$
529	$-3.55\text{E}-01$	$-3.55\text{E}-01$	$3.00\text{E}-05$
576	$-1.88\text{E}+00$	$-1.88\text{E}+00$	$8.20\text{E}-05$
869	$5.85\text{E}-02$	$5.85\text{E}-02$	$5.46\text{E}-04$
959	$-5.85\text{E}-02$	$-5.85\text{E}-02$	$5.46\text{E}-04$
1283	$-5.85\text{E}-02$	$-5.85\text{E}-02$	$5.46\text{E}-04$
1313	$5.85\text{E}-02$	$5.85\text{E}-02$	$5.46\text{E}-04$

2.4 修正组合近似法

理论上，CA 法需要求解初始刚度矩阵的逆 (式 (2.8))。但在实际计算中，通常采用矩阵分解的方式得到缩减刚度矩阵。但是，当系统刚度矩阵奇异时 (如当采用节点自由度为 5 的壳单元构建三维模型时，某些节点相连的所有单元均共面的情况下)，会影响后续快速计算的求解。因此，考虑可以采用奇异值分解的方法对式 (2.4) 进行求解。

令对 $\boldsymbol{K}_0$ 进行奇异值分解，则有

$$\boldsymbol{K}_0 = \boldsymbol{U}\boldsymbol{S}\boldsymbol{V}^{\text{T}} \tag{2.25}$$

式中，U、V 为 n_0 阶正交矩阵；S 为 n_0 阶对角矩阵。

假设结构修改后，式 (2.4) 中 K 的规模为 $n_1 \times n_1$。由于 K_0 的奇异性，B 矩阵难以求解。为了将初始分析中奇异值分解后的数据应用到重分析中，同 CA 法类似，修正方法同样需要考虑以下三种情况，即自由度不变、减少和增加。对应于每一种情况，都需要对 K_0、K、F、U、S 及 V 进行不同的处理。

1) 自由度不变 $(n_0 = n_1)$

该条件下，不需要对 K_0、K、F、U、S 及 V 进行特殊的处理，保持原状态即可满足计算需要。

2) 自由度减少 $(n_0 > n_1)$

该情况通常是由于删除了初始结构中的某些节点。此时无需对 K_0、U、S 及 V 进行特殊处理，只需将 K 扩展为 $n_0 \times n_0$ 阶矩阵，F 扩展为 $n_0 \times 1$ 阶矩阵即可，将被删除单元的自由度在 K 和 F 中所对应的元素赋 0 值。

3) 自由度增加 $(n_0 < n_1)$

这种情况通常是由于在初始结构中加入了新节点。这时不需要对 K 和 F 进行特殊处理，而可以按式 (2.26) 将 K_0 扩展为 $n_1 \times n_1$ 阶矩阵

$$K^* = \begin{bmatrix} K_0 & 0 \\ 0 & 0 \end{bmatrix} \tag{2.26}$$

而 U、S 与 V 可以按式 (2.27) 扩展到 $n_1 \times n_1$ 阶矩阵

$$U^* = \begin{bmatrix} U & 0 \\ 0 & E_0 \end{bmatrix}, \quad S^* = \begin{bmatrix} S & 0 \\ 0 & 0 \end{bmatrix}, \quad V^* = \begin{bmatrix} V & 0 \\ 0 & E_0 \end{bmatrix} \tag{2.27}$$

式中，E_0 为 $(n_1 - n_0) \times (n_1 - n_0)$ 阶单位矩阵，这样既保证了 U^*，V^* 是正交矩阵，也保证了 S^* 是对角矩阵，并且容易验证

$$U^* S^* V^{*\mathrm{T}} = \begin{bmatrix} USV^{\mathrm{T}} & 0 \\ 0 & 0 \end{bmatrix} = \begin{bmatrix} K_0 & 0 \\ 0 & 0 \end{bmatrix} \tag{2.28}$$

因此，用 K^*、U^*、S^*、V^* 代替 K_0、U、S 和 V 即可。

经过以上处理，K、K_0、U、S 和 V 具有相同的规模，记为 $n \times n$，则 F 的规模为 $n \times 1$。

修正组合近似法的推导过程如下：

将式 (2.25) 代入式 $(K_0 + \Delta K) r = F$ 中，得到

$$\left(USV^{\mathrm{T}} + \Delta K \right) r = F \tag{2.29}$$

对式 (2.29) 进行等效处理, 得到

$$U^{\mathrm{T}}\left(USV^{\mathrm{T}}+\Delta K\right)VV^{\mathrm{T}}r = U^{\mathrm{T}}F \tag{2.30}$$

由 SVD 分解理论可知, U、V 为 n_0 阶正交矩阵, 式 (2.30) 变为

$$\left(S+U^{\mathrm{T}}\Delta KV\right)V^{\mathrm{T}}r = U^{\mathrm{T}}F \tag{2.31}$$

则 S 具有如下形式:

$$S = \left[\begin{array}{cc} \Sigma & 0 \\ 0 & 0 \end{array}\right] \tag{2.32}$$

式中, Σ 是 r_a 阶对角阵。

令

$$D = U^{\mathrm{T}}\Delta KV = \left[\begin{array}{cc} D_1 & D_2 \\ D_3 & D_4 \end{array}\right] \tag{2.33}$$

式中, D_1 为 $r_a \times r_a$ 阶矩阵; D_2 为 $r_a \times (n-r_a)$ 阶矩阵; D_3 为 $(n-r_a) \times r_a$ 阶矩阵; D_4 为 $(n-r_a) \times (n-r_a)$ 阶矩阵。

令

$$Y = V^{\mathrm{T}}r = \left[\begin{array}{c} Y_1 \\ Y_2 \end{array}\right] \tag{2.34}$$

式中, Y_1 是 r_a 维向量; Y_2 是 $n-r_a$ 维向量;

$$C = U^{\mathrm{T}}F = \left[\begin{array}{c} C_1 \\ C_2 \end{array}\right] \tag{2.35}$$

其中, C_1 是 r_a 维向量, C_2 是 $n-r_a$ 维向量。将式 (2.32)~式 (2.35) 代入式 (2.31) 中得到

$$\left(\left[\begin{array}{cc} \Sigma & 0 \\ 0 & 0 \end{array}\right] + \left[\begin{array}{cc} D_1 & D_2 \\ D_3 & D_4 \end{array}\right]\right)\left[\begin{array}{c} Y_1 \\ Y_2 \end{array}\right] = \left[\begin{array}{c} C_1 \\ C_2 \end{array}\right] \tag{2.36}$$

将式 (2.36) 展开, 得

$$(\Sigma + D_1)Y_1 + D_2Y_2 = C_1 \tag{2.37}$$

$$D_3Y_1 + D_4Y_2 = C_2 \tag{2.38}$$

由式 (2.38) 可得

$$Y_2 = D_4^{-1}\left(C_2 - D_3Y_1\right) \tag{2.39}$$

由于 D_4 规模小, 故如 D_4 奇异, 用伪逆代替逆对计算精度与效率影响不大。对于 D_4 求逆的计算量, 可以做如下估算: 以单节点自由度为 6 的壳单元为例, 当结

构的所有单元都在同一平面时, 易知, D_4 的计算规模为 $(n/6) \times (n/6)$。对于 n 阶矩阵, 求逆的运算量为 $O(n^3)$。因此, 此时 D_4 求逆的运算量为 $O\left((n/6)^3\right)$。亦即, 对 D_4 求逆的运算量是对 K 直接求逆运算量的 1/216。此外, 当结构趋于复杂时, 刚度矩阵的奇异度将减少, 也就是 D_4 的规模将减小。为此, 引进参数 $\alpha\,(0 \leqslant \alpha \leqslant 1)$, 记 D_4 的规模为 $(n\alpha/6) \times (n\alpha/6)$, 则 D_4 求逆的运算量为 $O\left((n\alpha/6)^3\right)$, 是对 K 直接求逆运算量的 $\alpha^3/216$。由此可以看出, 当结构趋于复杂时, D_4 求逆的运算量将随 α 的立方快速减少。

将式 (2.39) 代入式 (2.37) 中, 得到

$$\left(\Sigma + D_1 - D_2 D_4^{-1} D_3\right) Y_1 = C_1 - D_2 D_4^{-1} C_2 \tag{2.40}$$

令

$$\begin{aligned} \Delta K_1 &= D_1 - D_2 D_4^{-1} D_3 \\ F_1 &= C_1 - D_2 D_4^{-1} C_2 \end{aligned} \tag{2.41}$$

式 (2.40) 变为

$$\left(\Sigma + \Delta K_1\right) Y_1 = F_1 \tag{2.42}$$

由于 Σ 非奇异, 故可采用 CA 法对式 (2.42) 进行重分析, 得到 Y_1, 并由式 (2.39) 即可得到 Y_2。由式 (2.34) 可知

$$r = VY \tag{2.43}$$

由此可以求出修改后结构的位移 r。记精确响应为 r^*, 则可用式 (2.44) 来计算二者之间的误差

$$\Delta = \frac{\|r^* - r\|}{\|r^*\|} \tag{2.44}$$

2.5　小　　结

目前重分析算法的主要应用集中在求解简单的桁架和梁单元结构, 很少分析实体单元和板壳单元结构, 本章针对重分析算法应用的局限性问题, 介绍了主流重分析算法——CA 法, 详细介绍了 CA 法的计算原理和计算流程, 说明了该算法具有局部近似法高效性和全局近似法精度高的优点, 对工程实际应用中常用单元进行了精度验证, 通过平面桁架结构、空间杆件结构、简支梁、块体结构、圆薄板和圆柱壳七个数值算例, 分别采用平面杆单元、空间杆单元、四边形等参单元、常应变三角形单元、四面体单元、六面体单元、板单元和壳单元八种单元, 对 CA 法的计算精度进行了验证, 数值结果表明, 对不同问题, 采用 3~6 个基向量, 近似结

果基本与完全分析结果相同，相对误差可以忽略不计，对相同的问题，采用不同单元，CA 法对精度影响很小，同时，随着基向量个数的不断增加，CA 法的计算精度不断提高，逐步逼近精确解。因此，本章通过 CA 法在各类单元中的应用，验证了 CA 法的计算精度，同时，为重分析算法在工程实际中的应用打下夯实的基础。

参 考 文 献

[1] Kirsch U. Combined approximations—a general reanalysis approach for structural optimization [J]. Structural and Multidisciplinary Optimization, 2000, 20(2): 97-106.

[2] Kirsch U, Kocvara M, Zowe J. Accurate reanalysis of structures by a preconditioned conjugate gradient method [J]. International Journal for Numerical Methods in Engineering, 2002, 55(2): 233-251.

[3] Chen S H, Yang Z J. A universal method for structural static reanalysis of topological modifications [J]. International Journal for Numerical Methods in Engineering, 2004, 61(5): 673-686.

[4] Björck Å. Solving linear least squares problems by Gram-Schmidt orthogonalization [J]. BIT Numerical Mathematics, 1967, 7(1): 1-21.

第3章 近似法及其拓展

组合近似法的研究目前已涉及多学科和多领域，能够解决静态分析、动态分析、模态分析和非线性分析等各类问题。然而，重分析方法在应用方面仍然存在一些缺陷与不足。对于组合近似法而言，计算过程中通过需要使用初始刚度矩阵的逆或者矩阵分解信息[1]。一方面增加了内存消耗，不利于重分析方法应用规模的提升；另一方面限制了重分析方法的应用前提，使得重分析方法只能与直接初始求解方法联合使用。在很多情况下，迭代求解方法在工程应用上具有更大的潜力。此外，目前主流的重分析方法一般都对结构修改前后的网格有较高的一致性要求，即除修改影响的部分外，网格大部分的节点编号与位置应保持与修改前相同。这一要求提高了 CAD 技术对结构进行处理的难度，不利于重分析方法的广泛使用。针对这些问题，本章提出了一些新的重分析方法，以达到增强重分析方法实用性的目的。

3.1 独立系数法[2]

3.1.1 基本方法

假设结构的初始平衡方程为

$$\boldsymbol{K}_0 \boldsymbol{r}_0 = \boldsymbol{F} \tag{3.1}$$

式中，$\boldsymbol{r}_0$ 为初始位移，求解方法可以是直接法，也可以是迭代法。结构修改以后，新的平衡方程为

$$\boldsymbol{K} \boldsymbol{r} = \boldsymbol{F} \tag{3.2}$$

显然，重分析的目的是尽可能快速和精确地求解式 (3.2)，因此通常需要避免对其进行全分析。

同主流的 CA 法相比，独立系数 (Independent Coefficients, IC) 法通过重新计算被修改影响到的自由度的位移来求解式 (3.2)，其主要的策略如下：

令式 (3.2) 的解为

$$\boldsymbol{r} = \boldsymbol{r}_0 + \Delta \boldsymbol{r} \tag{3.3}$$

则式 (3.2) 可以写为

$$\boldsymbol{K} \left(\boldsymbol{r}_0 + \Delta \boldsymbol{r} \right) = \boldsymbol{F} \tag{3.4}$$

同时，式 (3.4) 还可以表示为

$$K\Delta r = F - K r_0 \tag{3.5}$$

令

$$\delta = F - K r_0 \tag{3.6}$$

式 (3.5) 变为

$$K\Delta r = \delta \tag{3.7}$$

δ 可以定义为初始解 r_0 对式 (3.2) 的余量。在结构修改局部特性的前提下，δ 只有少部分元素非 0。为此，可以对所有与 δ 的非 0 元素相关的自由度进行记录，以便在独立系数法的后续步骤中使用。简而言之，可以预先选定一个小的容差 ε，当 $|\delta(i)| > \varepsilon$ 时，则需要对 K 的第 i 行进行检查；如果 $K(i,j)$ 非 0，则说明第 j 个自由度受到结构修改的影响，需对其进行记录。假定所有受影响的自由度记录在 S_d 中，被记录的自由度数为 n_d。例如，如果结构的前 3 个自由度受到修改的影响，则 $S_d = [1\ 2\ 3]^{\mathrm{T}}$，$n_d = 3$。

在独立系数法中，将位移向量的增量 Δr 用一组基向量的线性组合表示，即

$$\Delta r = v_1 y_1 + v_2 y_2 + \cdots + v_s y_s = r_{\mathrm{B}} y \tag{3.8}$$

式中，$v_1, v_2, \cdots, v_s$ 为基向量；$y_1, y_2, \cdots, y_s$ 为每个基向量对应的系数；s 为基向量的个数，其值等于 n_d。在式 (3.8) 中

$$r_{\mathrm{B}} = \begin{bmatrix} v_1 & v_2 & \cdots & v_s \end{bmatrix} \tag{3.9}$$

$$y = \begin{bmatrix} y_1 & y_2 & \cdots & y_s \end{bmatrix}^{\mathrm{T}} \tag{3.10}$$

基向量可按如下方式选取：对每个 $i=1, 2, \cdots, s$，如果第 i 个被选定的自由度为自由度 j，则 v_i 可构造为

$$v_i = \begin{bmatrix} 0 & \cdots & 0 & 1 & 0 & \cdots & 0 \end{bmatrix}^{\mathrm{T}} \quad (1\text{为}v_i\text{的第}j\text{个元素}) \tag{3.11}$$

通过这种方式，每一个被选定自由度的位移都可以使用一个独立的系数来计算。

将式 (3.8) 代入式 (3.7)，并且在方程两端同时左乘 $r_{\mathrm{B}}^{\mathrm{T}}$，得到

$$r_{\mathrm{B}}^{\mathrm{T}} K r_{\mathrm{B}} y = r_{\mathrm{B}}^{\mathrm{T}} \delta \tag{3.12}$$

令

$$\begin{aligned} K_{\mathrm{R}} &= r_{\mathrm{B}}^{\mathrm{T}} K r_{\mathrm{B}} \\ F_{\mathrm{R}} &= r_{\mathrm{B}}^{\mathrm{T}} \delta \end{aligned} \tag{3.13}$$

式 (3.12) 可以表示为

$$K_\mathrm{R} y = F_\mathrm{R} \tag{3.14}$$

因此, 求解式 (3.14) 可以得到 y。将 y 代入式 (3.8), 可得到 Δr 的近似值, 进而可由式 (3.3) 得到 r。

假设式 (3.2) 的全分析解为 r^*, 则式 (3.15) 可用来表示近似解的误差。

$$\Delta = \frac{\|r - r^*\|}{\|r^*\|} \tag{3.15}$$

独立系数法的计算流程归纳如下:

(1) 选定一个小容差 ε;

(2) 计算 $\delta = F - K r_0$;

(3) 记录受修改影响的自由度:

  For i = 1 to n (n 为总自由度数)

    If $|\delta(i)| > \varepsilon$

      For j = 1 to n

       If $K(i, j) \neq 0$

        将 j 记录在 S_d 中

       End If

      End For

    End If

  End For

计算 n_d: n_d 是 S_d 中记录的自由度数。

(4) 缩减平衡方程:

  For i = 1 to n_d

    $k = S_d(i)$, $F_\mathrm{R}(i) = \delta(k)$

    For j = 1 to n_d

      $l = S_d(j)$, $K_\mathrm{R}(i, j) = K(k, l)$

    End For

  End For

(5) 求解缩减方程 $K_\mathrm{R} y = R_\mathrm{R}$;

(6) 计算 $r = r_0 + \Delta r$:

  $r = r_0$

  For i = 1 to n_d

    $j = S_d(i)$, $r(j) = r(j) + y(i)$

  End For

(7) 结束。

独立系数法与组合近似法的流程对比如图 3.1 所示。由图可知，独立系数法主要关注于求解 Δr，而组合近似法直接求解 r 的近似值。

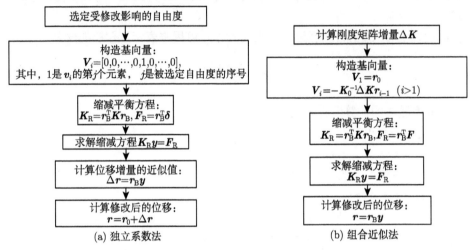

图 3.1　独立系数法和组合近似法流程图

3.1.2 独立系数法的计算效率和存储量

假设 K 的规模是 $n \times n$，半带宽为 m。如果直接使用矩阵分解求解式 (3.2)，其计算量为 $O(nm^2)$。在结构设计中，经常需要对结构进行局部修改，因此 n_d 值不会很大。例如，当 $n_d = n/10$ 时，意味着 10% 的自由度受到结构修改的影响。在这种情况下，K_R 的规模为 $n_d \times n_d$，求解式 (3.14) 的计算量为 $O(n_d m^2)$。$O(n_d m^2)$ 的值可用 $O(nm^2)/10$ 估计。亦即，求解式 (3.14) 的计算量约为求解式 (3.2) 的 1/10。在实际工程设计中，在很多局部修改中，特别是在大规模问题中，受局部修改的自由度数比例会远小于 10%。因此，独立系数法可能具有更高的计算效率。

F_R 和 K_R 的结构决定了独立系数法的存储量，在独立系数法中，由于仅仅考虑到结构改变影响的自由度，因此用到的基向量个数比很多其他重分析方法要多。如果 F_R 和 K_R 不是稀疏矩阵，难以有效地节省存储空间。根据 3.1.1 节可知，F_R 的第一列只有一个非 0 元素，因此 F_R 必然是稀疏矩阵。对于 K_R，通过与式 (3.13) 的对比，可以更清楚地观察到其结构。假设 S_d 的第 i 个元素是 k，第 j 个元素是 l，即第 i 和 j 个被选定的自由度分别为自由度 k 和 l，则 K_R 可以按下式计算：

$$K_R(i, j) = K(k, l) \tag{3.16}$$

若 S_d 按升序排列，易知 K_R 是 K 的一个 n_d 阶子矩阵。换言之，K_R 的稀疏

性随 n_d 的增加而增大。综上所述，$\boldsymbol{R}_\mathrm{B}$ 和 $\boldsymbol{K}_\mathrm{R}$ 皆为稀疏矩阵。实际上，根据 3.1.1 节所述的独立系数法流程，$\boldsymbol{R}_\mathrm{B}$ 并不会显式地出现在计算过程中。

独立系数法的精度和效率会受到修改的规模的影响。如果修改的规模增大，n_d 的值会增大，这意味着求解缩减方程需要花费更多的计算量。理论上来说，只要选定足够多的自由度进行重分析，独立系数法的精度不会受到太大影响。例如，在极限情况下，当所有自由度都被选定时，独立系数法就等同于全分析。

3.1.3 数值算例

1. 标准算例

如图 3.2 所示为一个杆结构，模型离散为 4 个节点和 3 个杆单元。约束节点 1 的位移，在节点 4 上施加拉力 P。弹性模量为 E，杆的截面面积为 A。每个杆单元的长度为 l。

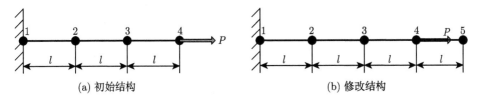

(a) 初始结构   (b) 修改结构

图 3.2 杆结构

根据有限元理论，初始平衡方程为

$$\frac{AE}{l}\begin{bmatrix} 1 & 0 & 0 & 0 \\ 0 & 2 & -1 & 0 \\ 0 & -1 & 2 & -1 \\ 0 & 0 & -1 & 1 \end{bmatrix}\boldsymbol{r}_0 = \begin{bmatrix} 0 \\ 0 \\ 0 \\ P \end{bmatrix} \tag{3.17}$$

式 (3.17) 的解为

$$\boldsymbol{r}_0 = \frac{Pl}{AE}\begin{bmatrix} 0 & 1 & 2 & 3 \end{bmatrix}^\mathrm{T} \tag{3.18}$$

作为结构修改，在初始结构中添加一个单元和节点，如图 3.2(b) 所示。修改后的平衡方程为

$$\frac{AE}{l}\begin{bmatrix} 1 & 0 & 0 & 0 & 0 \\ 0 & 2 & -1 & 0 & 0 \\ 0 & -1 & 2 & -1 & 0 \\ 0 & 0 & -1 & 2 & -1 \\ 0 & 0 & 0 & -1 & 1 \end{bmatrix}\boldsymbol{r} = \begin{bmatrix} 0 \\ 0 \\ 0 \\ P \\ 0 \end{bmatrix} \tag{3.19}$$

根据式 (3.6)，r_0 的余量为

$$\boldsymbol{\delta} = \boldsymbol{F} - \boldsymbol{K}r_0 = \begin{bmatrix} 0 & 0 & 0 & -3P & 3P \end{bmatrix}^{\mathrm{T}} \tag{3.20}$$

因此，$\boldsymbol{S}_d = \begin{bmatrix} 3 & 4 & 5 \end{bmatrix}$，$n_d = 3$。

　　缩减方程为

$$\frac{AE}{l} \begin{bmatrix} 2 & -1 & 0 \\ -1 & 2 & -1 \\ 0 & -1 & 1 \end{bmatrix} \boldsymbol{y} = \begin{bmatrix} 0 \\ -3P \\ 3P \end{bmatrix} \tag{3.21}$$

求解式 (3.21)，得到

$$\boldsymbol{y} = \begin{bmatrix} 0 & 0 & \dfrac{3Pl}{AE} \end{bmatrix}^{\mathrm{T}} \tag{3.22}$$

因此，位移的增量为

$$\Delta\boldsymbol{r} = \begin{bmatrix} 0 & 0 & 0 & 0 & \dfrac{3Pl}{AE} \end{bmatrix}^{\mathrm{T}} \tag{3.23}$$

根据式 (3.3)，修改后方程的解为

$$\boldsymbol{r} = \boldsymbol{r}_0 + \Delta\boldsymbol{r} = \frac{Pl}{AE} \begin{bmatrix} 0 & 1 & 2 & 3 & 3 \end{bmatrix}^{\mathrm{T}} \tag{3.24}$$

直接求解式 (3.19) 可知，其精确解为

$$\boldsymbol{r}^* = \frac{Pl}{AE} \begin{bmatrix} 0 & 1 & 2 & 3 & 3 \end{bmatrix}^{\mathrm{T}} \tag{3.25}$$

对比式 (3.24) 与式 (3.25) 可知，独立系数法可以得到精确解。

　　令 A、E、l 和 P 取一些特殊值，例如 $A = E = l = P = 1$，并采用组合近似法对上述问题进行重分析。首先对初始结构进行全分析，得到初始刚度矩阵的逆矩阵为

$$\boldsymbol{K}_0^{-1} = \begin{bmatrix} 1 & 0 & 0 & 0 \\ 0 & 1 & 1 & 1 \\ 0 & 1 & 2 & 2 \\ 0 & 1 & 2 & 3 \end{bmatrix} \tag{3.26}$$

对逆矩阵进行扩维，得到

$$\boldsymbol{K}_0^{-1} = \begin{bmatrix} 1 & 0 & 0 & 0 & 0 \\ 0 & 1 & 1 & 1 & 0 \\ 0 & 1 & 2 & 2 & 0 \\ 0 & 1 & 2 & 3 & 0 \\ 0 & 0 & 0 & 0 & 10000 \end{bmatrix} \tag{3.27}$$

修改后刚度矩阵的增量为

$$\Delta K = K - K_0 = \begin{bmatrix} 0 & 0 & 0 & 0 & 0 \\ 0 & 0 & 0 & 0 & 0 \\ 0 & 0 & 0 & 0 & 0 \\ 0 & 0 & 0 & 1 & -1 \\ 0 & 0 & 0 & -1 & 0.9999 \end{bmatrix} \tag{3.28}$$

然后构造 2 个基向量

$$R_{\mathrm{B}} = \begin{bmatrix} 0 & 0 \\ 1 & 3 \\ 2 & 6 \\ 3 & 9 \\ 0 & -30000 \end{bmatrix} \tag{3.29}$$

缩减刚度矩阵和载荷向量为

$$K_{\mathrm{R}} = \begin{bmatrix} 12 & 9.0036 \times 10^4 \\ 9.0036 \times 10^4 & 9.0045 \times 10^8 \end{bmatrix}, \quad F_{\mathrm{R}} = \begin{bmatrix} 3 \\ 9 \end{bmatrix} \tag{3.30}$$

求解缩减方程, 得到

$$y = K_{\mathrm{R}}^{-1} F_{\mathrm{R}} = \begin{bmatrix} 1.0006 \\ -0.0001 \end{bmatrix} \tag{3.31}$$

然后可以求得 r 的近似解为

$$r = R_{\mathrm{B}} y = \begin{bmatrix} 0 & 1.0003 & 2.0006 & 3.0009 & 3.0012 \end{bmatrix}^{\mathrm{T}} \tag{3.32}$$

与精确解

$$r^* = R_{\mathrm{B}} y = \begin{bmatrix} 0 & 1 & 2 & 3 & 3 \end{bmatrix}^{\mathrm{T}} \tag{3.33}$$

对比可知, 近似解的误差为 0.034%。

2. 车架

某车架的简化模型及其主要尺寸如图 3.3 所示。纵梁和横梁截面的形状及尺寸如图 3.4 所示。

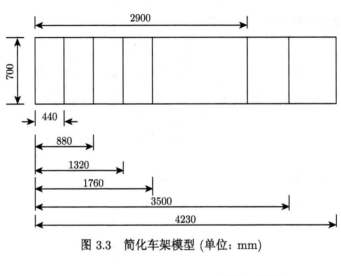

图 3.3   简化车架模型 (单位：mm)

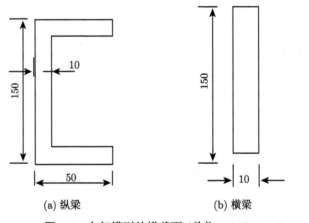

(a) 纵梁   (b) 横梁

图 3.4   车架模型的横截面 (单位：mm)

车架的有限元模型包含 118200 个单元、120546 个节点和 723276 个自由度。弯曲工况的约束如表 3.1 所示，载荷施加为：在图 3.5 中 E 节点施加 500N 竖直向下的集中力，F 节点施加 100N 竖直向下的集中力。材料的弹性模量为 200GPa，泊松比为 0.3。初始分析使用基于矩阵分解的全分析。车架的初始变形如图 3.6 所示。

表 3.1   车架约束

节点	约束
A	U_x, U_z
B	U_x, U_y, U_z
C	U_z
D	U_y, U_z

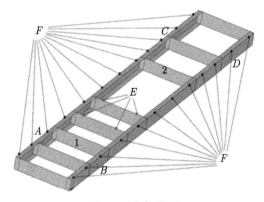

图 3.5 车架模型

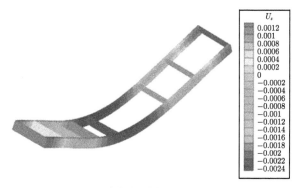

图 3.6 车架初始变形 (后附彩图)

作为结构修改, 将图 3.5 中的梁 1 的厚度变为 20mm, 梁 2 的厚度变为 5mm, 边界条件不变。同时采用独立系数法、组合近似法和全分析法对修改后的结构进行分析, 以便进行对比, 分析结果分别如图 3.7~ 图 3.9 所示。

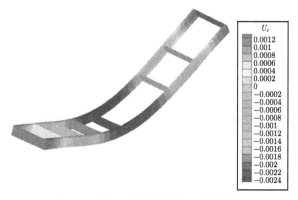

图 3.7 独立系数法结果 (后附彩图)

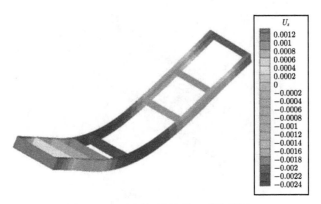

图 3.8   组合近似法结果 (后附彩图)

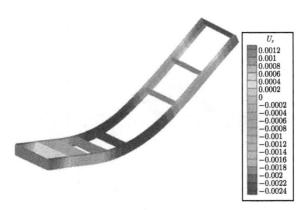

图 3.9   全分析法结果 (后附彩图)

由图 3.7~图 3.9 可知，独立系数法和组合近似法的结果都与全分析法相似。进一步的比较如表 3.2 所示。由表 3.2 可知，独立系数法和组合近似法的解与全分析法接近。根据式 (3.15)，独立系数法的误差为 0.38%，组合近似法的误差为 0.037%。

表 3.2   车架 z 方向位移的对比

自由度序号	全分析法	独立系数法	组合近似法	误差	
				独立系数法	组合近似法
102475	2.18E−04	2.17E−04	2.18E−04	3.82E−04	4.21E−05
23763	−2.42E−03	−2.42E−03	−2.42E−03	1.93E−04	4.22E−05
127131	−2.49E−03	−2.49E−03	−2.49E−03	2.17E−04	5.97E−06
23805	−2.41E−03	−2.41E−03	−2.41E−03	2.31E−04	4.70E−05
6233	2.64E−06	2.64E−06	2.64E−06	3.95E−04	5.85E−05
283293	2.22E−04	2.22E−04	2.22E−04	3.71E−04	3.12E−05

在计算效率方面，全分析法的计算时间为 39.13s，独立系数法的计算时间为 2.69s，组合近似法的计算时间为 6.95s。独立系数法和组合近似法的计算效率远高于全分析法。与全分析法相比，独立系数法的计算消耗为 6.87%，组合近似法的计算消耗为 17.76%。

3. 侧围

如图 3.10 所示是一个车身侧围的初始 CAD 模型，该有限元模型包含 273816 个节点、538332 个单元和 1642896 个自由度。为模拟扭转刚度，约束图 3.10 中的节点 A、B 和 C 的三个平动自由度；在节点 D 上施加沿 y 方向的集中力，力的大小为 400N。初始分析采用基于矩阵分解的全分析方法，分析结果如图 3.11 所示。

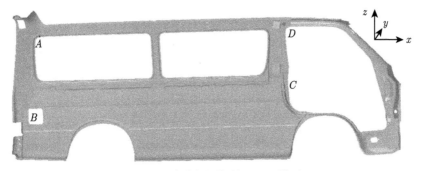

图 3.10 车身侧围初始 CAD 模型

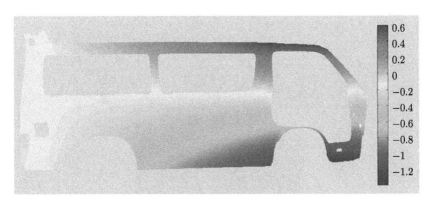

图 3.11 车身侧围初始解 (后附彩图)

修改后的车身侧围模型如图 3.12 所示，在初始结构上添加了一个加强筋。同时使用独立系数法、组合近似法和全分析法对修改后的结构进行分析，对应的结果分别如图 3.13~图 3.15 所示。由图 3.13~图 3.15 可知，独立系数法的结构与全分析法几乎相同。

(a) 全局视图

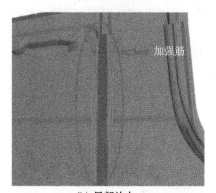

(b) 局部放大

图 3.12 修改后的车身侧围模型

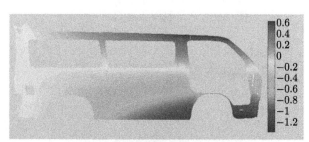

(a) 全局视图

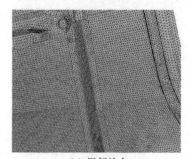

(b) 局部放大

图 3.13 侧围独立系数法结果 (后附彩图)

(a) 全局视图

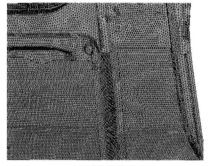

(b) 局部放大

图 3.14 侧围组合近似法结果 (后附彩图)

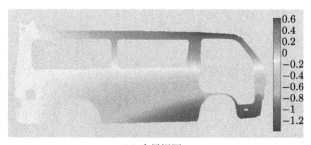

(a) 全局视图

(b) 局部放大

图 3.15 侧围全分析法结果 (后附彩图)

为进一步比较独立系数法和组合近似法的精度，部分节点的位移如表 3.3 所示。由表 3.3 易知，各节点位移的误差都小于 0.1%。根据式 (3.15)，独立系数法的误差为 0.19，组合近似法的误差为 0.07%。计算效率方面，独立系数法的计算时间为 4.29s，组合近似法的计算时间为 43.06s。与全分析法的计算时间 177.82s 相比，独立系数法的计算消耗仅为 2.41%，组合近似法的计算消耗为 24.21%。

表 3.3　侧围的 y 方向位移

自由度序号	全分析法	独立系数法	组合近似	误差	
				独立系数法	组合近似法
78289	5.12E−02	5.12E−02	5.13E−02	1.98E−04	4.62E−04
239895	−3.22E−01	−3.22E−01	−3.22E−01	1.47E−04	4.14E−04
394142	9.70E−01	9.70E−01	9.71E−01	1.77E−04	4.41E−04
709538	−1.46E+00	−1.46E+00	−1.46E+00	7.69E−05	3.49E−04
1435819	−1.12E−01	−1.12E−01	−1.12E−01	9.80E−05	3.69E−04

4. 车门内板

如图 3.16 所示为一车门内板模型，其有限元模型包含 545659 个节点、1083336 个单元和 3273954 个自由度。其边界条件施加为：图 3.17 所示的节点 A 和 B 为刚性固定连接，并约束节点 C 的 y 方向平动自由度。在节点 C 施加沿 z 方向的集中力，力的大小为 800N，方向为 y 轴负方向。为了减少计算消耗，采用预条件共轭梯度法进行初始分析，初始结果如图 3.18 所示。

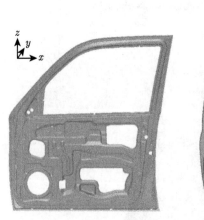
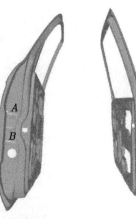

图 3.16　车门内板模型　　　　　　图 3.17　约束与载荷

作为结构修改，车门内板上添加了一个减重孔，修改后的模型如图 3.19 所示。由于初始分析采用的是共轭梯度法，组合近似法在本例中不适用。因此，本例采用独立系数法和全分析法对修改后的结构进行分析，其结果分别如图 3.20 和图 3.21

所示。由图可知，独立系数法的结果与全分析法几乎相同。

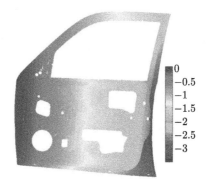

图 3.18 车门内板初始解 (后附彩图)

(a) 全局视图

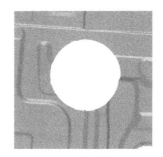

(b) 局部放大

图 3.19 修改后的车门内板

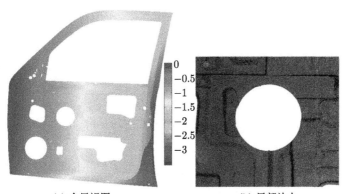

(a) 全局视图   (b) 局部放大

图 3.20 车门内板独立系数法结果 (后附彩图)

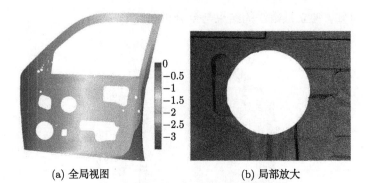

(a) 全局视图   (b) 局部放大

图 3.21   车门内板全分析法结果 (后附彩图)

为进一步观察独立系数法的精度, 列出部分节点的位移如表 3.4 所示。由表 3.4 可知, 所列节点位移的误差约为 0.4%。根据式 (3.15) 计算得到的误差为 1.23%。计算效率方面, 独立系数法的计算时间为 17.85s, 而全分析法的计算时间为 3573.97s。独立系数法的计算消耗仅为全分析法的 0.5%。

表 3.4   车门内板的 z 方向位移

节点序号	独立系数法	全分析法	误差
359574	1.96E+00	1.95E+00	4.56E−03
359571	1.97E+00	1.97E+00	4.52E−03
280494	3.47E+00	3.49E+00	6.63E−03
153360	1.83E−02	1.83E−02	2.20E−03
357802	2.56E−02	2.54E−02	1.09E−02
93143	1.10E−02	1.10E−02	3.74E−03
359575	1.96E+00	1.95E+00	4.55E−03
359570	1.98E+00	1.97E+00	4.48E−03
280495	3.47E+00	3.49E+00	6.63E−03
153359	1.82E−02	1.83E−02	2.07E−03
357803	2.57E−02	2.54E−02	1.08E−02
93143	1.10E−02	1.10E−02	3.74E−03

3.2   间接分解更新法[3]

虽然独立系数法是一种高效的重分析算法, 但即使在局部修改中, 它也不是一种通用的算法。例如, 在如图 3.22 所示的杆结构中, 固定杆的左端, 在右端施加轴向集中力 F。经过初始分析可以得到一个平衡状态。现考虑两种不同的结构修改来测试独立系数法的性能。

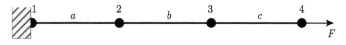

图 3.22 独立系数法示例

修改一：假设杆 c 的弹性模量减小，即杆 c 变软。容易预测，杆 c 会伸长，从而导致节点 4 的位移变化。此时若应用独立系数法，则只需对节点 4 进行重分析，从而得到精确解。

修改二：假设杆 a 的弹性模量减小，即杆 a 变软。易知杆 a 会伸长，从而导致节点 2、3 和 4 的位移变化。由于结构的修改是局部的，因此节点 3 和 4 的位移变化不能由刚度矩阵的变化反映出。此时若就用独立系数法，只会对节点 1 和 2 进行重分析，最终得到错误的结果。

为弥补独立系数法的这一缺陷，本节将提出一种新的重分析方法。

3.2.1 后置的不平衡自由度

"后置的不平衡自由度" 表示在式 (3.7) 中，所有的不平衡自由度都在方程的下部。因此，式 (3.7) 可表达为

$$
\begin{bmatrix} \boldsymbol{K}_{mm} & \boldsymbol{K}_{mn} \\ \boldsymbol{K}_{nm} & \boldsymbol{K}_{nn} \end{bmatrix} \begin{pmatrix} \Delta\boldsymbol{r}_m \\ \Delta\boldsymbol{r}_n \end{pmatrix} = \begin{pmatrix} \boldsymbol{0} \\ \boldsymbol{\delta}_n \end{pmatrix} \tag{3.34}
$$

其中，m 为平衡的自由度数；n 为不平衡的自由度数。

式 (3.34) 也可写为

$$
\boldsymbol{K}_{mm}\Delta\boldsymbol{r}_m + \boldsymbol{K}_{mn}\Delta\boldsymbol{r}_n = \boldsymbol{0} \tag{3.35}
$$

$$
\boldsymbol{K}_{nm}\Delta\boldsymbol{r}_m + \boldsymbol{K}_{nn}\Delta\boldsymbol{r}_n = \boldsymbol{\delta}_n \tag{3.36}
$$

显然式 (3.35) 为齐次线性方程组，并且变量个数大于方程数。因此，式 (3.35) 有无穷多解，而初始分析的解 $\boldsymbol{r}_0$ 只是其中的一个。

令 $\Delta\boldsymbol{r}_n = \begin{pmatrix} 0 & \cdots & 0 & 1 & 0 & \cdots & 0 \end{pmatrix}^{\mathrm{T}}$（1 为 $\Delta\boldsymbol{r}_n$ 的第 i 个元素，$i=1, 2, \cdots, n$），可以求得式 (3.35) 的基础解系为

$$
\boldsymbol{B} = \begin{bmatrix} -\boldsymbol{K}_{mm}^{-1}\boldsymbol{K}_{mn} \\ \boldsymbol{E}_{nn} \end{bmatrix} \tag{3.37}
$$

其中，$\boldsymbol{E}_{nn}$ 为 n 阶单位矩阵。

式 (3.35) 的通解可表达为

$$
\Delta\boldsymbol{r} = \boldsymbol{B}\boldsymbol{y} \tag{3.38}
$$

其中，$\boldsymbol{y}$ 为 n 维向量。

接下来的工作是从式 (3.38) 中找出满足式 (3.36) 的特解。

将式 (3.38) 代入式 (3.36) 中，得到

$$\left(\boldsymbol{K}_{nn} - \boldsymbol{K}_{nm}\boldsymbol{K}_{mm}^{-1}\boldsymbol{K}_{mn}\right)\boldsymbol{y} = \boldsymbol{\delta}_n \tag{3.39}$$

求解式 (3.39)，可得到 $\boldsymbol{y}$。将 $\boldsymbol{y}$ 代入式 (3.38)，可得到 $\Delta\boldsymbol{r}$。最后，方程 (3.2) 的解可由式 (3.3) 求得。由于推导过程中没有使用近似和估计，因此该方法得到的是精确解。

对于局部修改，通常 n 不会很大。因此，式 (3.39) 是一个小规模问题。该方法的关键在于如何求解式 (3.37)。由于结构修改是局部的，易知 $\boldsymbol{K}_{mm}$ 与 $\boldsymbol{K}_0$ 中对应的分块是相同的。

假设

$$\boldsymbol{K}_0 = \left[\begin{array}{cc} \boldsymbol{K}_{0,mm} & \boldsymbol{K}_{0,mn} \\ \boldsymbol{K}_{0,nm} & \boldsymbol{K}_{0,nn} \end{array}\right] \tag{3.40}$$

$\boldsymbol{K}_0$ 的逆为

$$\boldsymbol{M} = \left[\begin{array}{cc} \boldsymbol{M}_{mm} & \boldsymbol{M}_{mn} \\ \boldsymbol{M}_{nm} & \boldsymbol{M}_{nn} \end{array}\right] \tag{3.41}$$

则有如下关系：

$$\boldsymbol{K}_{mm} = \boldsymbol{K}_{0,mm} \tag{3.42}$$

$$\begin{aligned} \boldsymbol{E}_{(m+n)(m+n)} &= \boldsymbol{K}_0\boldsymbol{M} \\ &= \left[\begin{array}{cc} \boldsymbol{K}_{0,mm}\boldsymbol{M}_{mm} + \boldsymbol{K}_{0,mn}\boldsymbol{M}_{nm} & \boldsymbol{K}_{0,mm}\boldsymbol{M}_{mn} + \boldsymbol{K}_{0,mn}\boldsymbol{M}_{nn} \\ \boldsymbol{K}_{0,nm}\boldsymbol{M}_{mm} + \boldsymbol{K}_{0,nn}\boldsymbol{M}_{nm} & \boldsymbol{K}_{0,nm}\boldsymbol{M}_{mn} + \boldsymbol{K}_{0,nn}\boldsymbol{M}_{nn} \end{array}\right] \end{aligned} \tag{3.43}$$

易知当 $\boldsymbol{K}_{0,mn}\boldsymbol{M}_{nm} \neq \boldsymbol{0}$ 时，$\boldsymbol{K}_{0,mm}\boldsymbol{M}_{mm} \neq \boldsymbol{E}_{mm}$，即 $\boldsymbol{M}_{mm}$ 不是 $\boldsymbol{K}_{0,mm}$ 的逆。但是，当考虑楚列斯基分解时，情况会有所不同。

假设

$$\begin{aligned} \boldsymbol{K}_0 = \boldsymbol{L}\boldsymbol{L}^{\mathrm{T}} &= \left[\begin{array}{cc} \boldsymbol{L}_{mm} & \boldsymbol{0} \\ \boldsymbol{L}_{nm} & \boldsymbol{L}_{nn} \end{array}\right]\left[\begin{array}{cc} \boldsymbol{L}_{mm}^{\mathrm{T}} & \boldsymbol{L}_{nm}^{\mathrm{T}} \\ \boldsymbol{0} & \boldsymbol{L}_{nn}^{\mathrm{T}} \end{array}\right] \\ &= \left[\begin{array}{cc} \boldsymbol{L}_{mm}\boldsymbol{L}_{mm}^{\mathrm{T}} & \boldsymbol{L}_{mm}\boldsymbol{L}_{nm}^{\mathrm{T}} \\ \boldsymbol{L}_{nm}\boldsymbol{L}_{mm}^{\mathrm{T}} & \boldsymbol{L}_{nm}\boldsymbol{L}_{nm}^{\mathrm{T}} + \boldsymbol{L}_{nn}\boldsymbol{L}_{nn}^{\mathrm{T}} \end{array}\right] \end{aligned} \tag{3.44}$$

其中，$\boldsymbol{L}_{mm}$ 和 $\boldsymbol{L}_{nn}$ 为下三角矩阵。

对比式 (3.40) 和式 (3.44) 可知

$$\boldsymbol{K}_{mm} = \boldsymbol{K}_{0,mm} = \boldsymbol{L}_{mm}\boldsymbol{L}_{mm}^{\mathrm{T}} \tag{3.45}$$

因此，初始分析的楚列斯基分解可以直接用于求解式 (3.37)。

3.2.2 任意位置的不平衡自由度

当不平衡自由度并不是全位于方程下部时，问题的复杂度会大大增加。

假设所有不平衡自由度记录在 S_d 中，不平衡自由度数为 n_d。式 (3.7) 可分为已平衡方程

$$K_b \Delta r = 0 \tag{3.46}$$

和未平衡方程

$$K_u \Delta r = \delta_u \tag{3.47}$$

其中，δ_u 包含 δ 中所有的非 0 元素；K_b 和 K_u 为 K 中的某些行，但并不是简单的上分块和下分块。如果对方程进行重排序，使不平衡自由度全位于方程下部，则初始分析的楚列斯基分解不能在重分析中再次使用。

与 3.2.1 节类似，令其中一个不平衡自由度的位移为 1，其他不平衡自由度的位移为 0，可以求得式 (3.46) 的基础解系中的一个基向量。将此操作应用于每一个不平衡自由度，可以得到式 (3.46) 的基础解系。虽然思路类似，但实现方式并不相同。

对任意位置的不平衡自由度，式 (3.47) 的基础解系可以通过对式 (3.7) 施加额外约束求得。具体来说，即不平衡自由度的位移需要被约束为 0 或者 1。当第 i 个自由度的位移需要约束为 0 时，操作如下：

(1) 令 K 的第 i 行和第 i 列为 0；

(2) 令 K 的第 i 个对角元为 1；

(3) 令右端向量的第 i 个元素为 0。

当第 i 个自由度的位移需要约束为 1 时，操作如下：

(1) 更新右端向量：从右端向量中减去 K 的第 i 列；

(2) 令 K 的第 i 行和第 i 列为 0；

(3) 令 K 的第 i 个对角元为 1；

(4) 令右端向量的第 i 个元素为 1。

因此，无论位移约束为 0 还是 1，对 K 的操作是相同的。假设所有不平衡自由度被约束后的刚度矩阵为 K_c，则式 (3.27) 的基础解系可由如下线性系统求得：

$$K_c B = R \tag{3.48}$$

其中，B 和 R 均为 n_d 列矩阵，并且 R 可按如下方式计算：

For $i=1:n_d$

$d = S_d(i)$,

$R_i = -K_d$,（下标表示一列）

End

For i=1:n_d

$d = S_d(i)$,

$R_d = 0$,（下标表示一行）

$R_{d,i} = 1$.

End

式 (3.46) 的通解为

$$\Delta r = By \tag{3.49}$$

将式 (3.49) 代入式 (3.47)，得到

$$K_b y = \delta_u \tag{3.50}$$

其中

$$K_b = K_u B \tag{3.51}$$

求解式 (3.50)，得到 y。将 y 代入式 (3.49)，得到 Δr。然后式 (3.2) 的解可以由式 (3.3) 求得。

　　与 3.2.1 节类似，式 (3.50) 也是小规模问题。方法的关键是如何求解式 (3.48)。

　　因为 K_c 是通过对 K 施加额外约束得到的，与 K_0 比较可发现：

　　除与不平衡自由度相关的元素外，K_c 与 K_0 是相同的。

　　因此，将不平衡自由度的约束施加在 K 上与施加在 K_0 上是等效的。问题的关键是约束是如何影响矩阵分解的。

　　假设第 k 个不平衡自由度为自由度 i，则 K_0 可写为

$$
\begin{aligned}
K_0 &=
\begin{bmatrix}
K_{aa} & k_{ai} & K_{ab} \\
k_{ia} & k_{ii} & k_{ib} \\
K_{ba} & k_{bi} & K_{bb}
\end{bmatrix}
=
\begin{bmatrix}
L_{aa} & 0 & 0 \\
l_{ia} & l_{ii} & 0 \\
L_{ba} & l_{bi} & L_{bb}
\end{bmatrix}
\begin{bmatrix}
L_{aa}^{T} & l_{ia}^{T} & L_{ba}^{T} \\
0 & l_{ii} & l_{bi}^{T} \\
0 & 0 & L_{bb}^{T}
\end{bmatrix}
= LL^{T} \\
&=
\begin{bmatrix}
L_{aa}L_{aa}^{T} & L_{aa}l_{ia}^{T} & L_{aa}L_{ba}^{T} \\
l_{ia}L_{aa}^{T} & l_{ia}l_{ia}^{T} + l_{ii}l_{ii} & l_{ia}L_{ba}^{T} + l_{ii}l_{bi}^{T} \\
L_{ba}L_{aa}^{T} & L_{ba}l_{ia}^{T} + l_{bi}l_{ii} & L_{ba}L_{ba}^{T} + l_{bi}l_{bi}^{T} + L_{bb}L_{bb}^{T}
\end{bmatrix}
\end{aligned}
\tag{3.52}
$$

约束之后，K_0 变为

$$
K_0^* =
\begin{bmatrix}
K_{aa} & 0 & K_{ab} \\
0 & 1 & 0 \\
K_{ba} & 0 & K_{bb}
\end{bmatrix}
=
\begin{bmatrix}
L_{aa}L_{aa}^{T} & 0 & L_{aa}L_{ba}^{T} \\
0 & 1 & 0 \\
L_{ba}L_{aa}^{T} & 0 & L_{ba}L_{ba}^{T} + l_{bi}l_{bi}^{T} + L_{bb}L_{bb}^{T}
\end{bmatrix}
\tag{3.53}
$$

　　如果类似的操作应用在 L 上，则 L 变为

$$L_0 = \begin{bmatrix} L_{aa} & 0 & 0 \\ 0 & 1 & 0 \\ L_{ba} & 0 & L_{bb} \end{bmatrix} \tag{3.54}$$

定义

$$K'_0 = L_0 L_0^{\mathrm{T}} = \begin{bmatrix} L_{aa}L_{aa}^{\mathrm{T}} & 0 & L_{aa}L_{ba}^{\mathrm{T}} \\ 0 & 1 & 0 \\ L_{ba}L_{aa}^{\mathrm{T}} & 0 & L_{ba}L_{ba}^{\mathrm{T}} + L_{bb}L_{bb}^{\mathrm{T}} \end{bmatrix} \tag{3.55}$$

对比式 (3.53) 与式 (3.55) 可知, 二者的不同只出现在右下分块。定义

$$l_k = \begin{pmatrix} 0 \\ l_{bi} \end{pmatrix} \tag{3.56}$$

$$\Delta K = l_k l_k^{\mathrm{T}} \tag{3.57}$$

则 K_0^* 和 K'_0 之间的关系可表达为

$$K_0^* = K'_0 + \Delta K \tag{3.58}$$

由式 (3.57) 可知, 每个自由度的变化可以转化为一个秩 1(Rank-one) 修改。

对于多重约束, 所需要的操作是相似的, 但是有一个问题需要特别注意, 现说明如下:

假设另一个自由度——自由度 $j(j > i)$ 需要被约束, 由于 $i < j$, 根据式 (3.57), $\Delta K_{i,j}$ 可能为非 0。而约束第 j 个自由度之后, $\Delta K_{i,j}$ 应该为 0。如果按式 (3.59) 计算 ΔK:

$$\Delta K = l_k l_k^{\mathrm{T}} + l_{k+1} l_{k+1}^{\mathrm{T}} \tag{3.59}$$

则会导致错误的结果。在此情况下, l_k 的第 j 个元素应当被置 0。一个解决该问题的更好的方式是按照从下到上的顺序约束 L, 这样就不需对 l_k 进行额外操作。

假设所有的不平衡自由度在 K 和 L 上约束之后, K 变为 K_c, L 变为 L_c, 则它们之间的关系为

$$K_c = L_c L_c^{\mathrm{T}} = l_1 l_1^{\mathrm{T}} + l_1 l_1^{\mathrm{T}} + \cdots + l_{n_d} l_{n_d}^{\mathrm{T}} \tag{3.60}$$

定义

$$V = \begin{bmatrix} l_1 & l_2 & \cdots & l_{n_d} \end{bmatrix} \tag{3.61}$$

式 (3.60) 变为

$$K_c = L_c L_c^{\mathrm{T}} + V V^{\mathrm{T}} \tag{3.62}$$

根据 SMW 公式, 式 (3.48) 可以用式 (3.63) 进行求解。

$$B = \left(\left(L_c L_c^{\mathrm{T}} \right)^{-1} - \left(L_c L_c^{\mathrm{T}} \right)^{-1} \left(I + V \left(L_c L_c^{\mathrm{T}} \right)^{-1} V^{\mathrm{T}} \right)^{-1} \left(L_c L_c^{\mathrm{T}} \right)^{-1} \right) R \tag{3.63}$$

　　由于 SMW 公式是精确的重分析方法，因此，本节所提方法得到的也是精确
解。由本节表述易知，初始刚度矩阵的楚列斯基分解是根据已平衡的方程间接进
行更新的，而不是直接基于修改后的方程。因此，该方法被命名为 "间接分解更
新"(Indirect Factorization Updating, IFU) 法。

　　另外，因为刚度矩阵不同的方程可能具有相同的解，因此，仅按式 (3.6) 选取
不平衡自由度不能保证条件 1。为此，本节提出一种新的不平衡自由度选取准则如
式 (3.64) 所示。

$$\Delta = \mathrm{sum}\left(|\boldsymbol{K} - \boldsymbol{K}_0|\right) + |\boldsymbol{\delta}| \tag{3.64}$$

其中，$|\cdot|$ 表示绝对值；$\mathrm{sum}(\cdot)$ 表示按行求和。

　　由本小节前述内容可知，"后置的不平衡自由度" 是 "任意位置的不平衡自由
度" 的一种特殊情况。因此，间接分解更新法的统一流程可以总结如图 3.23 所示。
需要指出的是，间接分解更新法的适用性可以由 n_d 反映。n_d 的值越小，间接分解
更新法的效果越好。

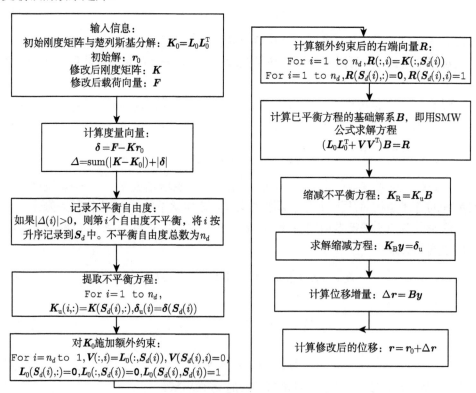

图 3.23　间接分解更新法的流程图

若 $\boldsymbol{A}$ 为矩阵，则 $\boldsymbol{A}(i,:)$ 表示 $\boldsymbol{A}$ 的第 i 行，$\boldsymbol{A}(:,i)$ 表示 $\boldsymbol{A}$ 的第 i 列

3.2.3 数值算例

由式 (3.63) 可知, 本节提出的间接分解更新法适用于局部修改。需要指出的是, 间接分解更新法能够胜任一般的低秩修改的重分析, 但是本小节仅选用一种典型的也是最具挑战性的低秩修改——边界修改来检验间接分解更新法的性能。在工程问题中, 常常需要对同一结构进行不同工况的测试, 而各工况的边界条件又经常施加在少数的自由度上。因此, 边界修改可以看作一种低秩修改。

1. 平面梁

如图 3.24 所示为一平面梁。梁的尺寸为 $1000\text{mm} \times 100\text{mm}$, 厚度为 2mm。现考虑两种不同的工况: 悬臂梁和简支梁, 对应的边界条件如图 3.24 所示。材料的弹性模量为 $E = 7 \times 10^7 \text{kPa}$, 泊松比为 $\nu = 0.3$。力 F 的值为 100mN。使用楚列斯基分解法对悬臂梁进行初始分析, 分析结果如图 3.25 所示。简支梁可看作对悬臂梁的边界修改, 并同时使用间接分解更新法和楚列斯基分解对其进行分析。分析结果如图 3.26 所示。由于间接分解更新法是精确的重分析方法, 因此, 简支梁的重分析结果与全分析法相同。

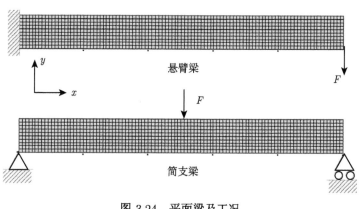

图 3.24 平面梁及工况

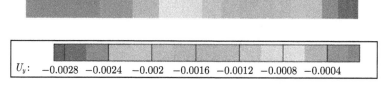

图 3.25 悬臂梁结果 (后附彩图)

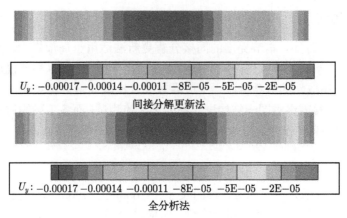

$U_y: -0.00017 \ -0.00014 \ -0.00011 \ -8E-05 \ -5E-05 \ -2E-05$

间接分解更新法

$U_y: -0.00017 \ -0.00014 \ -0.00011 \ -8E-05 \ -5E-05 \ -2E-05$

全分析法

图 3.26　简支梁结果 (后附彩图)

2. 车架

如图 3.27 所示为一车架结构。现考虑两种不同的工况：弯曲工况和扭转工况，对应的边界条件列于表 3.5 中。材料的弹性模量为 $E = 7 \times 10^7 \text{kPa}$，泊松比为 $\nu = 0.3$。结构的厚度为 2mm。使用楚列斯基分解对弯曲工况进行初始分析，其结果如图 3.28 所示。扭转工况可看作对弯曲工况的边界修改，并同时使用间接分解更新法和楚列斯基分解对其进行分析，分析结果如图 3.29 所示。由于间接分解更新法是精确的重分析方法，因此，车架的重分析结果与全分析法相同。

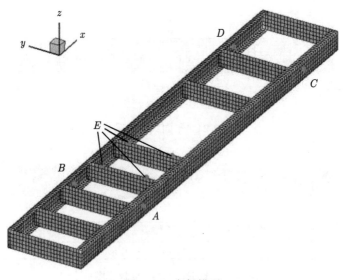

图 3.27　车架模型

表 3.5 车架的边界条件

节点	弯曲			扭转		
	边界类型	边界	值	边界类型	边界	值
A	约束	U_x, U_y, U_z	0	力/mN	F_z	100
B	约束	U_x, U_z	0	约束	U_x, U_y, U_z	0
C	约束	U_y, U_z	0	约束	U_x, U_y, U_z	0
D	约束	U_z	0	约束	U_x, U_y, U_z	0
E	力/mN	F_z	-100	未施加	—	—

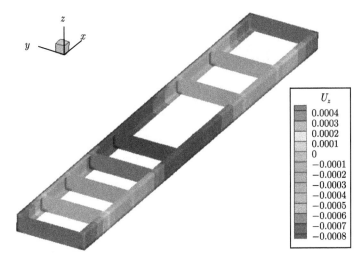

图 3.28 车架弯曲工况结果 (后附彩图)

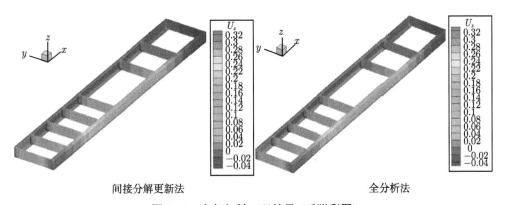

间接分解更新法　　　　　　　　　　　全分析法

图 3.29 车架扭转工况结果 (后附彩图)

3. 车门内板

如图 3.30 所示为车门内板模型。现考虑两种不同的工况: 下垂工况和扭转工况, 对应的边界条件如表 3.6 所示。材料的弹性模量为 $E = 7 \times 10^7 \text{kPa}$, 泊松比为 $\nu = 0.3$。板的厚度为 2mm。使用楚列斯基分解对下垂工况进行初始分析, 分析结果如图 3.31 所示。扭转工况可看作对下垂工况的边界修改, 并同时使用间接分解更新法和楚列斯基分解对其进行分析, 分析结果如图 3.32 所示。由于间接分解更新法是精确的重分析方法, 因此, 车门内板的重分析结果与全分析相同。

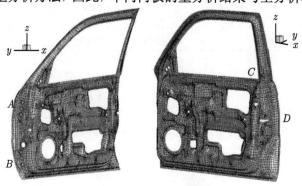

图 3.30 车门内板模型

表 3.6 车门内板的工况

节点	下垂			扭转		
	边界类型	边界	值	边界类型	边界	值
A	约束	U_x, U_y, U_z	0	约束	U_x, U_y, U_z	0
B	约束	U_x, U_z, U_z	0	约束	U_x, U_y, U_z	0
C	未施加	—	—	力/mN	F_y	100
D	约束	U_y	0	约束	U_x, U_y, U_z	0
	力/mN	F_z	−100	未施加	—	—

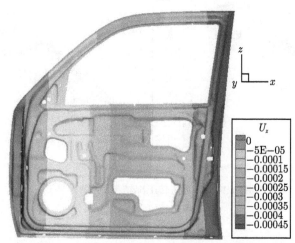

图 3.31 车门内板下垂工况结果 (后附彩图)

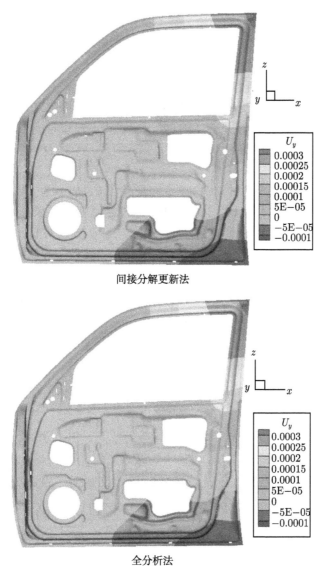

间接分解更新法

全分析法

图 3.32 车门内板扭转工况结果 (后附彩图)

4. 效率对比

前述三例的计算消耗如表 3.7 所示。由表可知, 间接分解更新法的效率远高于全分析。并且, 问题的规模越大, 间接分解更新法的优势越明显。在实际工程中, 前述三例仍然属于小规模问题, 这意味着间接分解更新法在大规模问题中还有更大的潜力。

为更好地说明间接分解更新法的特点, 现将其与另外几种常用重分析算法 (包括组合近似法[4]、SMW 公式、分解更新 1[2] 和分解更新 2[2]) 对比如表 3.8 所示。由表 3.8 可得出如下结论:

组合近似法可以处理全局和局部修改,但是仅限于非边界修改。

SMW 公式和分解更新 1 有条件适用于局部修改,包括边界修改和非边界修改。不能广泛适用的原因,是它们的理论基于一个假设,即结构的局部修改可以表达为低秩的形式。然而,在相关研究中,并没有对将局部修改转化为低秩形式的方法进行充分讨论。由于单个杆单元的改变可以分解为一个秩 1 修改,所以 SMW 公式和分解更新 1 的应用主要基于杆系结构。

分解更新 2 可适用于各种局部修改,但是其代价是较大的计算量。分解更新 2 的计算量与修改所处的位置相关。一个不好的位置可能导致算法计算量的急剧增加。另外,对于低秩问题,分解更新 2 的效率比 SMW 公式要低。

间接分解更新适用于一般的低秩修改,包括边界修改和非边界修改。并且,由于间接分解更新提供了将刚度矩阵增量转化为低秩形式的方法,因此,其应用与模型所使用的单元类型无关。

表 3.7　计算消耗对比

模型	求解时间 (CPU time)/s			自由度数
	初始分析	重分析	全分析	
平面梁	6.9732	3.3228	7.2228	6666
车架	206.2177	32.1831	218.1986	23400
车门内板	925.3667	183.3168	931.3884	67746

表 3.8　重分析方法对比

算法	修改类型				
	非边界全局	非边界局部	边界局部	高秩局部	低秩局部
组合近似法	O	O	X	O	O
SMW 公式	X	C	C	X	O
分解更新 1	X	C	C	X	O
分解更新 2	X	O	O	O	O
间接分解更新	X	O	O	X	O

注: O–适用, X–不适用, C–有条件适用

3.3　基于多重网格法的重分析

理论上,重分析方法能够很大程度上提高分析的效率,同时能够确保一定的精度。但是,几乎所有的重分析方法都对初始网格和修改后的网格有一致性的要求,

即结构修改后，除修改影响到的部分外，大部分的初始网格必须保持不变 (包括节点位置和编号等)。因此，即使节点的一个小移动都可能导致重分析算法的不稳定。这对 CAD 技术来说是很难实现的。在实际设计过程中，当设计方案修改后，通常需要对模型进行全部或者部分网格划分。为了解决这一问题，本节将引入多重网格法来建立初始网格和修改后网格之间的联系，从而使得初始分析的数据在网格重新划分后也可以再次利用。

3.3.1 多重网格预条件共轭梯度法 (MGPCG)

1. 预条件共轭梯度法

假设平衡方程为

$$Ku = F \tag{3.65}$$

在有限元法 (Finite Element Method, FEM) 中，系数矩阵 K 为对称正定矩阵，因此，共轭梯度法 (CG) 可以用来求解式 (3.65)。通常，在共轭梯度法中可以使用预条件算子来改善系数矩阵的条件数。

假设预条件算子为 M^{-1}，式 (3.65) 可变为

$$M^{-1}Ku = M^{-1}F \tag{3.66}$$

定义 Euclid 内积为 $(\cdot, \cdot)$，预条件共轭梯度法的流程可以概括如下：

$$算法1 : u = \text{PCG}\left(M^{-1}, K, F, u_0\right)$$

要求：使用预条件算子 M^{-1} 和初始解 u_0 求解方程 $Ku = F$。

1：计算 $r_0 = F - Ku_0$, $z_0 = M^{-1}r_0$, $s_0 = z_0$。令 $j = 0$。

2：计算参数 $\alpha_j = \dfrac{(z_j, r_j)}{(Ks_j, s_j)}$。更新解向量 $u_{j+1} = u_j + \alpha_j s_j$ 和残余向量 $r_{j+1} = r_j - \alpha_j Ks_j$。如果 u_{j+1} 满足收敛精度，程序终止。

3：计算 $z_{j+1} = M^{-1}r_{j+1}$ 和参数 $\beta_{j+1} = \dfrac{(z_{j+1}, r_{j+1})}{(z_j, r_j)}$。更新方向向量 $s_{j+1} = z_{j+1} + \beta_{j+1}s_j$。令 $j = j+1$，转到 2。

在流程中，预条件算子按式 (3.67) 使用

$$z_j = M^{-1}r_j \tag{3.67}$$

众所周知，最好的预条件算子是系数矩阵的逆矩阵，即

$$M^{-1} = K^{-1} \tag{3.68}$$

此时，式 (3.67) 等效于求解方程

$$Kz_j = r_j \tag{3.69}$$

而多重网格法可以通过求解式 (3.69) 作为式 (3.66) 的预条件算子。

2. 多重网格法

多重网格法是最有效的大型线性方程组求解方法之一。其主要思想是在不同的网格上对方程的余量进行磨光处理,从而达到快速收敛的目的。多重网格法最主要的优势在于它的渐近收敛性,即方法的计算量与方程组的规模呈线性关系。多重网格法可分为两大类:几何多重网格 (Geometric Multi-Grid, GMG) 法和代数多重网格 (Algebraic Multi-Grid, AMG) 法。几何多重网格法需要使用从粗到细的若干层几何网格,这对于具有复杂求解域和非结构网格的问题,在几何上所需要的额外操作是很难实现的。而对于工程问题,虽然可以生成多层几何网格,但生成网格需要的工作量也是相当大的。因此,几何多重网格的应用受到了限制。代数多重网格法不需要额外的几何网格,而是使用虚拟的代数网格进行替代。代数多重网格法的研究可追溯到 20 世纪 80 年代,最早的比较完整的多重网格法被称为 "经典多重网格法" [5]。近几十年,多重网格法在不同的道路上有了不同的发展。Chang 等将具有负权重的插值引入多重网格法中。针对非结构网格,Chan 等提出了凝聚多重网格法。Vanek 等提出了一种光滑聚集法,随后该方法被集成到由 Brezina 等提出的基于单元的代数多重网格 (Element based Algebraic Multi-Grid, AMGe) 法中。Henson 等提出了一种无单元的 AMGe 算法,用于构造多重网格法中的插值权重。Xu 提出了辅助空间法,用于构造最优的多重网格技术。

多重网格法的一些基本概念介绍如下:

1) 细网格和粗网格

多重网格法是通过在不同的网格上对方程进行迭代求解的算法。因此,细网格和粗网格是多重网格法的必要元素。例如,如图 3.33 所示,Ω 为方程的求解区域,并离散为 2 个不同的网格 M_1 和 M_2。一般情况下,多重网格法需要将求解区域离散为若干层不同的网格 $M_i (i = 1, 2, \cdots, s)(s$ 为网格的层数)。

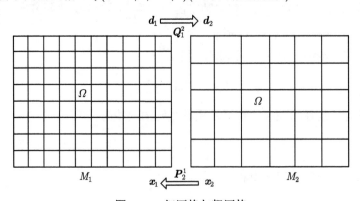

图 3.33   细网格与粗网格

2) 光滑算子

经典的迭代算法如 Gauss-Seidel 迭代和 Jacobi 迭代可以在迭代过程中减小方程的残余误差。这种效果也可以看作是对残余误差的光滑，因此这一类算子也被命名为光滑算子。但是在单层网格上应用光滑算子只能消除特定频率附近的残余误差，这会使算法的收敛速度在若干步迭代后急剧下降。因此，多重网格法需要在不同规模的网格上对方程进行光滑操作。最常用的光滑算子为 Gauss-Seidel 迭代，在本节中记为 $\boldsymbol{G}_i(i = 1, 2, \cdots, s-1)$($i$ 为网格层的序号)。

3) 传递算子

假设网格 M_i 对应的平衡方程为

$$\boldsymbol{A}_i \boldsymbol{x}_i = \boldsymbol{b}_i \tag{3.70}$$

其中，$\boldsymbol{A}_i$ 为系数矩阵；$\boldsymbol{x}_i$ 为离散的函数值向量；$\boldsymbol{b}_i$ 为右端向量。$\boldsymbol{x}_i$ 可以由 $\boldsymbol{x}_{i+1}$ 插值得到，即

$$\boldsymbol{x}_i = \boldsymbol{P}^i_{i+1} \boldsymbol{x}_{i+1} \tag{3.71}$$

其中，$\boldsymbol{P}^i_{i+1}$ 定义为网格 M_{i+1} 到 M_i 的延拓算子。

假设 $\boldsymbol{d}_i$ 为网格 M_i 上的残余向量，其定义为

$$\boldsymbol{d}_i = \boldsymbol{b}_i - \boldsymbol{A}_i \boldsymbol{x}_i \tag{3.72}$$

该余量可以传递到网格 M_{i+1} 上如

$$\boldsymbol{d}_{i+1} = \boldsymbol{Q}^{i+1}_i \boldsymbol{d}_i \tag{3.73}$$

其中，$\boldsymbol{Q}^{i+1}_i$ 定义为网格 M_i 到 M_{i+1} 的限制算子。在有限元法中，延拓算子和限制算子之间有如下关系：

$$\boldsymbol{Q}^{i+1}_i = {\boldsymbol{P}^i_{i+1}}^{\mathrm{T}} \tag{3.74}$$

传递算子的构造过程可参见文献。

使用以上定义，"V-循环" 多重网格法可归纳为如下的递归过程：

$$\text{算法2}: \boldsymbol{x}_l = \mathrm{MG}\left(\boldsymbol{A}_l, \boldsymbol{x}^0_l, \boldsymbol{b}_l, l\right)$$

要求：使用系数矩阵 $\boldsymbol{A}_i(i = 1, 2, \cdots, s)$，光滑算子 $\boldsymbol{G}_i(i = 1, 2, \cdots, s-1)$，传递算子 $\boldsymbol{P}^i_{i+1}(i = 1, 2, \cdots, s-1)$，求解方程 $\boldsymbol{A}_1 \boldsymbol{x}_1 = \boldsymbol{b}_1$。

If $l = s$ then

1: 计算 $\boldsymbol{x}_l = \boldsymbol{A}^{-1}_l \boldsymbol{b}_l$

Else

2: 使用初始解 x_l^0 对方程 $A_l x_l = b_l$ 应用光滑算子 G_l, 得到近似解 x_l。

3: 计算残余向量 $d_l = b_l - A_l x_l$。

4: 限制残余向量到网格 M_{l+1}: $d_{l+1} = {P_{l+1}^l}^{\mathrm{T}} d_l$.

5: 令 $v_{l+1}^0 = 0$, 计算 $v_{l+1} = \mathrm{MG}\left(A_{l+1}, v_{l+1}^0, d_{l+1}, l+1\right)$。

6: 将 v_{l+1} 传回网格 M_l: $v_l = P_{l+1}^l v_{l+1}$。计算 $x_l^0 = x_l + v_l$。

7: 使用初始解 x_l^0 对方程 $A_l x_l = b_l$ 应用光滑算子 G_l, 得到改善的解 x_l。

End if

算法 2 可按如下方式启动:

$$x_1 = \mathrm{MG}\left(A_1, 0, b_1, 1\right) \tag{3.75}$$

多重网格法分为几何多重网格法和代数多重网格法。这两类方法的主要思想是相似的, 不同之处在于系数矩阵 $A_i\,(i = 2, 3, \cdots, s)$ 的计算方法。几何多重网格法中的系数矩阵是根据网格组装得到的, 而代数多重网格法中, 系数矩阵可按下式计算得到:

$$A_{i+1} = {P_{i+1}^i}^{\mathrm{T}} A_i P_{i+1}^i \quad (i = 2, 3, \cdots, s) \tag{3.76}$$

多重网格法的流程可以分为两个阶段: 设置阶段和迭代阶段。设置阶段是多重网格法的主要部分, 其间完成的工作包括计算网格间的传递算子和各粗网格的系数矩阵。迭代阶段只是简单地使用设置阶段的数据进行迭代计算。在计算效率方面, 迭代阶段的计算消耗远比设置阶段少。如表 3.9 所示为多重网格法的计算效率测试。

表 3.9　多重网格法的计算消耗　　　　　　　(单位: s)

阶段		自由度数				
		3362	7442	13122	20402	29282
设置	传递算子	0.5772	2.1372	6.0216	15.2881	29.6558
	系数矩阵	0.0001	0.0156	0.0001	0.0156	0.0312
	迭代	0.078	0.0624	0.1872	0.2652	0.3276

3.3.2　多重网格支持的重分析

如图 3.34 所示, 初始求解区域 Ω_1 离散为网格 M_1。作为结构修改, 在初始区域 Ω_1 上添加一个圆孔, 得到新的求解区域 Ω_0^1, 并离散为 M_0^1 网格。作为另一种结构修改, 在初始区域 Ω_1 上添加附加部分 $\Delta\Omega$, 得到新的求解区域 Ω_0^2, 并离散为 M_0^2。假设网格 M_1、M_0^1 和 M_0^2 的节点集分别为 N_1、N_0^1 和 N_0^2。易知 N_0^1 的位移可由 N_1 的位移插值得到, 因此 M_0^1 定义为 "完全可插值修改"。类似地, 由于 $\Delta\Omega$ 的节点位移不能由 N_1 的位移插值得到, 因此 M_0^2 定义为 "不完全可插值修改"。为统一标记, 分别记修改后的网格与其对应的节点集为 M_0 和 N_0。

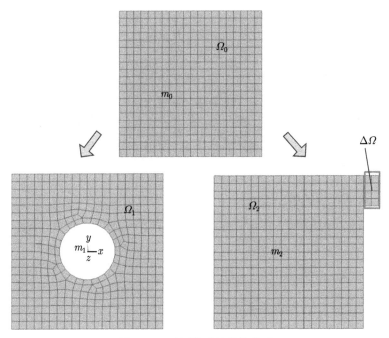

图 3.34 不同类型的结构修改

1. 完全可插值修改

假设网格 M_1 的平衡方程为

$$\boldsymbol{K}_1 \boldsymbol{u}_1 = \boldsymbol{F}_1 \tag{3.77}$$

其中，$\boldsymbol{K}_1$ 为刚度矩阵；$\boldsymbol{u}_1$ 和 $\boldsymbol{F}_1$ 分别为位移向量和载荷向量。$\boldsymbol{u}_1$ 可以通过按式 (3.78) 调用算法 2 求得。

$$\boldsymbol{u}_1^* = \mathrm{MG}\left(\boldsymbol{K}_1, \boldsymbol{0}, \boldsymbol{F}_1, 1\right) \tag{3.78}$$

假设网格 M_0 的平衡方程为

$$\boldsymbol{K}_0 \boldsymbol{u}_0 = \boldsymbol{F}_0 \tag{3.79}$$

为方便起见，假设 $\boldsymbol{F}_0$ 和 $\boldsymbol{F}_1$ 表示相同的边界条件，虽然其具体数值可能不同。

由于 $\boldsymbol{u}_0$ 可以由 $\boldsymbol{u}_1$ 插值得到，即

$$\boldsymbol{u}_0 = \boldsymbol{P}_1^0 \boldsymbol{u}_1 \tag{3.80}$$

将式 (3.80) 代入式 (3.79)，并在方程两边同时左乘 $\boldsymbol{P}_1^{0\mathrm{T}}$，得到

$$\boldsymbol{P}_1^{0\mathrm{T}} \boldsymbol{K}_0 \boldsymbol{P}_1^0 \boldsymbol{u}_1 = \boldsymbol{P}_1^{0\mathrm{T}} \boldsymbol{F}_0 \tag{3.81}$$

定义

$$K'_1 = P_1^{0^{\mathrm{T}}} K_0 P_1^0$$
$$F'_1 = P_1^{0^{\mathrm{T}}} F_0 \tag{3.82}$$

式 (3.81) 变为

$$K'_1 u_1 = F'_1 \tag{3.83}$$

式 (3.81)～式 (3.83) 也可理解为将平衡方程从网格 M_0 映射到 M_1。因此，式 (3.77) 和式 (3.83) 对应于同一层网格，并且式 (3.83) 可以通过使用初始多重网格分析 (式 (3.78)) 的数据调用算法 2 求解。关于数据的重用将在后文中详细讨论。

2. 不完全可插值修改

对于不完全可插值的网格 M_0，u_0 和 u_1 之间不存在类似于式 (3.80) 的插值关系。可定义 N_0 中不能由 N_1 插值的节点集为 N_d，并构造新节点集

$$N_{(1)} = N_1 \bigcup N_d \tag{3.84}$$

则 N_0 的位移可由 $N_{(1)}$ 插值得到。

定义

$$u_{(1)} = \begin{bmatrix} u_1 \\ u_d \end{bmatrix} \tag{3.85}$$

其中，u_d 为 N_d 的位移，插值关系为

$$u_0 = P_{(1)}^0 u_{(1)} \tag{3.86}$$

将式 (3.79) 映射到由 $N_{(1)}$ 构造的虚拟网格 $M_{(1)}$，得到

$$K_{(1)} u_{(1)} = F_{(1)} \tag{3.87}$$

其中

$$K_{(1)} = P_{(1)}^{0^{\mathrm{T}}} K_0 P_{(1)}^2$$
$$F_{(1)} = P_{(1)}^{0^{\mathrm{T}}} F_0 \tag{3.88}$$

写成分块形式，式 (3.87) 变为

$$\begin{bmatrix} K_{11} & K_{1d} \\ K_{d1} & K_{dd} \end{bmatrix} \begin{bmatrix} u_1 \\ u_d \end{bmatrix} = \begin{bmatrix} f_1 \\ f_d \end{bmatrix} \tag{3.89}$$

其中，K_{00} 为对应于 u_0 的分块；K_{dd} 为对应于 u_d 的分块；K_{0d} 和 K_{d0} 为耦合分块。并且

$$u_{(1)} = \begin{bmatrix} u_1 \\ u_d \end{bmatrix}, \quad F_{(1)} = \begin{bmatrix} f_1 \\ f_d \end{bmatrix} \tag{3.90}$$

式 (3.89) 也可写为

$$\boldsymbol{K}_{11}\boldsymbol{u}_1 + \boldsymbol{K}_{1d}\boldsymbol{u}_d = \boldsymbol{f}_1 \tag{3.91}$$

$$\boldsymbol{K}_{d1}\boldsymbol{u}_1 + \boldsymbol{K}_{dd}\boldsymbol{u}_d = \boldsymbol{f}_d \tag{3.92}$$

求解式 (3.92) 得到

$$\boldsymbol{u}_d = \boldsymbol{K}_{dd}^{-1}\left(\boldsymbol{f}_d - \boldsymbol{K}_{d1}\boldsymbol{u}_1\right) \tag{3.93}$$

将式 (3.93) 代入式 (3.91) 得到

$$\left(\boldsymbol{K}_{11} - \boldsymbol{K}_{1d}\boldsymbol{K}_{dd}^{-1}\boldsymbol{K}_{d1}\right)\boldsymbol{u}_1 = \boldsymbol{f}_1 - \boldsymbol{K}_{dd}^{-1}\boldsymbol{f}_d \tag{3.94}$$

定义

$$\begin{aligned} \boldsymbol{K}''_1 &= \left(\boldsymbol{K}_{11} - \boldsymbol{K}_{1d}\boldsymbol{K}_{dd}^{-1}\boldsymbol{K}_{d1}\right) \\ \boldsymbol{F}''_1 &= \boldsymbol{f}_1 - \boldsymbol{K}_{dd}^{-1}\boldsymbol{f}_d \end{aligned} \tag{3.95}$$

式 (3.94) 变为

$$\boldsymbol{K}''_1\boldsymbol{u}_1 = \boldsymbol{F}''_1 \tag{3.96}$$

式 (3.77) 与式 (3.96) 对应于同一层网格, 因此, 式 (3.96) 可以通过使用初始多重网格分析的数据调用算法 2 求解。然后将 $\boldsymbol{u}_1$ 代入式 (3.93), 可以得到 $\boldsymbol{u}_d$。再将 $\boldsymbol{u}_1$ 与 $\boldsymbol{u}_d$ 代入式 (3.90), 可以得到 $\boldsymbol{u}_{(1)}$。

3. 初始多重网格数据重用

根据前两节内容, 式 (3.79) 可以通过广义地调用算法 2 求解, 即

$$\boldsymbol{u}_0 = \mathrm{MG}\left(\boldsymbol{K}_0, \boldsymbol{u}_{\mathrm{c}}, \boldsymbol{F}_0, 0\right) \tag{3.97}$$

其中

$$\boldsymbol{u}_{\mathrm{c}} = \boldsymbol{P}_1^0\boldsymbol{u}_1^* \tag{3.98}$$

该过程可以看作在初始网格 M_1 之前添加了一层网格 M_0。

"广义调用" 表示此处对算法 2 的调用不是机械的应用, 主要由于以下两个原因:

第一, 对于不完全可插值修改, 修改后的方程将被映射到网格 $M_{(1)}$, 而不是 M_1。因此, 式 (3.87) 不能直接使用初始多重网格分析的数据求解, 而需要先转化成式 (3.96)。

第二, 为改善重分析的效率, 需要在式 (3.97) 中重新使用初始多重网格分析的数据, 包括传递算子 $\boldsymbol{P}_{i+1}^i (i = 1, 2, \cdots, s-1)$ 和粗网格的刚度矩阵 $\boldsymbol{K}_i (i = 2, 3, \cdots, s)$。但是, 由表 3.9 可知, 计算粗网格刚度矩阵的计算消耗远比计算传递算

子的要少。因此，为了确保计算精度，建议仅重用传递算子，而重新计算粗网格的刚度矩阵。

由于初始网格 M_1 和修改后的网格 M_0 是通过传递算子相互联系的，其间并不要求两层网格之间有对应关系。因此，本节提出的多重网格支持的重分析可以应用于重新划分网格的修改模型。

3.3.3 数值算例

如图 3.35 所示为一 L 形板及其尺寸。固定板的左端，在右端的节点 P 施加值为 100N 沿 $-y$ 方向的集中力 F。材料参数为弹性模量 $E = 7 \times 10^7 \mathrm{kPa}$，泊松比 $\nu = 0.3$。板的厚度为 2mm。初始分析的结果如图 3.36 所示。

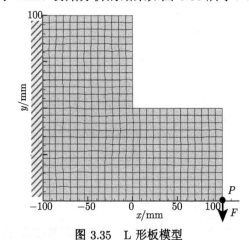

图 3.35 L 形板模型

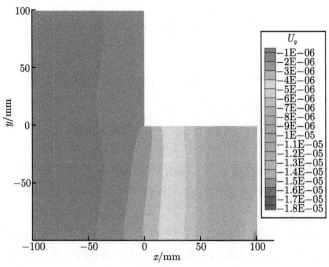

图 3.36 初始结果 (后附彩图)

修改 1：减重孔

如图 3.37 所示，在 L 形板上添加三个减重孔。该修改为完全可插值修改，并且修改后重新对模型划分网格。边界条件保持不变。分别使用 MGPCG、多重网格支持的重分析和基于楚列斯基分解的直接法对修改后的结构进行求解，结果如图 3.38 所示。

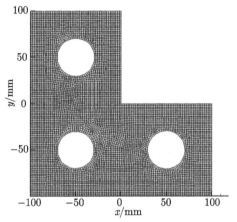

图 3.37 修改 1

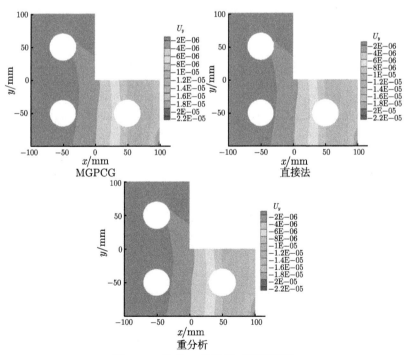

图 3.38 修改 1 的结果 (后附彩图)

修改 2：倒角

如图 3.39 所示，L 形板上添加了一个倒角。该修改为不完全插值修改，并且修改后对模型重新划分网格。边界条件保持不变。分别使用 MGPCG、多重网格支持的重分析和基于楚列斯基分解的直接法对修改后的结构进行求解，结果如图 3.40 所示。

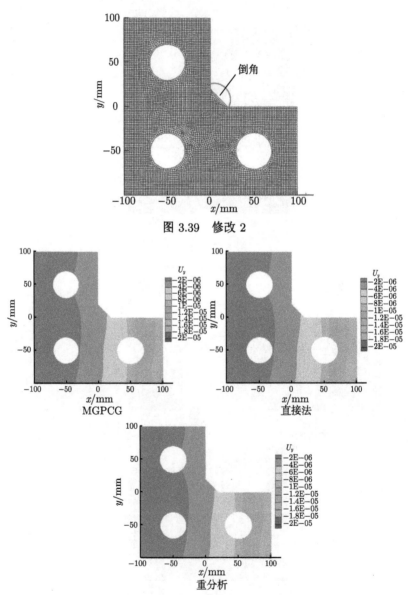

图 3.39   修改 2

图 3.40   修改 2 的结果 (后附彩图)

由图 3.38 和图 3.40 可知, 用三种不同方法求得的结果几乎相同。多重网格支持的重分析与另外两种方法的误差列于表 3.10 中。数据表明, 多重网格支持的重分析具有足够高的求解精度。MGPCG 和多重网格支持的重分析的计算消耗也列于表 3.10 中, 数据表明, 多重网格支持的重分析的效率远高于 MGPCG。

表 3.10　效率与精度

模型	计算消耗/s		重分析与全分析的误差	
	MGPCG	重分析	MGPCG	直接法
初始结构	55.162	—		
修改 1	45.8643	13.9465	6.51E−04	6.51E−04
修改 2	46.0983	13.7905	4.48E−04	4.48E−04

3.4　小　　结

本章针对现有重分析方法的缺陷, 提出了三种新的重分析方法, 从而扩大了重分析方法的应用范围, 增强了其在工程设计中的实用性。具体工作归纳如下:

(1) 针对现有重分析方法需要使用初始刚度矩阵的逆或者矩阵分解信息的情况, 提出一种用于局部修改的重分析方法——独立系数法。独立系数法只需要初始分析的结果作为输入, 而不需要使用刚度矩阵的逆或者矩阵分解等信息。因此, 独立系数法可以与任何初始求解方法联合使用, 包括直接法和迭代法等。同时, 对输入信息的低要求, 为独立系数法节省了大量存储空间, 因此, 独立系数法可以应用于大规模结构的重分析。在大规模数值算例中的应用表明, 独立系数法具有远高于全分析的计算效率, 并且计算精度也可以得到保证。

(2) 提出一种精确重分析方法——间接分解更新法, 并提供将结构局部修改表达为低秩修改形式的方法, 弥补了 SMW 公式和其他的一些直接重分析方法在应用上的不足。间接分解更新法的特点总结如下:

第一, 间接分解更新是一种精确的重分析方法, 即重分析结果与全分析结果没有理论误差。

第二, 间接分解更新适用于一般的低秩修改, 其效率与问题及修改的规模相关。在大规模小修改问题中, 间接分解更新可以表现出更好的性能。因此, 间接分解更新可以很好地处理边界修改。

第三, 借助楚列斯基分解, 间接分解更新法可将单个自由度的改变转化为一个秩 1 修改, 而不是多秩 (Multiple-rank) 修改[240]。而且, 这种转化是基于矩阵的, 与模型所使用的单元类型无关。

在实际算例中的应用表明, 间接分解更新可以高效并精确地对边界改变的结构进行重分析，这在实际工程中具有重要的意义。

(3) 针对现有重分析方法要求结构修改前后的网格具有高度一致性的情况，提出多重网格支持的重分析方法。该方法不要求修改后的网格与初始网格有对应关系，而是使用多重网格法建立二者的联系。因此修改后的刚度矩阵可以映射到初始网格上，从而可以在初始网格上对修改后的结构进行重分析。即使对修改后的结构重新划分网格，该方法也能很好地处理。数值算例表明，本节提出的多重网格支持的重分析的效率比 MGPCG 全分析要高，并且能够同时确保分析精度。

参 考 文 献

[1] Kirsch U. Combined approximations—a general reanalysis approach for structural optimization [J]. Structural and Multidisciplinary Optimization, 2000, 20(2): 97-106.

[2] Huang G, Wang H, Li G. A reanalysis method for local modification and the application in large-scale problems [J]. Structural and Multidisciplinary Optimization, 2014, 49(6): 915-930.

[3] Huang G, Wang H, Li G. An exact reanalysis method for structures with local modifications [J]. Structural and Multidisciplinary Optimization, 2016, 5(3): 499-509.

[4] Kirsch U. Reanalysis and sensitivity reanalysis by combined approximations [J]. Structural and Multidisciplinary Optimization, 2010, 40(1): 1-15.

[5] Hackbusch W. Multi-grid Methods and Applications [M]. Springer Science & Business Media, 2013.

第4章 直接法及其拓展

直接法是另外一类重分析方法，适用于局部或低秩修改，并且很多直接法可以得到方程的精确解。SMW 公式是最基本的直接法。Sherman-Morrison 公式最初是在 1949 年由 Sherman 和 Morrison 提出，用于秩 1 修改结构的重分析[1]。此后，Woodbury 对 Sherman-Morrison 公式进行拓展，使其能够应用于多重的秩 1 修改结构[2]。1989 年，Hager 对 SMW 公式的发展史进行了详细归纳[3]。2001 年，Akgün 等将 SMW 公式扩展到非线性重分析[4]。Tucherman 指出[5]，任何求解修改模型的直接法都是 SMW 公式的显式或隐式应用。显然，对于主求解器而言，SMW 公式是一种精确重分析方法，是一种对初始分析信息 (逆矩阵或者三角分解) 的隐式调用。也就是说，如果对结构进行多次修改，SMW 公式需要被反复应用。相应计算量也会大幅度增加。因此，另一种直接重分析法进入了人们的视野，即基于矩阵分解更新的重分析方法。Davis 等提出一种基于稀疏矩阵的技术用于计算秩 1 修改的矩阵分解[6]，并将它推广到多秩 (Multiple-rank) 修改[7]。Liu 等对 Davis 等的工作进行拓展，使其能够应用于自由度增加[8] 和支撑改变[9] 等情况。Song 等提出了一种可用于高秩 (High-rank) 修改的三角分解更新方法[10]。矩阵分解更新的优点是更新后的分解可以在后续的分析中继续使用，即使结构的修改是连续多次的。其他的直接重分析方法也得到了广泛的关注，例如，Cheikh 等提出了一种基于 Moore Penrose 广义逆的直接重分析方法[11]。本章针对传统重分析方法对于较大幅度结构修改计算效率的瓶颈，建立了基于块分解的精确重分析方法，并对复杂工程问题进行了求解。

4.1 Sherman-Morrison-Woodbury 公式

4.1.1 Sherman-Morrison 公式

同近似法类似，令初始结构的平衡方程为

$$\boldsymbol{K}_0\boldsymbol{r}_0 = \boldsymbol{F} \tag{4.1}$$

其中，$\boldsymbol{K}_0$ 为刚度矩阵；$\boldsymbol{r}_0$ 为位移向量；$\boldsymbol{F}$ 为载荷向量。式 (4.1) 可以使用全分析求解为

$$\boldsymbol{r}_0 = \boldsymbol{K}_0^{-1}\boldsymbol{F} \tag{4.2}$$

假设结构修改后的平衡方程为

$$\boldsymbol{Kr} = \boldsymbol{F} \tag{4.3}$$

并且

$$\boldsymbol{K} = \boldsymbol{K}_0 + \Delta\boldsymbol{K} \tag{4.4}$$

对于秩 1 修改, $\Delta\boldsymbol{K}$ 可以写为

$$\Delta\boldsymbol{K} = \boldsymbol{v}\boldsymbol{w}^{\mathrm{T}} \tag{4.5}$$

其中, $\boldsymbol{v}$ 和 $\boldsymbol{w}$ 为向量。根据 Sherman-Morrison 公式, 有

$$\left(\boldsymbol{K}_0 + \boldsymbol{v}\boldsymbol{w}^{\mathrm{T}}\right)^{-1} = \boldsymbol{K}_0^{-1} - \boldsymbol{K}_0^{-1}\boldsymbol{v}\left(1 + \boldsymbol{w}^{\mathrm{T}}\boldsymbol{K}_0^{-1}\boldsymbol{v}\right)^{-1}\boldsymbol{w}^{\mathrm{T}}\boldsymbol{K}_0^{-1} \tag{4.6}$$

实际设计中, $\boldsymbol{v}$ 和 $\boldsymbol{w}$ 之间常有如下关系:

$$\boldsymbol{w} = \eta\boldsymbol{v} \tag{4.7}$$

其中, η 为标量。此时, Sherman-Morrison 公式变为

$$\left(\boldsymbol{K}_0 + \eta\boldsymbol{v}\boldsymbol{v}^{\mathrm{T}}\right)^{-1} = \boldsymbol{K}_0^{-1} - \boldsymbol{K}_0^{-1}\boldsymbol{v}\left(1 + \eta\boldsymbol{v}^{\mathrm{T}}\boldsymbol{K}_0^{-1}\boldsymbol{v}\right)^{-1}\eta\boldsymbol{v}^{\mathrm{T}}\boldsymbol{K}_0^{-1} \tag{4.8}$$

令

$$\boldsymbol{t} = \boldsymbol{K}_0^{-1}\boldsymbol{v} \tag{4.9}$$

并在式 (4.8) 两端同时右乘 $\boldsymbol{R}$, 式 (4.3) 的解可以表示为

$$\begin{aligned}
\boldsymbol{r} &= \left(\boldsymbol{K}_0 + \eta\boldsymbol{v}\boldsymbol{v}^{\mathrm{T}}\right)^{-1}\boldsymbol{F} = \left(\boldsymbol{K}_0^{-1} - \boldsymbol{K}_0^{-1}\boldsymbol{v}\left(1 + \eta\boldsymbol{v}^{\mathrm{T}}\boldsymbol{K}_0^{-1}\boldsymbol{v}\right)^{-1}\eta\boldsymbol{v}^{\mathrm{T}}\boldsymbol{K}_0^{-1}\right)\boldsymbol{F} \\
&= \boldsymbol{r}_0 - \boldsymbol{t}\left(1 + \eta\boldsymbol{v}^{\mathrm{T}}\boldsymbol{t}\right)^{-1}\eta\boldsymbol{v}^{\mathrm{T}}\boldsymbol{r}_0
\end{aligned} \tag{4.10}$$

令

$$a = \left(1 + \eta\boldsymbol{v}^{\mathrm{T}}\boldsymbol{t}\right)^{-1}\eta\boldsymbol{v}^{\mathrm{T}}\boldsymbol{r}_0 \tag{4.11}$$

则式 (4.10) 变为

$$\boldsymbol{r} = \boldsymbol{r}_0 - a\boldsymbol{t} \tag{4.12}$$

显然, Sherman-Morrison 公式的计算过程可以简单地总结为:

(1) 使用初始分析中刚度矩阵的逆, 根据式 (4.9) 计算 $\boldsymbol{t}$;

(2) 根据式 (4.11) 计算 a;

(3) 根据式 (4.12) 计算修改结构方程 (式 (4.3)) 的解。

4.1.2 Woodbury 公式

对于 m 重秩 1 修改, 式 (4.4) 中的 ΔK 可以写为

$$\Delta K = \Delta K_1 + \Delta K_2 + \cdots + \Delta K_m = VHV^{\mathrm{T}} \tag{4.13}$$

式中, V 为 m 列的矩阵; H 为 m 阶方阵。

Woodbury 公式可以表示为

$$\left(K_0 + VHV^{\mathrm{T}}\right)^{-1} = K_0^{-1} - K_0^{-1}V\left(I + HV^{\mathrm{T}}K_0^{-1}V\right)^{-1}HV^{\mathrm{T}}K_0^{-1} \tag{4.14}$$

其中, I 为单位矩阵。

令

$$T = K_0^{-1}V \tag{4.15}$$

并在式 (4.14) 两端同时右乘 R, 可得式 (4.3) 的解为

$$r = \left(K_0 + VHV^{\mathrm{T}}\right)^{-1}F = \left(K_0^{-1} - K_0^{-1}V\left(I + HV^{\mathrm{T}}K_0^{-1}V\right)^{-1}HV^{\mathrm{T}}K_0^{-1}\right)F$$

$$= r_0 - T\left(I + HV^{\mathrm{T}}T\right)^{-1}HV^{\mathrm{T}}r_0 \tag{4.16}$$

令

$$C = I + HV^{\mathrm{T}}T \tag{4.17}$$

$$a = C^{-1}HV^{\mathrm{T}}r_0 \tag{4.18}$$

式 (4.16) 变为

$$r = r_0 - Ta \tag{4.19}$$

Woodbury 的计算过程可以简单地概括为:

(1) 使用初始分析中刚度矩阵的逆, 根据式 (4.15) 计算 T;

(2) 根据式 (4.17) 和式 (4.18) 计算 a;

(3) 根据式 (4.19) 计算修改方程 (式 (4.3)) 的解。

4.1.3 公式证明

由 4.1.1 节和 4.1.2 节内容可知, Sherman-Morrison 是 Woodbury 公式的特例, 习惯上将它们统称为 SMW 公式。

SMW 公式的一种证明如下:

构造如下辅助方程:

$$\begin{bmatrix} K_0 & V \\ V^{\mathrm{T}} & -H^{-1} \end{bmatrix}\begin{bmatrix} X \\ Y \end{bmatrix} = \begin{bmatrix} I \\ 0 \end{bmatrix} \tag{4.20}$$

式 (4.20) 也可展开为

$$K_0 X + VY = I \tag{4.21}$$

$$V^{\mathrm{T}} X - H^{-1} Y = 0 \tag{4.22}$$

由式 (4.22) 解出 Y，再代入式 (4.21) 可得

$$\left(K_0 + VHV^{\mathrm{T}}\right) X = I \tag{4.23}$$

显然，X 为 $\left(K_0 + VHV^{\mathrm{T}}\right)$ 的逆，也即 K 的逆。

由式 (4.21) 求解 X 可得

$$X = K_0^{-1} \left(I - VY\right) \tag{4.24}$$

将式 (4.24) 代入式 (4.22)，得

$$V^{\mathrm{T}} K_0^{-1} \left(I - VY\right) - H^{-1} Y = 0 \tag{4.25}$$

式 (4.25) 两端同时左乘 H，并整理得到

$$\left(I + HV^{\mathrm{T}} K_0^{-1} V\right) Y = HV^{\mathrm{T}} K_0^{-1} \tag{4.26}$$

求解得

$$Y = \left(I + HV^{\mathrm{T}} K_0^{-1} V\right)^{-1} HV^{\mathrm{T}} K_0^{-1} \tag{4.27}$$

将式 (4.27) 代入式 (4.21) 并解之，得

$$\left(K_0 + VHV^{\mathrm{T}}\right)^{-1} = X = K_0^{-1} - K_0^{-1} V \left(I + HV^{\mathrm{T}} K_0^{-1} V\right)^{-1} HV^{\mathrm{T}} K_0^{-1} \tag{4.28}$$

4.2　分块重分析计算方法

4.2.1　问题的提出

在结构设计的迭代过程中，每一步结构的更新通常是局部的，如图 4.1 所示。令结构初始影响区域 S^0 属于整个设计空间 Ω，边界 Γ 表示初始影响区域 S^0 与整个设计空间 Ω 的交集。当该结构边界 Γ 保持不变，内部发生改变后，相应的影响区域变化为 S^m，可在影响区域 S^m 中对结构作各种修改 (如裁剪等)。在这种情况下，采用有限元分析计算时，刚度矩阵仅在涉及影响区域 S^m 的部分发生改变，而其他部分保持不变。因此，可以根据刚度矩阵局部发生改变，充分利用初始分析的计算结果，结合矩阵分块求解方式，快速计算结构修改后的响应。

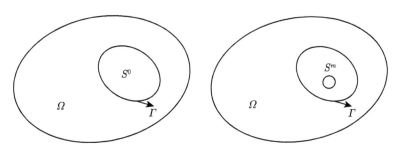

图 4.1 结构局部变化示意图

4.2.2 矩阵分块求逆

本小节主要介绍矩阵分块求逆的计算原理，说明矩阵分块求逆不仅适应于稠密矩阵求逆，同样适应于稀疏矩阵求逆或者楚列斯基分解。针对矩阵变化，与传统直接法相比，矩阵分块求逆算法的优势更为明显。

在大规模线性方程组求解过程中，经常进行矩阵求逆运算，随着计算规模不断增大，计算过程占用的内存呈幂级数形式增长，为了解决计算机内存不足的弊端，常采用矩阵分块求逆算法。设 $(n+m)$ 维正定矩阵 $\boldsymbol{A}$ 的分块形式可以表示为

$$\boldsymbol{A} = \left[\begin{array}{c|c} \boldsymbol{S} & \boldsymbol{U} \\ \hline \boldsymbol{V} & \boldsymbol{D} \end{array}\right] \tag{4.29}$$

式中，$\boldsymbol{S}$ 为 n 维方阵；$\boldsymbol{U}$ 为 $n \times m$ 维矩阵；$\boldsymbol{V}$ 为 $m \times n$ 维矩阵；$\boldsymbol{D}$ 为 m 维方阵。

根据分块矩阵求逆，矩阵 $\boldsymbol{A}$ 的逆矩阵 $\boldsymbol{A}^{-1}$ 为

$$\boldsymbol{A}^{-1} = \left[\begin{array}{c|c} \boldsymbol{S}^{-1} + \boldsymbol{S}^{-1}\boldsymbol{U}(\boldsymbol{D} - \boldsymbol{V}\boldsymbol{S}^{-1}\boldsymbol{U})^{-1}\boldsymbol{V}\boldsymbol{S}^{-1} & -\boldsymbol{S}^{-1}\boldsymbol{U}(\boldsymbol{D} - \boldsymbol{V}\boldsymbol{S}^{-1}\boldsymbol{U})^{-1} \\ \hline -(\boldsymbol{D} - \boldsymbol{V}\boldsymbol{S}^{-1}\boldsymbol{U})^{-1}\boldsymbol{V}\boldsymbol{S}^{-1} & (\boldsymbol{D} - \boldsymbol{V}\boldsymbol{S}^{-1}\boldsymbol{U})^{-1} \end{array}\right] \tag{4.30}$$

其中

$$\left|\boldsymbol{D} - \boldsymbol{V}\boldsymbol{S}^{-1}\boldsymbol{U}\right| \neq 0 \tag{4.31}$$

矩阵分块求逆解决了矩阵求逆内存不足的问题。但是，在隐式有限元求解过程中，质量矩阵和刚度矩阵存在大量 0 元素。因此，如果对稀疏矩阵进行分块求逆运算，与楚列斯基分解相比，将额外增加分块矩阵 $\boldsymbol{S}^{-1}$ 和 $\boldsymbol{U}$ 的相乘的计算工作量，因此，矩阵分块求逆的计算效率与矩阵 $\boldsymbol{U}$ 的维数密切相关。随着分块矩阵 $\boldsymbol{U}$ 维数提升，计算效率反而逐渐降低。在隐式有限元分析过程中，为了提高求解速度，经常利用图论算法对刚度矩阵带宽进行优化，使得刚度矩阵的带宽远小于刚度矩阵的维数，常用计算方法为 RCM 法 (Reverse Cuthill-Mckee algorithm)。因此，分块矩阵 $\boldsymbol{U}$ 的大部分列全部等于 0，即含有非 0 元素列的数量远小于分块矩阵 $\boldsymbol{U}$ 的

维数，节省了稀疏矩阵分块求逆的庞大计算量，使矩阵分块求逆算法变为了可能。此外，在结构局部修改时，可以通过矩阵的行列变换，将影响区域集中于分块矩阵 D 中，即将刚度矩阵的改变部分集中于分块矩阵 D 中。

对于传统的 Sherman-Morrison-Woodbury 公式，仅当结构改变较小时，直接法才能够快速精确地更新修改响应。令修改刚度矩阵 K 的维数为 n_t，与初始刚度矩阵 K_0 相比，刚度矩阵 K 发生 m 阶改变时，刚度矩阵的改变量 ΔK 可以简化表示为

$$\Delta K = W W_1^{\mathrm{T}} \tag{4.32}$$

其中，W 为 $n_t \times m$ 维矩阵。

根据 Sherman-Morrison 公式，修改刚度矩阵 K 的逆矩阵为

$$(K_0 + \Delta K)^{-1} = K_0^{-1} - K_0^{-1} W (I + W_1^{\mathrm{T}} K_0^{-1} W)^{-1} W_1^{\mathrm{T}} K_0^{-1} \tag{4.33}$$

对式 (4.33) 两边同时乘以载荷向量 R，则修改位移 r 为

$$r = r_0 - K_0^{-1} W (I + W_1^{\mathrm{T}} K_0^{-1} W)^{-1} W_1^{\mathrm{T}} r_0 \tag{4.34}$$

令矩阵 K_d 为

$$K_d = I + W_1^{\mathrm{T}} K_0^{-1} W \tag{4.35}$$

代入式 (4.34)，修改位移 r 为

$$r = r_0 - K_0^{-1} W K_d^{-1} W_1^{\mathrm{T}} r_0 \tag{4.36}$$

直接法不仅需要求解矩阵 K_d 的逆矩阵或进行楚列斯基分解，而且需要迭代计算初始分解矩阵与矩阵 W 的乘积，当矩阵的维数 K_d 不断增大时，直接法的计算效率难以保证。随着刚度矩阵改变量 ΔK 增大，计算效率降低，并且随着刚度矩阵改变量 ΔK 不断增大，直接法的计算时间甚至超过完全分析。

分块矩阵求逆与 Sherman-Morrison 公式不同，如式 (4.37) 所示，与分块矩阵 D 相关的计算仅占分块矩阵求逆整个计算的一部分。如果分块矩阵 V、S 和 U 都保持不变，分块矩阵求逆法的计算效率只与分块矩阵 D 相关，并不涉及分块矩阵与其他矩阵的迭代计算。因此，分块矩阵求逆的计算效率明显高于直接法。

$$\begin{cases} K^{-1} = (K_0 + \Delta K)^{-1} = K_0^{-1} - K_0^{-1} W (I + W_1^{\mathrm{T}} K_0^{-1} W)^{-1} W_1^{\mathrm{T}} K_0^{-1} \\ K^{-1} = \left[\begin{array}{c|c} S^{-1} + S^{-1} U (D - V S^{-1} U)^{-1} V S^{-1} & -S^{-1} U (D - V S^{-1} U)^{-1} \\ \hline -(D - V S^{-1} U)^{-1} V S^{-1} & (D - V S^{-1} U)^{-1} \end{array} \right] \end{cases} \tag{4.37}$$

4.3 局部修改模式下的分块重分析方法

针对结构局部反复修改，避免直接法在结构大改变计算效率低的弊端，同时在结构多次迭代修改时，避免误差累积，需要高精度的重分析计算算法，为此，本章给出了精确的分块重分析计算方法。应用分块重分析算法，结构局部反复设计主要分为离线和在线两个阶段。

4.3.1 离线阶段

离线阶段，利用矩阵分块求解算法，对初始结构进行有限元分析，主要包括初始求解空间的区域划分，自由度重排序和矩阵分块运算三个部分。

1. 区域划分

初始结构的求解空间分为固定区域、影响区域和边界，对初始结构进行有限元分析，有限元刚度矩阵分为七个部分，如图 4.2 所示。第 1 部分称为固定部分，第 2 和 4 部分称为连接部分，第 3 和 6 部分称为空白部分，第 5 部分称为混合部分，第 7 部分称为影响部分，其中，$i, j-i, n_0$ 分别表示固定区域、边界和初始结构的自由度。

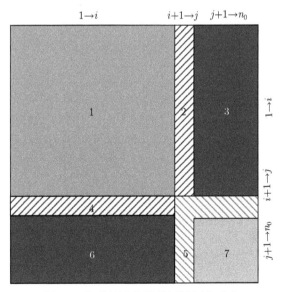

图 4.2 初始刚度矩阵的区域划分形式

2. 排序

根据求解空间的区域划分，为减少求解过程中的内存和操作数，结合图论和操作数理论对单元节点信息进行重新排序，常用的排序算法有 RCM，最短路径树 (A Shortest Route Tree) 和元启发式算法 (Meta-heuristic Algorithms)。为此，本章采用 RCM 排序算法，RCM 排序算法排序流程如下：

(1) 针对不同区域，选取相应的初始自由度 n_s，n_i，n_b；

(2) 设初始自由度 $n_j(j = s, i, b) \to x_1$；

(3) 对 $i = 1, 2, \cdots, N_j(j = s, i, b)$，搜寻未重新排序的相邻自由度 x_i，进行排序；

(4) 对重新排序的自由度反向排序，即 $y_i = x_{j+1-i}$，$i = 1, 2, \cdots, N_j(j = s, i, b)$。其中，$n_s$、$n_i$ 和 n_b 分别表示固定区域、影响区域和边界的初始自由度，N_s、N_i 和 N_b 分别表示固定区域、影响区域和边界包含的自由度。

3. 矩阵分块运算

经过求解空间的区域划分和自由度重排序运算后，非 0 元素主要分布于对角线附近，初始刚度矩阵 $\boldsymbol{K}_0$ 可表示为

$$\boldsymbol{K}_0 = \begin{bmatrix} \times & \times & & & & & & & & & \\ \times & \times & \times & & & & & & & & \\ & \times & \times & \times & & & & & & & \\ & & \times & \times & \times & \times & \times & & & & \\ & & & \times & \times & \times & \times & \times & & & \\ & & & \times & \times & \times & \times & \times & & & \\ & & & \times & \times & \times & \times & \times & & & \\ & & & \times & \times & \times & \times & \times & \times & & \\ & & & & & & & \times & \times & \times & \\ & & & & & & & & \times & \times & \times \\ & & & & & & & & & \times & \times & \times \\ & & & & & & & & & & \times & \times \end{bmatrix} \begin{matrix} 1 \to i \\ \\ i+1 \to n_0 \end{matrix} \tag{4.38}$$

式中，符号 × 表示非 0 元素；空白区域表示 0 元素；i 表示矩阵上部分维数；n_0 表示初始刚度矩阵的维数。

如式 (4.38) 所示，对初始刚度矩阵 $\boldsymbol{K}_0$ 进行分块，分块形式为

$$\boldsymbol{K}_0 = \begin{bmatrix} \boldsymbol{S}_0 & \boldsymbol{U}_0 \\ \boldsymbol{V}_0 & \boldsymbol{D}_0 \end{bmatrix} \begin{matrix} 1 \to i \\ i \to n_0 \end{matrix} \tag{4.39}$$

式中，$\boldsymbol{S}_0$ 为 i 维方阵，表示固定区域生成的刚度矩阵；$\boldsymbol{U}_0$ 为 $i \times (n_0 - i)$ 维矩阵，表示边界区域与初始结构相连接而生成的刚度矩阵；$\boldsymbol{V}_0$ 为 $(n_0 - i) \times i$ 维矩阵，通

常为 U_0 的转置矩阵；D_0 为 $(n_0 - i)$ 维方阵，表示影响区域生成的刚度矩阵。

为了节约计算内存和计算时间，避免对分块矩阵 S_0 进行求逆，通常对分块矩阵 S_0 进行楚列斯基分解

$$S_0 = L_s L_s^T \tag{4.40}$$

式中，L_s 为下三角矩阵。

对载荷 F_0 和位移 r_0 进行分块，分块形式为

$$r_0 = \left\{ \begin{array}{l} r_{s(0)} \\ r_{ii(0)} \end{array} \right\} \begin{array}{l} 1 \to i \\ i+1 \to n_0 \end{array} , \quad F_0 = \left\{ \begin{array}{l} F_{s(0)} \\ F_{ii(0)} \end{array} \right\} \begin{array}{l} 1 \to i \\ i+1 \to n_0 \end{array} \tag{4.41}$$

式中，$r_{s(0)}$ 表示固定区域位移；$r_{ii(0)}$ 表示影响区域和边界区域位移；$F_{s(0)}$ 表示固定区域载荷；$F_{ii(0)}$ 表示影响区域和边界区域载荷。

根据式 (4.30)，方程两边同时乘以分块载荷向量 F_0，分块位移 r_0 为

$$r_{s(0)} = S_0^{-1} F_{s(0)} + S_0^{-1} U_0 (D_0 - V_0 S_0^{-1} U_0)^{-1} (V_0 S_0^{-1} F_{s(0)} - F_{ii(0)}) \tag{4.42}$$

$$r_{ii(0)} = (D_0 - V_0 S_0^{-1} U_0)^{-1} (F_{ii(0)} - V_0 S_0^{-1} F_{s(0)}) \tag{4.43}$$

令

$$K_{c0} = D_0 - V_0 S_0^{-1} U_0 \tag{4.44}$$

$$F_{c0} = F_{ii(0)} - V_0 S_0^{-1} F_{s(0)} \tag{4.45}$$

式中，K_{c0} 称为初始缩减矩阵。

由于分块矩阵 D_0 为稀疏矩阵，矩阵 V_0、S_0^{-1} 和 U_0 的乘积也为稀疏矩阵，对初始缩减矩阵 K_{c0} 进行楚列斯基分解

$$K_{c0} = L_{c0} L_{c0}^T \tag{4.46}$$

其中，L_{c0} 为下三角矩阵。

则分块位移 r_0 为

$$r_{s(0)} = S_0^{-1} F_{s(0)} - S_0^{-1} U_0 K_{c0}^{-1} F_{c0} \tag{4.47}$$

$$r_{ii(0)} = K_{c0}^{-1} F_{c0} \tag{4.48}$$

在离线阶段，与普通求解相比，额外增加了分块矩阵 S_0^{-1} 与 U_0 迭代计算时间，但是固定区域与影响区域相连接的边界所涉及的自由度仅占总体自由度的很小部分。此外，随着结构自由度数的增加，边界区域包含的自由度所占比例将减小，额外增加的计算量占总计算量的比例将相应降低。

4.3.2　在线阶段

在线阶段主要针对修改结构, 结合分块矩阵求解算法和离线阶段的计算结果, 进行快速运算, 主要包括区域划分、排序和矩阵分块快速运算三个部分。

1. 区域划分

类似于离线阶段的区域划分, 修改结构仅在影响区域 S_m 中不断发生改变, 因此, 修改结构对应的刚度矩阵分为七个部分, 如图 4.3 所示。第 1 部分称为固定部分, 第 2 和 4 部分称为连接部分, 第 3 和 6 部分称为空白部分, 第 5 部分称为混合部分, 第 7 部分称为影响部分。

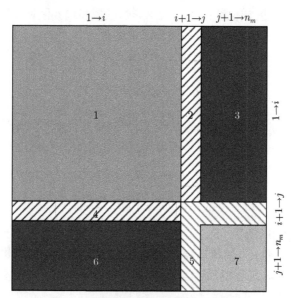

图 4.3　修改刚度矩阵的区域划分形式

n_m 表示修改结构的自由度

2. 排序

由于在离线阶段中, 已对固定区域和连接区域进行了带宽优化, 因此, 在在线阶段中, 仅需对影响区域进行带宽优化。对影响区域采取 RCM 排序算法, 具体排序过程如下:

(1) 针对影响区域, 选取相应的初始自由度 n_{i1};

(2) 设初始自由度 $n_{i1} \to x_1$;

(3) 对 $i = 1, 2, \cdots, N_{i1}$, 找出未重新排序的相邻自由度 x_i, 进行排序;

(4) 对重新排序的自由度反向排序, 即 $y_i = x_{j+1-i}$, $i = 1, 2, \cdots, N_{i1}$。

其中, n_{i1} 表示影响区域的初始自由度, N_{i1} 表示影响区域的自由度。

3. 矩阵分块快速运算

经过求解空间的区域划分和影响区域自由度重排序运算后，非 0 元素主要分布于对角线附近，修改刚度矩阵 $\boldsymbol{K}_m$ 可表示为

$$\boldsymbol{K}_m = \begin{bmatrix} \begin{array}{cccccc|cc} \times & \times & & & & & & \\ \times & \times & \times & & & & & \\ & \times & \times & \times & & & & \\ & & \times & \times & \times & & \times & \times \\ & & & \times & \times & \times & \times & \times \\ & & & & \times & \times & \times & \times \\ \hline & & & \times & \times & \times & \times & \times \\ & & & \times & \times & \times & \times & \times & \times \\ \hline & & & & & \times & \times & \times & \times \\ & & & & & & \times & \times & \times & \times \\ & & & & & & & \times & \times & \times & \times \\ & & & & & & & & \times & \times \end{array} \end{bmatrix} \begin{array}{l} 1 \to i \\ \\ i+1 \to n_m \end{array} \tag{4.49}$$

式中，符号 $\times$ 表示非 0 元素；空白区域表示 0 元素；i 表示矩阵上部分维数；n_m 表示修改刚度矩阵的维数。

根据式 (4.49)，对修改刚度 $\boldsymbol{K}_m$ 进行矩阵分块，分块形式为

$$\boldsymbol{K}_m = \begin{bmatrix} \boldsymbol{S}_m & \boldsymbol{U}_m \\ \boldsymbol{V}_m & \boldsymbol{D}_m \end{bmatrix} \begin{array}{l} 1 \to i \\ i+1 \to n_m \end{array} \tag{4.50}$$

式中，$\boldsymbol{S}_m$ 为 i 维方阵，表示固定区域生成的刚度矩阵；$\boldsymbol{U}_m$ 为 $i \times (n_m - i)$ 维矩阵，表示边界区域与修改结构相连接而生成的刚度矩阵；$\boldsymbol{V}_m$ 为 $(n_m - i) \times i$ 维矩阵；通常为 $\boldsymbol{U}_m$ 的转置矩阵；$\boldsymbol{D}_m$ 为 $(n_m - i)$ 维方阵，表示修改结构影响区域生成的刚度矩阵。

与初始结构相比，修改结构固定区域生成的刚度矩阵保持不变，即

$$\boldsymbol{S}_m = \boldsymbol{S}_0 \tag{4.51}$$

虽然分块矩阵 $\boldsymbol{U}_m$、$\boldsymbol{V}_m$ 与 $\boldsymbol{U}_0$、$\boldsymbol{V}_0$ 不相同，但是由于边界区域并未发生变化，因此 $\boldsymbol{U}_m$ 与 $\boldsymbol{U}_0$，$\boldsymbol{V}_m$ 与 $\boldsymbol{V}_0$ 存在的非 0 元素是相同的。不仅非 0 元素在位置上是相同的，而且非 0 元素的值也是相等的，分块矩阵 $\boldsymbol{U}_m$、$\boldsymbol{V}_m$ 与 $\boldsymbol{U}_0$、$\boldsymbol{V}_0$ 不同之处在于矩阵的维数不相同，即 n_m 一般不等于 n_0。

根据求解空间的区域划分，对位移 r_m 和载荷 F_m 进行分块，即

$$r_m = \left\{ \begin{array}{c} r_{\mathrm{s}(m)} \\ r_{\mathrm{ii}(m)} \end{array} \right\} \begin{array}{c} 1 \to i \\ i+1 \to n_m \end{array}, \quad F_m = \left\{ \begin{array}{c} F_{\mathrm{s}(m)} \\ F_{\mathrm{ii}(m)} \end{array} \right\} \begin{array}{c} 1 \to i \\ i+1 \to n_m \end{array} \quad (4.52)$$

式中，$r_{\mathrm{s}(m)}$ 表示固定区域位移；$r_{\mathrm{ii}(m)}$ 表示影响区域和边界区域位移；$F_{\mathrm{s}(m)}$ 表示固定区域载荷；$F_{\mathrm{ii}(m)}$ 表示影响区域和边界区域载荷。

根据式 (4.10)，方程两边同时乘以分块载荷 F_m，则待求位移 r_m 为

$$r_{\mathrm{s}(m)} = S_0^{-1} F_{\mathrm{s}(m)} + S_0^{-1} U_m (D_m - V_m S_0^{-1} U_m)^{-1} (V_m S_0^{-1} F_{\mathrm{s}(m)} - F_{\mathrm{ii}(m)}) \quad (4.53)$$

$$r_{\mathrm{ii}(m)} = (D_m - V_m S_0^{-1} U_m)^{-1} (F_{\mathrm{ii}(m)} - V_m S_0^{-1} F_{\mathrm{s}(m)}) \quad (4.54)$$

令

$$K_{cm} = D_m - V_m S_0^{-1} U_m \quad (4.55)$$

$$F_{cm} = F_{\mathrm{ii}(m)} - V_m S_0^{-1} F_{\mathrm{s}(m)} \quad (4.56)$$

式中，K_{cm} 称为修改缩减刚度矩阵。

由于修改缩减刚度矩阵 K_{cm} 同样为稀疏矩阵，采用楚列斯基分解，对修改缩减刚度矩阵 K_{cm} 进行分解

$$K_{cm} = L_{cm} L_{cm}^{\mathrm{T}} \quad (4.57)$$

式中，L_{cm} 为下三角矩阵。

因此，更新的位移 r_m 为

$$r_{\mathrm{s}(m)} = S_0^{-1} F_{\mathrm{s}(m)} - S_0^{-1} U_m K_{cm}^{-1} F_{cm} \quad (4.58)$$

$$r_{\mathrm{ii}(m)} = K_{cm}^{-1} F_{cm} \quad (4.59)$$

与初始分析相比，分块重分析明显节省了大量的计算时间，例如，固定区域与连接区域的带宽优化时间、固定区域刚度集成时间、计算分块矩阵 S_m 的楚列斯基分解矩阵的时间、分块矩阵 S_0^{-1} 和分块矩阵 U_m 迭代计算时间、分块矩阵 V_m 和 $S_0^{-1} U_m$ 相乘的计算时间等。由于分块矩阵 U_0 和 U_m 在存在非 0 元素的列，具有相同的非 0 元素的值并处于相同的位置，基本保持了 U 和 V 不变，从而计算矩阵 $V_m S_0^{-1} U_m$ 的相乘并不需要额外增加计算时间。因此，在分块重分析运算中，重分析的计算时间主要集中于对修改缩减刚度矩阵 K_{cm} 进行楚列斯基分解和后续一些简单的矩阵与向量相乘。所以，分块重分析的主要计算量集中于修改结构的影响区域，而与固定区域基本无关，节省了大量的计算时间，加快了修改结构的计算速度。同时，根据矩阵分块求解方式，分块重分析计算结果与完全分析完全相同。

4. 基于分块重分析的结构局部设计流程

综上所述, 对于结构局部反复修改设计, 利用分块重分析快速计算方法, 将结构设计分为离线和在线两个阶段: 离线阶段进行结构的初始分析计算, 在线阶段主要用来快速分析修改结构, 具体计算过程可以分为如下几个步骤:

(1) 根据图 4.1, 将初始结构的求解空间分为固定区域、影响区域和边界区域;

(2) 采用 RCM 带宽优化算法, 对各个区域的带宽进行优化;

(3) 根据式 (4.38) 和式 (4.41), 对初始刚度矩阵、载荷和待求位移进行分块;

(4) 根据式 (4.10)、式 (4.47) 和式 (4.48), 计算初始响应 r_0。

当结构发生修改后, 针对修改结构, 进入在线计算阶段:

(1) 根据图 4.3, 保持求解空间的固定区域和边界不变, 修改影响区域;

(2) 采用 RCM 带宽优化算法, 对影响区域的带宽进行优化;

(3) 根据式 (4.50) 和式 (4.52), 对修改刚度矩阵、载荷和待求位移进行分块;

(4) 根据式 (4.55) 和式 (4.57), 生成修改缩减刚度矩阵 K_{cm} 并进行楚列斯基分解;

(5) 根据式 (4.44) 和式 (4.55)~式 (4.59), 快速计算更新位移 r_m。

综上所述, 分块重分析在结构局部设计中的具体计算流程如图 4.4 所示。

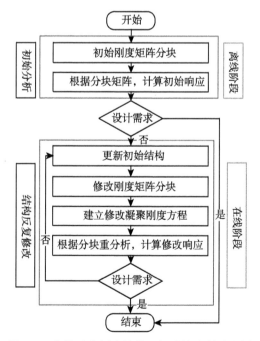

图 4.4 分块重分析在结构局部设计中的流程图

4.3.3　效率分析

计算操作数是评估重分析计算效率的有效手段, 本章对完全分析、直接法、CA 法和分块重分析算各个阶段的具体计算操作数进行了计算, 以此为依据评估分块重分析的计算效率。根据上述讨论, 在结构设计的离线阶段, 额外增加了矩阵迭代相乘的计算量, 如分块矩阵 $\boldsymbol{A}^{-1}$ 和 $\boldsymbol{U}$ 的迭代相乘。为了方便比较, 假设 n 表示固定区域包含的自由度, m 表示刚度矩阵发生了 m 阶变化, n_1 表示边界区域包含的自由度, n_t 表示总自由度数, 下标 k 表示矩阵的带宽, s 为 CA 法基向量个数。由于离线阶段与不分块完全分析的计算量不同, 对完全分析、离线阶段和在线阶段所需的操作数进行了比较, 如表 4.1 所示, 完全分析、分块重分析、CA 法和直接法的操作数如表 4.2 所示。

表 4.1　完全分析、离线阶段和在线阶段的操作数比较

方法/阶段	计算操作数
完全分析	$0.5n_t n_{tk}^2 + 2n_t n_{tk}$
离线阶段	$0.5nn_k^2 + n_1(nn_k + n_k^2)$
在线阶段	$0.5mm_k^2 + 2nn_k + 2mm_k + nn_{1k} + n$

表 4.2　完全分析、分块重分析、CA 法和直接法操作数比较

方法	计算操作数
完全分析	$0.5n_t n_{tk}^2 + 2n_t n_{tk}$
分块重分析	$0.5mm_k^2 + 2nn_k + 2mm_k + nn_{1k} + n$
CA 法	$s^3 + 2sn_t n_{tk} + mm_k$
直接法	$2(n + n_1)(n + n_1)_k(m + 1) + (n + n_1)m + 0.5mm_k^2$

如表 4.1 所示, 与完全分析相比, 在离线阶段中, 额外增加的计算量与边界包含的自由度成正比。但是, 在工程实际问题中, 随着结构总自由度个数的不断增加, 边界区域包含的自由度占总自由度的比例将不断下降。为了考虑分块重分析算法在工程实际应用中的可行性, 根据工程经验, 假设 $n_{tk} = n_t^{1/2}$, $n_k = n^{1/2}$, $\eta = n_1/n_t$, $m_k = 0.1n_t$, 随着自由度数 n_t 的不断增加, 完全分析、离线阶段和在线阶段的具体计算操作数如图 4.5 所示。

如图 4.5 所示, 随着自由度增加, 离线阶段与完全分析所消耗的计算量始终保持相对稳定的增长状态, 计算操作数基本处于同一个数量级, 并且, 在工程实际应用中, 完全可以接受离线阶段额外增加的计算量。而对于修改结构, 完全分析的计算操作数约为在线阶段的 25 倍, 即在线阶段的计算量不足完全分析的 5%。

如表 4.2 所示, 刚度矩阵变化阶数直接影响分块重分析和直接法的计算效率, 基向量个数影响 CA 法的计算效率, 为了具体说明重分析各个算法的计算效率, 假

设 $s = 10$。随着自由度增加，完全分析、分块重分析、CA 法和直接法的具体计算量如图 4.6 所示。

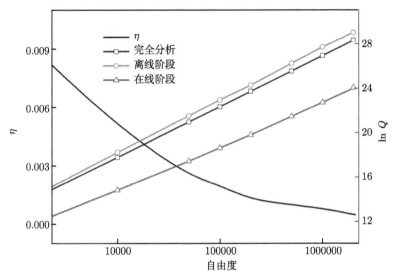

图 4.5 完全分析、离线阶段和在线阶段操作数比较

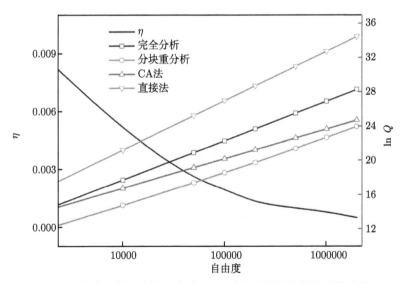

图 4.6 完全分析、分块重分析、CA 法和直接法计算操作数比较

如图 4.6 所示，当结构修改部分大于 10% 时，直接法的计算操作数超过了完全分析，分块重分析和 CA 法的计算操作数基本处于同一数量级，远小于完全分析，当自由度超过一百万时，分块重分析和 CA 法的计算操作数约为完全分析的

$1/e^4$(e 为自然底数), 重分析算法的计算优势更加明显。

同时, 为了说明分块重分析对结构大修改同样适应, 假设 $n_t = 2.0 \times 10^7$, $\eta = 0.0005$, 完全分析、分块重分析、CA 法和直接法的计算操作数随着结构改变比例 (修改部分的自由度 m/总自由度 n_t) 的变化如图 4.7 所示。

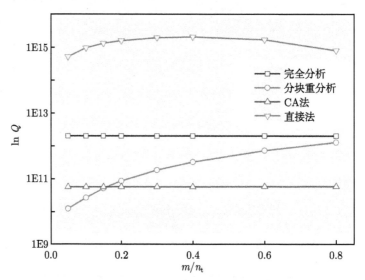

图 4.7　完全分析、分块重分析、CA 法和直接法操作数随着结构改变比例的变化

如图 4.7 所示, 当结构变化率小于 0.2 时, 分块重分析的计算效率远高于直接法和完全分析, 稍高于 CA 法, 随着结构变化率不断增大, 分块重分析的计算操作数不断接近完全分析, 并且分块重分析算法为精确重分析算法, 对于结构局部改变, 分块重分析的计算优势将更加明显。

4.4　数 值 算 例

本节针对 15 杆桁架结构, 验证分块重分析的计算精度, 通过与完全分析和 CA 法相比, 衡量分块重分析的计算效率和计算精度。由于直接法的计算效率偏低, 计算结果与完全分析相同, 因此本章将不与直接法进行比较。为了衡量重分析算法的计算精度, 采用式 (4.60) 计算重分析算法的相对误差。

$$\text{Error} = \frac{|\boldsymbol{r}_{\text{reanalysis}} - \boldsymbol{r}_{\text{exact}}|}{|\boldsymbol{r}_{\text{exact}}|} \times 100\% \tag{4.60}$$

式中, $\boldsymbol{r}_{\text{reanalysis}}$ 表示分块重分析算法或 CA 法的计算结果; $\boldsymbol{r}_{\text{exact}}$ 表示完全分析的计算结果。

4.4.1　15 杆结构

　　如图 4.8 所示为 15 杆桁架结构,该结构在第 4、6 和 8 节点的垂直方向施加集中载荷 $F = -100\text{N}$,在第 1 和 2 节点施加固定约束,在节点 3~8 处存在待求的 12 处水平和垂直位移。各杆的弹性模量 $E = 4.0 \times 10^7 \text{MPa}$,各杆初始横截面面积均为 1.0mm^2。该结构的设计变量为 15 号单元的横截面面积,为了验证分块重分析算法的准确性,假设 15 号单元修改后的横截面面积为 2.357mm^2。

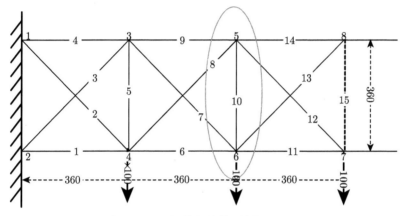

图 4.8　15 杆桁架结构 (单位: mm)

　　根据分块重分析算法,首先对结构进行区域划分,如图 4.8 所示,圆圈标记部分包含节点 5 和 6,并把结构分为了三个部分,其中,节点 5 和 6 为边界区域,节点 1~4 为固定区域,节点 7 和 8 为影响区域,由于结构简单,不需要进行带宽优化。当第 8 号单元的横截面面积发生改变时,横截面面积的改变率为 135.7%,刚度矩阵的变化阶数为 4 阶,为验证分块重分析算法的准确性,并与完全分析和 CA 法的计算结果相比,其中 CA 法采用 2 个基向量,计算结果如表 4.3 所示。数值结果表明,CA 法和分块重分析的计算结果与完全分析完全相同。

表 4.3　各个方法的位移响应

自由度	1	2	3	4	5	6
初始分析	1.58E−01	−1.58E−01	−2.02E−01	−2.02E−01	−1.32E−01	−2.72E−01
完全分析	1.59E−01	−1.59E−01	−2.01E−01	−2.01E−01	−1.26E−01	−2.76E−01
CA 法	1.59E−01	−1.59E−01	−2.01E−01	−2.01E−01	−1.26E−01	−2.76E−01
分块重分析	1.59E−01	−1.59E−01	−2.01E−01	−2.01E−01	−1.26E−01	−2.76E−01
自由度	7	8	9	10	11	12
初始分析	−1.20E−02	−3.28E−01	−2.49E−01	−3.89E−01	−9.00E−03	−3.31E−01
完全分析	−6.00E−03	−3.24E−01	−2.24E−01	−3.75E−01	1.60E−02	−3.45E−01
CA 法	−6.00E−03	−3.24E−01	−2.24E−01	−3.75E−01	1.60E−02	−3.45E−01
分块重分析	−6.00E−03	−3.24E−01	−2.24E−01	−3.75E−01	1.60E−02	−3.45E−01

4.4.2　车架

车架是跨接在汽车前后车桥上的框架式结构，一般由两个横梁和数根纵梁组成，是汽车的支撑、连接汽车各个总成和承受汽车内外各种载荷的重要组成部分，因此，车架必须具有足够的强度和刚度来承受汽车的载荷和来自车轮的冲击。如图 4.9 所示为某车架的 CAD 模型，车架纵梁和横梁的尺寸如图 4.10 所示，纵梁和横梁的弹性模量均为 2.0×10^7Pa，泊松比为 0.3。

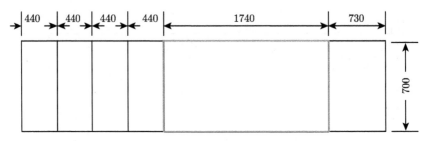

图 4.9　车架整体尺寸示意图 (单位：mm)

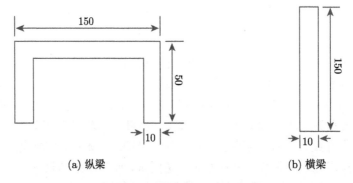

(a) 纵梁　　　　　　　　　　　(b) 横梁

图 4.10　车架纵梁和横梁尺寸示意图 (单位：mm)

为了计算该车架的弯曲刚度，对车架进行有限元模拟，有限元网格模型如图 4.11 所示，该模型包括 29636 个节点、28500 个壳单元，总共包含 177816 个自由度。在图 4.11 中Ⅰ、Ⅱ、Ⅲ、Ⅳ处分别施加如表 4.4 所示的边界条件，在图 4.11 虚线标记的节点施加集中载荷，分别在标记节点施加垂直方向的力 $F_1 = -500$N 和 $F_2 = -100$N。

为了增加车架的弯曲刚度，预备在图 4.9 标记的灰色方框区域内，增加 1 根横梁。如图 4.12 所示为其中一个测试结构，该结构相应的有限元模型如图 4.13 所示，该修改模型包括 30720 个节点、29550 个壳单元，总共有 184320 个自由度。

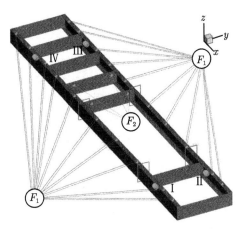

图 4.11 初始车架网格模型、边界及加载条件

表 4.4 车架约束说明

点位置	I	II	III	IV
约束	$U_x = 0, U_z = 0$	$U_x = 0, U_y = 0, U_z = 0$	$U_z = 0$	$U_y = 0, U_z = 0$

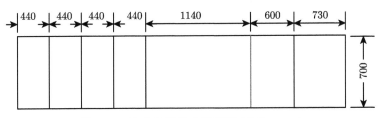

图 4.12 修改车架尺寸示意图 (单位: mm)

图 4.13 修改车架有限元模型

在分块重分析离线阶段中，如图 4.11 所示，被灰色方框标记的 140 个节点作为连接边界区域。边界区域所涉及的自由度不及总自由度的 0.4%。初始影响区域包括 8892 个节点，共计 53352 个自由度。对于修改结构，修改影响区域包括 9976 个节点，共计 59856 个自由度，相比初始结构，有 1084 个节点发生了改变，涉及 6504 个自由度。经过完全分析、分块重分析和 CA 法计算后，其中，CA 法仅采用 5 个基向量，完全分析和分块重分析的位移云图如图 4.14 所示。

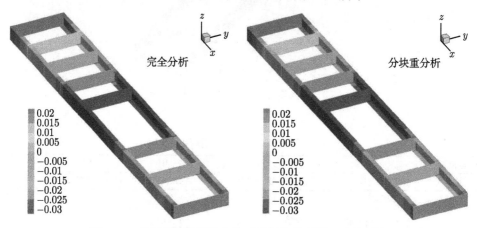

图 4.14   车架完全分析和分块重分析位移云图 (后附彩图)

如图 4.14 所示，分块重分析与完全分析计算结果基本一致，整个结构变形趋势与完全分析完全相同，为了准确比较分块重分析的计算精度，对各个方向上位移最大的三个自由度进行比较，如表 4.5 所示。

表 4.5   车架被选自由度位移比较

自由度	完全分析	CA 法	相对误差	分块重分析	相对误差
137527	3.48E−03	3.40E−03	2.38E+00	3.48E−03	0.00E+00
32498	−5.40E−04	−5.30E−04	1.90E+00	−5.40E−04	0.00E+00
78945	−3.30E−02	−3.23E−02	2.02E+00	−3.30E−02	0.00E+00
17962	7.00E−06	7.00E−06	2.65E+00	7.00E−06	0.00E+00
140573	4.10E−05	4.00E−05	2.33E+00	4.10E−05	0.00E+00
131898	−3.00E−06	−3.00E−06	1.16E+00	−3.00E−06	0.00E+00
137521	3.48E−03	3.40E−03	2.38E+00	3.48E−03	0.00E+00
32492	−5.40E−04	−5.30E−04	1.87E+00	−5.40E−04	0.00E+00
6513	−3.30E−02	−3.23E−02	2.02E+00	−3.30E−02	0.00E+00
31552	7.00E−06	7.00E−06	2.64E+00	7.00E−06	0.00E+00
140219	4.10E−05	4.00E−05	2.33E+00	4.10E−05	0.00E+00
131904	−3.00E−06	−2.00E−06	1.12E+00	−3.00E−06	0.00E+00
137515	3.48E−03	3.40E−03	2.38E+00	3.48E−03	0.00E+00

续表

自由度	完全分析	CA 法	相对误差	分块重分析	相对误差
32504	$-5.40\text{E}-04$	$-5.30\text{E}-04$	$1.92\text{E}+00$	$-5.40\text{E}-04$	$0.00\text{E}+00$
78951	$-3.30\text{E}-02$	$-3.23\text{E}-02$	$2.00\text{E}+00$	$-3.30\text{E}-02$	$0.00\text{E}+00$
17698	$7.00\text{E}-06$	$7.00\text{E}-06$	$2.62\text{E}+00$	$7.00\text{E}-06$	$0.00\text{E}+00$
140927	$4.10\text{E}-05$	$4.00\text{E}-05$	$2.33\text{E}+00$	$4.10\text{E}-05$	$0.00\text{E}+00$
131892	$-2.00\text{E}-06$	$-2.00\text{E}-06$	$1.30\text{E}+00$	$-2.00\text{E}-06$	$0.00\text{E}+00$

　　数值结果表明，分块重分析计算结果与完全分析计算结果相同，相对误差为 0，而 CA 法在其中一些选定的自由度上，相对误差超过了 2%。同时，为了比较分块重分析和 CA 法的计算效率，经过 RCM 带宽优化计算后，未分块的修改刚度矩阵的带宽为 2070，完全分析的计算操作数为 4.96×10^{11}，修改刚度矩阵采用分块重分析计算后，分块矩阵 $\boldsymbol{S}_m$ 和 $\boldsymbol{D}_m$ 的带宽分别为 570 和 1278，分块重分析的计算操作数为 1.02×10^{10}，而 CA 法的计算操作数为 4.16×10^{8}。因此，与完全分析相比，分块重分析的计算量不到完全分析的 5%。

4.4.3 车门

　　车门是车身的重要构件，它由内板、外板和内饰板组成，内板上有各种形状的孔洞、窝穴和加强筋，以便增加强度和安装附件，车门必须具有足够的刚度，如果车门垂直刚度不足会导致车门下沉，影响车门的开启和关闭，并且影响整车的安全性能，下沉过大会导致车门与侧围干涉，从而使车门和侧围掉漆生锈，影响汽车外观。如图 4.15 所示为某车车门内板初始 CAD 模型，车门弹性模量 $E= 2.0\times10^{7}\text{GPa}$，泊松比 $\lambda = 0.3$。

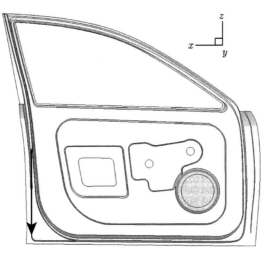

图 4.15　车门内板的初始 CAD 模型及加载

为了计算车门的垂直刚度，在图 4.15 所示的箭头位置施加垂直向下的 800N 集中载荷，右端铰链位置施加固定约束，并对车门进行网格划分，有限元网格模型如图 4.16 所示，该模型包括 53198 个节点、104735 个壳单元，总共包含 319188 个自由度。

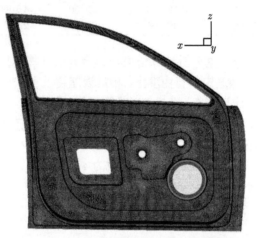

图 4.16   初始车门内板的有限元网格模型

为了减轻车门质量，同时满足车门的垂直刚度，对车门减重孔进行轻量化设计，根据初始分析的计算结果，车门的下垂刚度不满足设计需求，需对减重孔重新设计，图 4.17 为该车车门修改的 CAD 模型，减小了减重孔的大小。

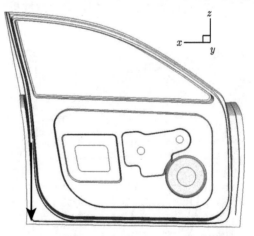

图 4.17   修改车门内板的 CAD 模型及加载

对修改结构进行垂直刚度分析，相应的网格模型如图 4.18 所示，该模型包括 53750 个节点、105878 个壳单元，涉及 322500 个自由度。

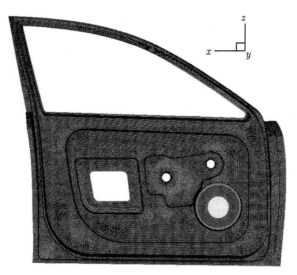

图 4.18 修改车门内板的有限元网格模型

采用分块重分析进行计算, 边界区域包括 144 个节点, 如图 4.16 中灰色圆圈所示, 边界区域包括的节点大约占所有节点的 0.25%。在离线阶段, 初始影响区域包括 768 个节点, 共计 4808 个自由度, 如图 4.18 中灰色圆圈标记的区域内部, 当结构发生修改时, 在在线阶段, 修改影响区域包括 1320 个节点, 修改的分块矩阵 D_m 涉及 1464 个节点, 共计 8784 个节点。因此, 分块矩阵 D_m 的维数远小于修改刚度矩阵 K_m 的维数。因此, 根据图 4.6 所示, 在在线阶段, 与完全分析相比, 节省了大量的计算工作量。完全分析与分块重分析的位移云图如图 4.19 所示。

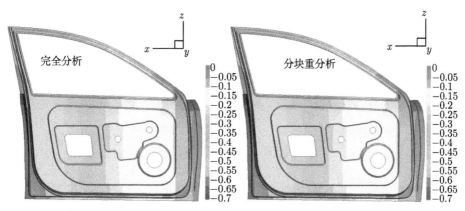

图 4.19 车门内板完全分析和分块重分析位移云图 (后附彩图)

如图 4.19 所示, 分块重分析与完全分析计算结果基本保持相同, 整个结构变形趋势与完全分析完全相同, 为了准确比较分块重分析的计算精度, 对各个方向上位移最大的三个自由度进行比较, 如表 4.6 所示。

表 4.6　车门被选自由度位移比较

自由度	完全分析	CA 法	相对误差	分块重分析	相对误差
104491	5.12E−01	5.12E−01	1.31E−01	5.12E−01	0.00E+00
1104492	−8.95E−01	−8.75E−01	2.29E+00	−8.95E−01	0.00E+00
39753	−7.60E−01	−7.57E−01	4.29E−01	−7.60E−01	0.00E+00
164788	4.90E−02	5.09E−02	4.05E+00	4.90E−02	0.00E+00
129479	−5.97E−03	−5.87E−03	1.60E+00	−5.97E−03	0.00E+00
150168	−4.64E−03	−4.61E−03	4.37E−01	−4.64E−03	0.00E+00
103621	5.12E−01	5.12E−01	1.31E−01	5.12E−01	0.00E+00
103622	−8.92E−01	−8.72E−01	2.28E+00	−8.92E−01	0.00E+00
94617	−7.60E−01	−7.57E−01	4.29E−01	−7.60E−01	0.00E+00
162334	4.67E−02	4.75E−02	1.57E+00	4.67E−02	0.00E+00
164789	−4.72E−03	−4.93E−03	4.47E+00	−4.72E−03	0.00E+00
164790	−3.45E−03	−3.59E−03	3.90E+00	−3.45E−03	0.00E+00
105523	5.11E−01	5.12E−01	1.12E−01	5.11E−01	0.00E+00
105470	−8.92E−01	−8.71E−01	2.29E+00	−8.92E−01	0.00E+00
40167	−7.60E−01	−7.57E−01	4.28E−01	−7.60E−01	0.00E+00
165544	−4.14E−02	−4.27E−02	2.97E+00	−4.14E−02	0.00E+00
162335	−4.33E−03	−4.40E−03	1.61E+00	−4.33E−03	0.00E+00
165450	−2.13E−03	−2.17E−03	1.81E+00	−2.13E−03	0.00E+00

　　数值结果表明, 采取了 10 个基向量的 CA 法, 在某些自由度上相对误差大于 2%, 而分块重分析与完全分析完全相同, 不存在相对误差。同时为了分析分块重分析的计算效率, 修改结构刚度矩阵在未分块时, 带宽为 5274, 当修改刚度矩阵进行分块后, 分块矩阵 D_m 的带宽为 122, 分块矩阵 S_m 的带宽为 5094。完全分析、分块重分析和 CA 法的计算操作数分别为 4.49×10^{12}、3.54×10^9 和 3.40×10^{10}。即当结构改变部分较小时, 分块重分析的计算速度远快于完全分析, 并且分块重分析的计算效率比 CA 法计算效率更高。因此, 对于结构的反复修改, 分块重分析法是一种精确高效的快速计算方法。

4.5　小　　结

　　本章针对结构局部反复修改, 传统精确重分析计算方法难以更高效地得到精确解以及近似方法容易发生误差累积的瓶颈, 提出了一种精确快速重分析计算方法——分块重分析法。详细介绍了分块重分析的工程应用前景和计算原理, 与完全分析、CA 法和直接法相比, 分块重分析法具有如下显著特点:

　　(1) 对求解空间进行了区域划分, 分为固定区域、影响区域和边界区域, 将结构修改部分集中于影响区域，方便了重分析快速求解；

(2) 分块重分析法都属于直接重分析计算方法，精度和主求解器保持一致，因此，该方法可用于求解精度要求较高工程问题；

(3) 对于结构大修改，在在线阶段，能快速精度地获得修改结构响应；

(4) 分块重分析的计算效率与修改结构的影响区域大小成正比，而对于结构局部修改，分块重分析节省了大部分的计算量。

参 考 文 献

[1] Sherman J, Morrison W J. Adjustment of an inverse matrix corresponding to changes in the elements of a given column or given row of the original matrix [J]. Annals of Mathematical Statistics, 1949, 20(4): 621, 622.

[2] Woodbury M. Inverting modified matrices [R]. Memorandum Report, 42. Statistical Research Group. Princeton: Princeton University, 1950.

[3] Hager W W. Updating the inverse of a matrix [J]. Siam Review, 1989, 31(31): 221-239.

[4] Akgün M A, Garcelon J H, Haftka R T. Fast exact linear and non-linear structural reanalysis and the Sherman-Morrison-Woodbury formulas [J]. International Journal for Numerical Methods in Engineering, 2001, 50(7): 1587-1606.

[5] Tuckerman L S. Divergence-free velocity fields in nonperiodic geometries [J]. Journal of Computational Physics, 1989, 80(2): 403-441.

[6] Davis T A, Hager W W. Modifying a sparse Cholesky factorization [J]. Siam J Matrix Anal Appl, 1999, 20: 606-627.

[7] Davis T A, Hager W W. Multiple-rank modifications of a sparse Cholesky factorization [J]. Siam J Matrix Anal Appl, 2001, 22: 997-1014.

[8] Liu H F, Wu B S, Li Z G. Method of updating the Cholesky factorization for structural reanalysis with added degrees of freedom [J]. Journal of Engineering Mechanics, 2013, 140(2): 384-392.

[9] Liu H F, Wu B S, Li Z G, et al. Structural static reanalysis for modification of supports [J]. Struct Multidisc Optim, 2014, 50: 425-435.

[10] Song Q, Chen P, Sun S. An exact reanalysis algorithm for local non-topological high-rank structural modifications in finite element analysis [J]. Computers and Structures, 2014, 143: 60-72.

[11] Cheikh M, Loredo A. Static reanalysis of discrete elastic structures with reflexive inverse [J]. Applied Mathematical Modelling, 2002, 26: 877-891.

第5章 动态重分析方法

动力学问题主要研究结构由于基础运动产生的动态响应或者结构受动态载荷产生的动态响应，目前，常用的动态方程组的求解可以分为显式和隐式算法。显式算法采用动力学方程的差分格式求解，不需要直接求解切线刚度矩阵，因此也无需进行线性方程组的求解，占用内存比隐式算法少，计算速度快。但是，为了保证求解精度，需要当前迭代步与上两步之间尽量满足线性关系，时间步长必须足够小。在实际工程计算中，往往采用低价单元才能充分发挥显式算法的速度优势，也常常采用缩减积分提高求解效率。因此，容易出现沙漏模式，导致计算精度下降，甚至难以收敛。隐式算法是应用当前步结果和下一步未知结果，通过迭代的方式，计算下一步结果，需要在每一个增量步内对平衡方程组进行矩阵迭代或分解计算，隐式算法的步长比显式算法大得多，计算结果稳定，精度高。因此，隐式算法的最大优点在于具备无条件稳定性。常用隐式算法有振型叠加法、威尔逊 θ 法和纽马克 β 法等。显式算法比较适应于由冲击、爆炸类型载荷引起的瞬态问题的求解；而对于一般结构动力学问题，则通常采用无条件稳定的隐式算法。目前，纽马克 β 法是应用最为广泛的一种隐式算法。然而，隐式算法需要在迭代中求解线性方程组，随着结构规模的增大，计算效率会大幅度下降。因此，研究合适的动态重分析快速算法，是现阶段结构动态分析设计中的重点。

5.1 纽马克 β 法

纽马克 β 法于 1959 年由纽马克首次提出[1]，是目前应用最为广泛的求解结构动态响应的隐式算法，显著特点在于在时域内无条件稳定。为了方便提取纽马克 β 法中存在的重分析问题，令初始结构的运动方程为

$$\boldsymbol{M}_0 \ddot{\boldsymbol{r}}_0(t) + \boldsymbol{C}_0 \dot{\boldsymbol{r}}_0(t) + \boldsymbol{K}_0 \boldsymbol{r}_0(t) = \boldsymbol{Q}_0(t) \tag{5.1}$$

其中，$\boldsymbol{K}_0$ 为初始刚度矩阵；$\boldsymbol{M}_0$ 为初始质量矩阵；$\boldsymbol{C}_0$ 为初始阻尼矩阵；$\boldsymbol{Q}_0(t)$ 为随时间 t 变化的初始载荷向量；$\boldsymbol{r}_0(t)$、$\dot{\boldsymbol{r}}_0(t)$、$\ddot{\boldsymbol{r}}_0(t)$ 分别为 t 时刻的待求位移、速度和加速度向量。

纽马克 β 法在时间步 $t \to t + \Delta t$ 内，假设

$$\dot{\boldsymbol{r}}_0(t + \Delta t) = \dot{\boldsymbol{r}}_0(t) + [(1 - \gamma)\ddot{\boldsymbol{r}}_0(t) + \gamma \ddot{\boldsymbol{r}}_0(t + \Delta t)]\,\Delta t \tag{5.2}$$

$$r_0(t + \Delta t) = r_0(t) + \dot{r}_0(t)\Delta t + [(0.5 - \beta)\ddot{r}_0(t) + \beta\ddot{r}_0(t + \Delta t)]\,\Delta t^2 \tag{5.3}$$

其中，Δt 为时间步间隔；β 和 γ 为按积分精度和稳定性要求决定的参数。当满足式 (5.4) 时，纽马克 β 法是一种无条件稳定的积分方法，即时间间隔 Δt 的大小不影响求解的稳定性。

$$\begin{cases} \beta \geqslant 0.25 \\ \gamma \geqslant 0.25(0.5 + \beta)^2 \end{cases} \tag{5.4}$$

其次，在时间间隔 Δt 内，线性假设加速度 $\ddot{r}_0(t + \tau)$ 的表达式为

$$\ddot{r}_0(t + \tau) = \ddot{r}_0(t) + (\ddot{r}_0(t + \Delta t) - \ddot{r}_0(t))\tau/\Delta t \quad (0 \leqslant \tau \leqslant \Delta t) \tag{5.5}$$

因此，$t + \Delta t$ 时刻的加速度向量 $\ddot{r}_0(t + \tau)$ 为

$$\ddot{r}_0(t + \tau) = 0.5 \cdot (\ddot{r}_0(t) + \ddot{r}_0(t + \Delta t)) \tag{5.6}$$

综上所述，纽马克 β 法计算过程可分为初始和迭代两个过程。其中，初始计算主要包括：

(1) 组装初始刚度矩阵 K_0，质量矩阵 M_0，阻尼矩阵 C_0；

(2) 初始化位移向量 $r_0(0)$ 和速度向量 $\dot{r}_0(0)$，根据式 (5.7) 计算初始加速度向量 $\ddot{r}_0(0)$；

$$\ddot{r}_0(0) = M_0^{-1}[Q_0(0) - C_0\dot{r}_0(0) - K_0r_0(0)] \tag{5.7}$$

(3) 设置时间步长 Δt 和参数 β、γ，计算积分常数 $c_0 \to c_7$；

$$\begin{cases} c_0 = \dfrac{1}{\beta\Delta t^2} \\[2mm] c_1 = \dfrac{\gamma}{\beta\Delta t} \\[2mm] c_2 = \dfrac{1}{\beta\Delta t} \\[2mm] c_3 = \dfrac{1}{2\beta} - 1 \\[2mm] c_4 = \dfrac{\gamma}{\beta} - 1 \\[2mm] c_5 = \Delta t\left(\dfrac{\gamma}{2\beta} - 1\right) \\[2mm] c_6 = \Delta t(1 - \gamma) \\[2mm] c_7 = \gamma\Delta t \end{cases} \tag{5.8}$$

(4) 根据式 (5.9) 计算等效刚度矩阵 $\tilde{K}_0$；

$$\tilde{K}_0 = K_0 + c_0M_0 + c_1C_0 \tag{5.9}$$

(5) 对等效刚度矩阵 $\tilde{K}_0$ 进行楚列斯基分解；

$$\tilde{K}_0 = U_0^T U_0 \tag{5.10}$$

其中，U_0 为上三角矩阵。

在迭代计算过程中，针对时间步 $t(t=0, \Delta t, 2\Delta t, \cdots)$，根据式 (5.11)~式 (5.14)，由前一时间步 t 的计算结果计算时间步 $t + \Delta t$ 内的等效载荷向量 $\tilde{Q}_0(t + \Delta t)$、位移向量 $r(t + \Delta t)$、加速度 $\ddot{r}(t + \Delta t)$ 和速度 $\dot{r}(t + \Delta t)$，具体计算流程如下：

(1) 计算时间步 $t + \Delta t$ 内的等效载荷 $\tilde{Q}_0(t + \Delta t)$；

$$\begin{aligned}\tilde{Q}_0(t + \Delta t) =& Q_0(t + \Delta t) + M_0(c_0 r(t) + c_2 \dot{r}(t) + c_3 \ddot{r}(t)) \\ &+ C_0(c_1 r(t) + c_4 \dot{r}(t) + c_5 \ddot{r}(t))\end{aligned} \tag{5.11}$$

(2) 根据式 (5.10)，计算时间步 $t + \Delta t$ 内的位移 $r(t + \Delta t)$；

$$\tilde{K}_0 r(t + \Delta t) = \tilde{Q}_0(t + \Delta t) \tag{5.12}$$

(3) 计算时间步 $t + \Delta t$ 内的加速度 $\ddot{r}(t + \Delta t)$ 和速度 $\dot{r}(t + \Delta t)$；

$$\ddot{r}(t + \Delta t) = c_0(r(t + \Delta t) - r(t)) - c_2 \dot{r}(t) - c_3 \ddot{r}(t) \tag{5.13}$$

$$\dot{r}(t + \Delta t) = \dot{r}(t) + c_6 \ddot{r}(t) + c_7 \ddot{r}(t + \Delta t) \tag{5.14}$$

综上所述，纽马克 β 法是一种无条件稳定的隐式算法，计算量主要集中在两个部分：第一部分是在初始计算过程中，对初始有效刚度矩阵进行楚列斯基分解，它将随着结构自由度数增加迅速增大；第二部分是迭代计算过程中，根据楚列斯基分解矩阵，迭代计算位移向量，对加速度和速度向量进行更新，随着迭代次数的增加计算量成倍增加。

5.2　问题描述

设当结构发生改变后，运动方程更新为

$$M\ddot{r}(t) + C\dot{r}(t) + Kr(t) = Q(t) \tag{5.15}$$

其中，K 为修改后的刚度矩阵；M 为修改后的质量矩阵；C 为修改后的阻尼矩阵；$Q(t)$ 为随时间 t 变化的初始载荷向量；$r(t)$、$\dot{r}(t)$、$\ddot{r}(t)$ 分别为 t 时刻的待求更新位移、速度和加速度向量。相对于初始结构，刚度、质量和阻尼矩阵的改变量 ΔK、ΔM 和 ΔC 分别为

$$\begin{cases} \Delta K = K - K_0 \\ \Delta M = M - M_0 \\ \Delta C = C - C_0 \end{cases} \tag{5.16}$$

根据纽马克 β 法的主要计算量的分布情况, 求解修改运动方程的动态响应的一部分计算量集中于对修改等效刚度矩阵进行的楚列斯基分解, 即

$$\tilde{K} = U^{\mathrm{T}}U \tag{5.17}$$

其中, U 为上三角矩阵; $\tilde{K}$ 是修改等效刚度矩阵,

$$\tilde{K} = K + c_0 M + c_1 C \tag{5.18}$$

另一部分计算量主要集中于更新位移向量 $r(t + \Delta t)$, 需要对每个时间步进行迭代计算, 即

$$\tilde{K}r(t + \Delta t) = \tilde{Q}(t + \Delta t) \tag{5.19}$$

其中, $\tilde{Q}(t + \Delta t)$ 是时间步 $t + \Delta t$ 的等效载荷, 为

$$\begin{aligned}\tilde{Q}(t + \Delta t) =& Q(t + \Delta t) + M(c_0 r(t) + c_2 \dot{r}(t) + c_3 \ddot{r}(t)) \\ &+ C(c_1 r(t) + c_4 \dot{r}(t) + c_5 \ddot{r}(t))\end{aligned} \tag{5.20}$$

根据式 (5.16), 式 (5.17) 和式 (5.19) 分别转化为

$$(\tilde{K}_0 + \Delta \tilde{K}) = U^{\mathrm{T}}U \tag{5.21}$$

$$(\tilde{K}_0 + \Delta \tilde{K})r(t + \Delta t) = \tilde{Q}(t + \Delta t) \tag{5.22}$$

其中, $\Delta \tilde{K}$ 是等效刚度矩阵的改变量, 为

$$\Delta \tilde{K} = \Delta K + c_0 \Delta M + c_1 \Delta C \tag{5.23}$$

如式 (5.21) 和式 (5.22) 所示, 该迭代求解过程类似于静态重分析问题, 均包含初始结构和刚度矩阵增量, 需要计算更新位移向量。因此, 为了减少求解结构改变后运动方程的计算时间, 尝试采用重分析算法, 对动态问题进行快速计算。同静态重分析算法类似, 动态重分析算法主要是结合初始结构响应, 避免采用完全分析求解运动方程, 快速对位移、速度和加速度进行更新。但是, 动态重分析算法又不同于静态重分析算法, 与 CA 法相比, 其难点主要体现在:

(1) 基于纽马克 β 法的重分析算法, 在迭代计算过程中, 必须反复利用缩减模型计算位移, 需要不断更新缩减载荷向量和缩减刚度矩阵, 必然会严重影响重分析的计算效率。

(2) 在迭代计算过程中, 后一步的计算结果受到前一步的影响, 而 CA 法为近似重分析算法, 与精确解相比, 依然存在一定的误差。因此, 随着迭代步数的增加,

有可能造成误差累积，导致偏离准确的运动轨迹，而动态问题迭代次数通常比较多，这一问题会较为显著。

(3) CA 法虽然具有全局近似法精度高的计算特点，但是 CA 法不同于传统全局近似法，它仅采用了一个初始样本来构造缩减系统。因此，构造的缩减刚度矩阵主要表示初始样本点附近的局部信息，而动态重分析算法则需要计算整个时间域内的动态响应。因此，动态重分析算法的缩减基向量客观需要能反映整个时间域内的全局信息。

综上所述，根据动态重分析的特点与难点，本章提出了自适应全局动态重分析算法，尝试构造能反映整个时间域内全局信息的基向量，并且能适应对误差进行修正，快速准确地求解动态问题。

5.3　基于时域的自适应全局动态重分析计算方法

根据拉丁方实验设计基本的原理[2]，在整个时域内，选取多个时间序列，构造尽可能反映初始结构特征的位移向量。然后依据诺伊曼级数展开公式，对选取的向量按照一定方式重新组合，重构缩减系统，避免不断更新缩减载荷向量和缩减刚度矩阵，加快计算速度。同时，为了控制累积误差，提出了自适应修正策略。对当前时间步，通过误差项，构造新的基向量，对位移进行修正，减小当前时间步内误差，提高动态重分析算法的计算精度。自适应全局动态重分析计算方法主要分为全局布点、基向量构造、缩减模型的建立和自适应误差控制四个部分。

5.3.1　全局布点

根据缩减基法的计算原理，结构响应可近似地表示为 s_1 个预先设定基向量的线性组合形式，即

$$r = y_1 r_1 + y_2 r_2 + \cdots + y_s r_{s1} = r_{B1} y \tag{5.24}$$

其中，s_1 远小于修改刚度矩阵维度；r_{B1} 为预先设定的基向量，

$$\begin{cases} r_{B1} = [r_1, r_2, \cdots, r_{s1}] \\ y = [y_1, y_2, \cdots, y_{s1}]^T \end{cases} \tag{5.25}$$

缩减基法从另一方面说明：结构特征可近似地表示为预先设定的基向量线性组合形式。为了准确地表示结构特征，预先设定的基向量必须保证结构的全局信息。本章结合实验设计方法，在初始结构的整个时间域内，选取多个时间节点的位移向量，尽可能反映初始结构特征的位移向量，在整个时间域内，选取的时间节点向量必须满足如下选点策略：

(1) 用尽可能少的样本点表示初始结构特征的全局信息；

(2) 选取的时间节点向量线性独立，避免节点向量可近似地根据其他时间节点向量线性表达，避免造成缩减矩阵奇异或者近奇异。

根据选点策略，本节采取拉丁方实验设计方法，根据问题的大小和复杂程度选取适量的样本点，保证计算效率和精度，同时，为满足第二个选点策略，选取的时间节点向量必须满足式 (5.26)，如图 5.1 所示。

$$\frac{|\boldsymbol{r}_j \cdot \boldsymbol{r}_{i+1}|}{\|\boldsymbol{r}_j\| \cdot \|\boldsymbol{r}_{i+1}\|} \leqslant \varepsilon_1 \quad (j = 1, \cdots, i) \tag{5.26}$$

其中，ε_1 为常数，通常 $\varepsilon_1 = 0.9$；$\boldsymbol{r}_i$ 表示第 i 个时间步内的位移响应，即

$$\boldsymbol{r}_i = \boldsymbol{r}_0(i \cdot \Delta t) \tag{5.27}$$

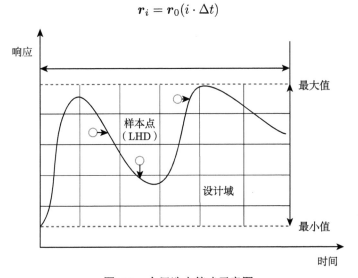

图 5.1　全局选点策略示意图

5.3.2　基向量的构造

通过在整个时间域离散分布时间节点，近似反映了初始结构整个时间域的结构特征，经过重分析快速计算，能准确计算修改结构在被选取时间节点处的位移响应，但是难以描述被选时间节点附近的局部特征。因此，本章利用诺伊曼级数展开，对已选取的时间序列进行扩展，表征时间序列附近的局部特征。设 $\boldsymbol{r}_{k,i}$ 为第 k 个选取的时间节点序列的第 i 阶诺伊曼级数展开，则 $\boldsymbol{r}_{k,i}$ 为

$$\begin{cases} \boldsymbol{r}_{k,1} = \boldsymbol{r}_k \\ \boldsymbol{r}_{k,i} = -\boldsymbol{B}\boldsymbol{r}_{k,(i-1)} \quad (i = 2, 3, \cdots, s_k) \end{cases} \tag{5.28}$$

其中，s_k 表示选取的第 k 个时间节点序列的诺伊曼级数展开阶数，

$$\boldsymbol{B} = \tilde{\boldsymbol{K}}_0^{-1} \Delta \tilde{K} \tag{5.29}$$

为了保证基向量线性独立, 亦即构造的缩减矩阵的非奇异性, 生成的基向量必须满足式 (5.30), 否则, 基向量 r_{i+1} 不作为全局近似法的基向量。

$$\frac{\left|\boldsymbol{r}_{k,j}\cdot\boldsymbol{r}_{k,(i+1)}\right|}{\left\|\boldsymbol{r}_{k,j}\right\|\cdot\left\|\boldsymbol{r}_{k,(i+1)}\right\|}\leqslant\varepsilon_2 \quad (j=1,\cdots,i) \tag{5.30}$$

其中, ε_2 为预先设定的常数, 通常 $\varepsilon_2=0.95$。

5.3.3 建立全局缩减模型

通过在整个时间域内, 利用拉丁方实验设计方法, 选取了合适的时间序列, 表征了初始结构的整体结构特征, 采用诺伊曼级数展开, 表征被选时间序列附近的局部结构特征。因此, 根据缩减基法, 假设在迭代时间步 $t+\Delta t$ 的位移 $r(t+\Delta t)$ 近似表示为

$$\boldsymbol{r}(t+\Delta t)=\underbrace{(y_{1,1}\boldsymbol{r}_{1,1}+y_{1,2}\boldsymbol{r}_{1,2}+\cdots+y_{1,l1}\boldsymbol{r}_{1,l1})}_{\text{被选第 1 个时间序列及诺伊曼级数展开}}$$

$$+\cdots+\underbrace{(y_{k,1}\boldsymbol{r}_{k,1}+y_{k,2}\boldsymbol{r}_{k,2}+\cdots+y_{k,lk}\boldsymbol{r}_{k,lk})}_{\text{被选第 } k \text{ 个时间序列及诺伊曼级数展开}}$$

$$+\cdots+\underbrace{(y_{l,1}\boldsymbol{r}_{l,1}+y_{l,2}\boldsymbol{r}_{l,2}+\cdots+y_{l,ll}\boldsymbol{r}_{l,ll})}_{\text{被选第 } s \text{ 个时间序列及诺伊曼级数展开}}=\boldsymbol{r}_{\mathrm{B}}\boldsymbol{y} \tag{5.31}$$

其中, l 表示选取了 l 个时间序列, $l1$, lk, ll 分别为第 1, k, l 个被选时间序列的诺伊曼级数展开阶数; $y_{k,i}$ 表示第 k 个选取的时间节点序列的第 i 阶诺伊曼级数展开系数; r_{B} 是 $s\times n$ 维基向量矩阵, n 为修改等效刚度矩阵维数, s 远小于等效刚度矩阵的维数 n; y 为待求系数向量,

$$\boldsymbol{r}_{\mathrm{B}}=[\boldsymbol{r}_{1,1},\boldsymbol{r}_{1,2},\cdots,\boldsymbol{r}_{1,l1},\cdots,\boldsymbol{r}_{k,1},\boldsymbol{r}_{k,2},\cdots,\boldsymbol{r}_{k,lk},\cdots,\boldsymbol{r}_{l,1},\boldsymbol{r}_{l,2},\cdots,\boldsymbol{r}_{l,ll}] \tag{5.32}$$

$$\boldsymbol{y}=[y_{1,1},y_{1,2},\cdots,y_{1,l1},\cdots,y_{k,1},y_{k,2},\cdots,y_{k,lk},\cdots,y_{l,1},y_{l,2},\cdots,y_{l,ll}]^{\mathrm{T}} \tag{5.33}$$

$$s=l1+l2+\cdots+lk+\cdots+ll \tag{5.34}$$

将式 (5.31) 代入式 (5.19), 两边同时左乘 $r_{\mathrm{B}}^{\mathrm{T}}$, 得到缩减平衡方程

$$\tilde{\boldsymbol{K}}_{\mathrm{R}}\boldsymbol{y}=\tilde{\boldsymbol{Q}}_{\mathrm{R}} \tag{5.35}$$

其中, $\tilde{\boldsymbol{K}}_{\mathrm{R}}$ 为缩减等效刚度矩阵; $\tilde{\boldsymbol{Q}}_{\mathrm{R}}$ 为缩减等效载荷向量。

$$\tilde{\boldsymbol{K}}_{\mathrm{R}}=\boldsymbol{r}_{\mathrm{B}}^{\mathrm{T}}\tilde{\boldsymbol{K}}\boldsymbol{r}_{\mathrm{B}},\quad \tilde{\boldsymbol{Q}}_{\mathrm{R}}=\boldsymbol{r}_{\mathrm{B}}^{\mathrm{T}}\tilde{\boldsymbol{Q}}(t+\Delta t) \tag{5.36}$$

求解式 (5.35), 得到系数矩阵 y, 代入式 (5.31), 在时间步 $t+\Delta t$ 的位移 $r(t+\Delta t)$ 为

$$\begin{aligned}
r(t + \Delta t) =&(y_{1,1}r_{1,1} + y_{1,2}r_{1,2} + \cdots + y_{1,l1}r_{1,l1}) \\
&+ \cdots + (y_{k,1}r_{k,1} + y_{k,2}r_{k,2} + \cdots + y_{k,lk}r_{k,lk}) \\
&+ \cdots + (y_{l,1}r_{l,1} + y_{l,2}r_{l,2} + \cdots + y_{l,ll}r_{l,ll})
\end{aligned} \tag{5.37}$$

最后，根据式 (5.13) 和式 (5.14)，计算时间步 $t + \Delta t$ 内的加速度 $\ddot{r}(t + \Delta t)$ 和速度 $\dot{r}(t + \Delta t)$，根据式 (5.20)，更新时间步 $t + 2\Delta t$ 的等效载荷 $\tilde{Q}_0(t + 2\Delta t)$，从而对整个时间域不断迭代更新计算。

全局动态重分析算法构造的缩减平衡方程仅为 s 维线性方程组，与原平衡方程 n 维相比，s 远小于 n。因此，在初始计算过程中，节省了等效刚度矩阵进行楚列斯基分解的计算时间。而在迭代过程中，由于矩阵维数降低，迭代更新位移的计算时间减少，加快了更新速度。此外，基于时间域的全局动态重分析算法的基向量 r_B 仅与被选时间序列 r_k 和 B 矩阵有关，而与等效载荷 $\tilde{Q}_0(t + \Delta t)$ 无关，避免了反复更新缩减等效刚度矩阵 $\tilde{K}_R$。反之，CA 法基向量的生成过程是与载荷 R 相关的，当载荷 R 改变时，CA 法的基向量 r_B 将全部发生改变。显然，与 CA 法相比，每一个迭代步内避免重新计算基向量 r_B 和更新等效刚度矩阵 $\tilde{K}_R$，提高了动态重分析的计算效率。

为了避免缩减等效刚度矩阵 $\tilde{K}_R$ 的奇异性或近奇异性，影响缩减系统的求解精度，采用施密特正交化的处理方式[3]，避免对缩减等效刚度矩阵进行矩阵求逆或者分解运算，保证全局动态重分析算法的计算精度。施密特正交化的具体计算过程如下：

(1) 计算第一个施密特正交化后的基向量 V_1。

$$V_1 = \left| r_{B,1}^T \tilde{K} r_{B,1} \right|^{-1/2} r_{B,1} \tag{5.38}$$

其中，$r_{B,1}$ 表示基向量 r_B 的第 1 列。

(2) 计算第 i 个施密特正交化后的基向量 V_i。

$$V_i = \left| V_i^{*T} \tilde{K} V_i^* \right|^{-1/2} V_i^* \tag{5.39}$$

其中，$r_{B,i}$ 表示基向量 r_B 的第 i 列；

$$V_i^* = r_{B,i} - \sum_{j=1}^{i-1} (r_{B,i}^T \tilde{K} V_j) V_j \tag{5.40}$$

(3) 更新时间步 $t + \Delta t$ 的位移 $r(t + \Delta t)$。

$$r(t + \Delta t) = \sum_{i=1}^{s} V_i (V_i \tilde{Q}(t + \Delta t)) \tag{5.41}$$

5.3.4 自适应策略

在迭代计算过程中，由于前一时间步的计算结果将会影响后一时间步的计算结果，使用重分析算法，通常会出现误差累积现象，并且随着迭代步数增加，累积误差将会持续增大。因此，控制累积误差一直是动态重分析的主要瓶颈，自适应全局动态重分析算法通过误差评估准则，增加新的基向量，更新当前迭代时间步内的缩减系统，修正位移向量，减小累积误差。

首先，在迭代计算的 $t + \Delta t$ 时间步内，定义当前步内的误差向量 δ

$$\boldsymbol{\delta} = \boldsymbol{M}\ddot{\boldsymbol{r}}(t + \Delta t) + \boldsymbol{C}\dot{\boldsymbol{r}}(t + \Delta t) + \boldsymbol{K}\boldsymbol{r}(t + \Delta t) - \boldsymbol{Q}(t + \Delta t) \tag{5.42}$$

由误差向量 δ 中的每个自由度的误差 δ_i，根据式 (5.43) 进行判断，如果满足式 (5.43)，则认为在 $t + \Delta t$ 时间内，全局动态重分析算法预估的响应是准确的，不需要进行误差修正；反之，如果不满足式 (5.43)，则需要利用自适应准则，对误差进行修正。

$$|\delta_i| < \varepsilon_3 \quad (i = 1, 2, \cdots, n) \tag{5.43}$$

其中，ε_3 为预先设定常数。

当不满足式 (5.43) 时，记录不满足的自由度编号 ii，根据结构各自由度之间的连接关系，找出与之直接相关的自由度编号 ii-$1 \rightarrow ii$-j。为了提高自适应的计算精度，不仅找出与之直接相关的自由度，还需要找出与之间接相关的自由度。如图 5.2 所示，其中，虚线表示自由度 ii 与本身的连接关系，第一层表示与自由度 ii 直接相关的自由度，其中 ls 为存在 ls 个与 ii 直接相关的自由度，第二层表示与自由度 ii 间接相关的自由度。本章仅找出与自由度 ii 直接相关的自由度编号。

如图 5.2 所示，在等效刚度矩阵 $\tilde{\boldsymbol{K}}$ 中，记录等效刚度矩阵第 ii 行中非 0 元素所在的列 j，即

$$\tilde{\boldsymbol{K}}_{ij} \neq 0 \quad (j = 1, 2, \cdots, n) \tag{5.44}$$

为减小自由度 ii 上的误差，减小自由度 ii 由于位移修正对与它直接相关自由度的影响，增加基向量 $\boldsymbol{v}_i$

$$\boldsymbol{v}_i = [0, \cdots, 0, 1, 0, \cdots, 0]^{\mathrm{T}} \tag{5.45}$$

其中，单位向量中 1 所在的位置为式 (5.44) 所标记的 j 值。

根据图 5.2 和式 (5.44)，等效刚度矩阵 $\tilde{\boldsymbol{K}}$ 中 ii 行存在 ls 个非 0 元素，增加的基向量为 $\boldsymbol{v}$，

$$\boldsymbol{v} = [\boldsymbol{v}_{ii,1}, \boldsymbol{v}_{ii,2}, \cdots, \boldsymbol{v}_{ii,ls}] \tag{5.46}$$

其中，$\boldsymbol{v}_{ii,k}$ 表示因等效刚度矩阵 $\tilde{\boldsymbol{K}}$ 中 ii 行第 k 个非 0 元素增加的基向量，即

$$\boldsymbol{v}_{ii,k} = [0, \cdots, 0, 1, 0, \cdots, 0]^{\mathrm{T}} \tag{5.47}$$

其中，单位向量中 1 所在的位置为式 (5.44) 标记的第 k 个 j 值。

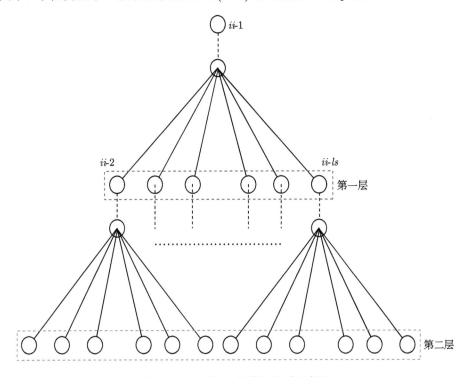

图 5.2 自由度 ii 的连接关系示意图

假设在 $t + \Delta t$ 时间步内，自适应更新后位移 $\boldsymbol{r}'(t + \Delta t)$ 为

$$\boldsymbol{r}'(t + \Delta t) = \boldsymbol{r}(t + \Delta t) + \boldsymbol{v\alpha} \qquad (5.48)$$

其中，$\boldsymbol{\alpha}$ 为自适应系数向量，

$$\boldsymbol{\alpha} = [\alpha_1, \alpha_2, \cdots, \alpha_{ls}]^{\mathrm{T}} \qquad (5.49)$$

为消除与自由度 ii 直接相关自由度的影响，设当前时间步内，令直接相关的自由度位移为 0，则式 (5.48) 变为

$$\boldsymbol{r}'(t + \Delta t) = \boldsymbol{r}^*(t + \Delta t) + \Delta\boldsymbol{r} \qquad (5.50)$$

$$\Delta\boldsymbol{r} = \boldsymbol{v\alpha} + (\boldsymbol{r}(t + \Delta t) - \boldsymbol{r}^*(t + \Delta t)) \qquad (5.51)$$

其中，c 表示在 $t + \Delta t$ 时间步内，全局动态重分析计算的位移 $\boldsymbol{r}(t + \Delta t)$ 在满足式 (5.44) 中 j 位置的位移为 0，即

$$\boldsymbol{r}^*(t + \Delta t) = \boldsymbol{r}(t + \Delta t) \quad (r_j = 0) \qquad (5.52)$$

从式 (5.13) 和式 (5.14) 中，自适应更新后的加速度增量 $\Delta\ddot{\boldsymbol{r}}$ 和速度增量 $\Delta\dot{\boldsymbol{r}}$ 为

$$\Delta\ddot{\boldsymbol{r}} = c_0 \cdot \Delta\boldsymbol{r} \tag{5.53}$$

$$\Delta\dot{\boldsymbol{r}} = c_7 \cdot \Delta\ddot{\boldsymbol{r}} = c_7 c_0 \cdot \Delta\boldsymbol{r} \tag{5.54}$$

则自适应后，更新的误差向量 $\boldsymbol{\delta}$ 为

$$\begin{aligned}
\boldsymbol{\delta} = {}& \boldsymbol{M}(\ddot{\boldsymbol{r}}(t + \Delta t) + \Delta\ddot{\boldsymbol{r}}) + \boldsymbol{C}(\dot{\boldsymbol{r}}(t + \Delta t) + \Delta\dot{\boldsymbol{r}}) \\
& + \boldsymbol{K}(\boldsymbol{r}^*(t + \Delta t) + \Delta\boldsymbol{r}) - \boldsymbol{Q}(t + \Delta t)
\end{aligned} \tag{5.55}$$

定义范值 φ

$$\varphi = \boldsymbol{\delta}^{\mathrm{T}}\boldsymbol{\delta} \tag{5.56}$$

因此，自适应更新的过程转换为最小值求解问题，寻求合适的 α_i，使目标函数值 φ 最小，即

$$\frac{\partial\varphi}{\partial\alpha_i} = 0 \tag{5.57}$$

解得

$$\alpha_i = -\frac{(\boldsymbol{M}\ddot{\boldsymbol{r}}(t+\Delta t) + \boldsymbol{C}\dot{\boldsymbol{r}}(t+\Delta t) + \boldsymbol{K}\boldsymbol{r}(t+\Delta t) - \boldsymbol{Q}(t+\Delta t))^{\mathrm{T}}(c_0\boldsymbol{M} + c_7 c_0\boldsymbol{C} + \boldsymbol{K})\boldsymbol{v}_i}{[(c_0\boldsymbol{M} + c_7 c_0\boldsymbol{C} + \boldsymbol{K})\boldsymbol{v}_i]^{\mathrm{T}}(c_0\boldsymbol{M} + c_7 c_0\boldsymbol{C} + \boldsymbol{K})\boldsymbol{v}_i}$$
$$\tag{5.58}$$

自适应针对当前时间步 $t + \Delta t$，通过增加基向量，减小相关自由度的影响，自动更新缩减系统，对当前时间步位移进行修正。并且自适应过程的主要计算量为矩阵与向量相乘，不涉及矩阵分解和迭代操作，因此，自适应更新速度快，不影响全局动态重分析算法的计算效率。

5.3.5　自适应动态全局近似法的计算流程

综上所述，基于时域的自适应全局动态重分析算法分为如下几个步骤：

(1) 根据式 (5.8)，确定纽马克 β 法的具体参数和系数；

(2) 根据图 5.1 和式 (5.26)，采用拉丁方设计方法选取反映初始结构整个时间域的结构特征的时间序列；

(3) 根据式 (5.28)~式 (5.30)，对已选取的时间序列进行诺伊曼级数展开，表征时间序列附近的局部特征；

(4) 根据式 (5.31)，建立全局缩减模型；

(5) 根据式 (5.38)~式 (5.41)，建立施密特正交化的缩减模型，计算 $t + \Delta t$ 时间步的位移；

(6) 根据式 (5.42)、式 (5.44)、式 (5.48) 和式 (5.58)，判断误差大小，更新 $t + \Delta t$ 时间步的缩减模型，并自适应修正位移 $\boldsymbol{r}(t + \Delta t)$。

因此，基于时域的自适应全局动态重分析算法的具体计算流程如图 5.3 所示。

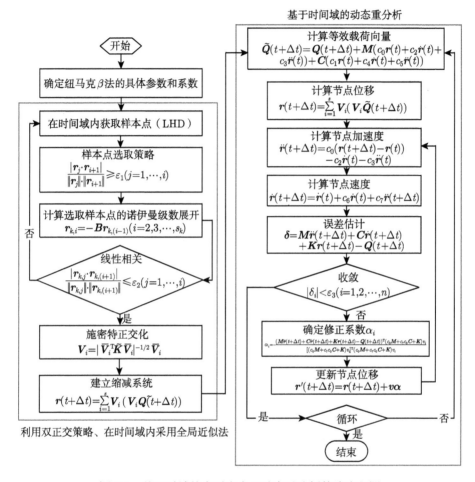

图 5.3 基于时域的自适应全局动态重分析算法流程图

5.3.6 效率分析

在全局布点过程中，采用拉丁方设计方法选取时间序列是独立的选取过程，耗时极短，不影响计算效率；在基向量构造过程中，使用诺伊曼级数对已选取的时间序列进行扩展，表征时间序列附近的局部特征，涉及矩阵与向量相乘、楚列斯基分解矩阵与向量迭代操作，影响重分析的计算效率；在全局缩减模型建立过程中，涉及缩减矩阵求逆、矩阵与向量相乘，缩减模型的维数与重分析的计算效率直接相关；在自适应误差控制过程中，不涉及矩阵分解和迭代操作，由于全局动态重分析算法的计算精度高，仅需要在极少的迭代时间步中使用自适应更新策略。因此，自适应全局动态重分析算法的计算量主要集中于构造基向量与建立全局缩减模型两个过程。而完全分析的主要计算量集中在对等效刚度矩阵的楚列斯基分解和楚列斯基分解矩阵与向量不断迭代。因此，自适应全局动态重分析算法主要从这两方面缩减计算时间：首先，通过全局布点策略，建立基于整个时间求解域的缩减模型，避免对等效刚度矩阵重新分解；第二，建立全局缩减模型，降低矩阵维数，减少迭代计算过程楚列斯基分解矩阵与向量迭代的计算时间。设修改结构自由度为 n，等效刚度矩阵带宽为 m_k，基向量个数为 s 和迭代时间步为 N_s，计算操作数是评估重分析计算效率的有效手段，完全分析与自适应全局动态重分析算法的主要计算操作数如表 5.1 所示。

表 5.1   完全分析与自适应全局动态重分析算法操作数比较

方法	矩阵分解	迭代计算
完全分析	$nm_k^2/2$	$2nm_kN_s$
自适应全局动态重分析	$ns(s+5/2)$	$(2n+2sn)N_s$

为比较两者的具体计算量，假设 $m_k = n^{1/2}$，$N_s = n$，$s = 10$，完全分析和自适应全局动态重分析算法的主要操作数如图 5.4 和图 5.5 所示。

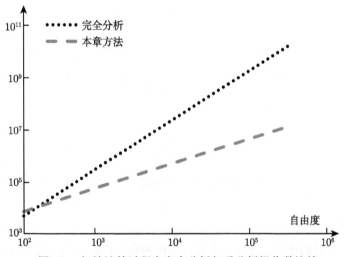

图 5.4   初始计算过程中完全分析与重分析操作数比较

由表 5.1 和图 5.4 可知，在初始结算过程中，随着结构自由度不断增加，虽然完全分析和自适应全局动态重分析算法的计算操作数均不断增加，但完全分析的增幅明显远大于自适应全局动态重分析算法。当自由度大于 10^5 时，完全分析的计算操作量约为自适应全局动态重分析算法的 100 倍。由表 5.1 和图 5.5 可知，在迭代计算过程中，当自由度大于 10^5 时，自适应全局动态重分析算法的操作量仅为完全分析的 1/10，并且随着自由度越大，计算效率越高。因此，自适应全局动态重分析算法在初始计算和迭代计算过程中，计算操作量都小于完全分析。

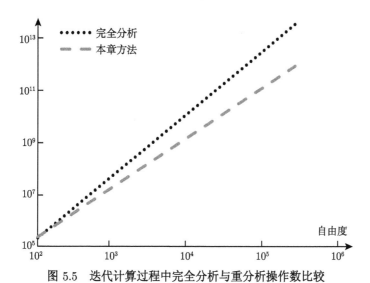

图 5.5　迭代计算过程中完全分析与重分析操作数比较

5.4　数 值 算 例

本节将给出三个数值算例，验证自适应全局近似法的有效性。为了验证重分析算法在动态问题中的可行性，假设结构阻尼系数为 0，即 $C = 0$。同时，采用相对误差作为重分析的计算精度的表征。

$$\eta = \frac{|r_{\mathrm{app}} - r_{\mathrm{exact}}|}{|r_{\mathrm{exact}}|} \times 100\% \tag{5.59}$$

其中，r_{app} 表示本章提出的方法的计算结果；r_{exact} 表示完全分析的计算结果；η 表示相对误差。

5.4.1　10 杆结构

如图 5.6 所示为 10 杆桁架结构。节点 5 和 6 施加固定约束边界条件，节点 1 和 2 的垂直方向施加动态载荷 Q_1 和 Q_2，如式 (5.60)，8 个待求未知量分别为节点 1、2、3、4 的竖直位移和水平位移。各杆材料的弹性模量均为 5.0×10^9MPa，各杆密度均为 0.75g/mm^3，各杆横截面面积均为 1.0mm^2。假设该结构的设计变量 X 为各杆的横截面面积。设各节点初始位移和速度分别为 $r = 0, \dot{r} = 0$，时间步长为 $\Delta t = 4.5 \times 10^{-5}$s，为了保证纽马克 β 法的无条件稳定，β 和 γ 为 $\beta = 0.25$，$\gamma = 0.5$。

$$\begin{cases} Q_1 = -1000\mathrm{N} & (t \leqslant 0.6\mathrm{s}) \\ Q_2 = -1000\mathrm{N} & (t \leqslant 0.6\mathrm{s}) \end{cases} \tag{5.60}$$

当结构发生改变后，设计变量 X 为

$$\boldsymbol{X}^{\mathrm{T}} = \{1.15, 0.95, 1.18, 0.97, 0.85, 0.90, 1.10, 1.17, 1.06, 0.91\} \tag{5.61}$$

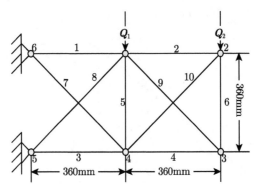

图 5.6　10 杆桁架结构

10 杆结构各杆的横截面面积均发生了改变，其中第三杆的横截面面积的变化率达到了 18%。自适应全局动态重分析算法仅选取两个初始时间序列，并分别对两个时间序列进行三阶诺伊曼级数扩展，自适应误差修正系数 $\varepsilon_3 = 0.025$，未进行误差修正，节点 3 的垂直位移运动轨迹如图 5.7 所示。

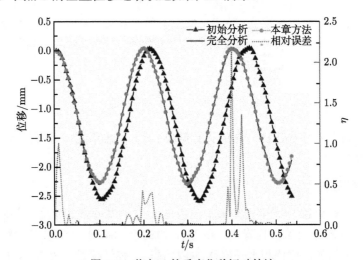

图 5.7　节点 3 的垂直位移运动轨迹

如图 5.7 所示，虽然修改结构的运动轨迹与初始结构的运动轨迹存在较大的差别，但是在迭代步达到一万步时，自适应全局动态重分析算法的运动轨迹始终保持和完全分析的运动轨迹一致，并且相对误差比较大的区域主要分布于当前时刻该自由度的位移响应值较小，对当前时刻自由度位移响应较大的点，相对误差小于 0.05%。结果表明：全局动态重分析算法计算精度高，能准确描述修改结构的运动轨迹。

5.4.2 悬臂梁

如图 5.8 所示为悬臂梁结构, 悬臂梁左端固支, 右端施加如式 (5.62) 所示的动态载荷, 悬臂梁的弹性模量 $E = 1.5 \times 10^6 \mathrm{GPa}$, 泊松比 $\nu_0 = 0.2$, 密度 $\rho_0 = 0.4122 \mathrm{g/mm^3}$, 将悬臂梁进行有限元网格划分, 划分为 20 个四边形单元, 包含 105 个节点, 210 个自由度。设时间步长 $\Delta t = 4.5 \times 10^{-5} \mathrm{s}$, 节点初始位移 $r = 0$ 和初始速度为 $\dot{r} = 0$。为保证纽马克 β 法的无条件稳定, $\beta = 0.25$, $\gamma = 0.5$。设设计变量为悬臂梁的弹性模量 E、密度 ρ 和泊松比 ν, 当悬臂梁材料变更后, 相应的弹性模量、密度和泊松比分别为 $E = 1.75 \times 10^6 \mathrm{GPa}$, $\rho = 0.4537$ 和 $\nu = 0.3$。

$$Q = -100 \mathrm{N} \quad (t \leqslant 0.6 \mathrm{s}) \tag{5.62}$$

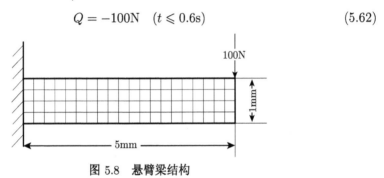

图 5.8 悬臂梁结构

悬臂梁的材料参数变化率分别为 16.7%、10.1% 和 50%, 结构参数变化大。采用自适应全局动态重分析算法, 并基于拉丁方实验设计方法, 选取第 6132、1838 和 9180 三个初始时间序列的位移向量近似描述初始结构的位移特征, 并分别进行 1 阶、3 阶和 3 阶诺伊曼级数展开, 共计 7 个基向量构建修改结构的缩减模型。自适应误差修正系数 $\varepsilon_3 = 0.025$, 悬臂梁水平和垂直方向振幅最大自由度的运动轨迹分别如图 5.9 和图 5.10 所示。

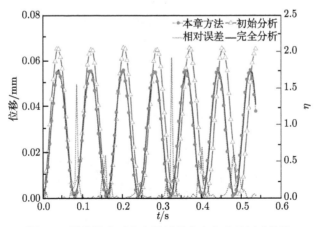

图 5.9 悬臂梁水平方向振幅最大自由度的运动轨迹

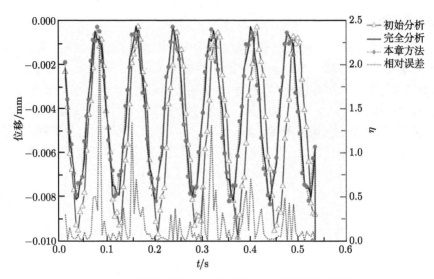

图 5.10　悬臂梁垂直方向振幅最大自由度的运动轨迹

如图 5.9 和图 5.10 所示, 自适应全局动态重分析算法与完全分析计算的运动轨迹基本保持一致, 相对误差比较大的区域同样主要分布于当前时刻该自由度的位移响应值较小, 对当前时刻自由度位移响应较大的点, 相对误差小于 0.08%, 并且相对误差并不随着迭代步的增加而增加, 因此累积误差并没有明显增加的趋势, 结果表明, 全局动态重分析算法能准确稳定地求取修改结构的运动轨迹。

5.4.3　塔架结构

如图 5.11 所示为 25 杆输电塔结构, 对输电塔下端进行固定, 上端施加如式 (5.63) 所示的动态载荷, 各杆的弹性模量 E 均为 $5.0 \times 10^9 \text{MPa}$, 各杆密度 ρ 均为 0.751g/mm^3, 各杆横截面面积 S 均为 1.0mm^2, 该结构包括 25 根空间杆单元, 涉及 30 个自由度, 假设设计变量 X 为各杆件横截面面积, 总共有 7 个设计变量, 各个变量包含的杆单元如表 5.2 所示。在纽马克 β 法中, 设时间步长 $\Delta t = 1.5 \times 10^{-5} \text{s}$, 节点初始位移 $r = 0$ 和初始速度 $\dot{r} = 0$, 为保证纽马克 β 法的无条件稳定, $\beta = 0.25$, $\gamma = 0.5$。

$$\begin{cases} Q_1 = 10000 \text{N} & (t \leqslant 0.18 \text{s}) \\ Q_2 = -5000 \text{N} & (t \leqslant 0.18 \text{s}) \\ Q_3 = 10000 \text{N} & (t \leqslant 0.18 \text{s}) \\ Q_4 = -5000 \text{N} & (t \leqslant 0.18 \text{s}) \\ Q_5 = 1000 \text{N} & (t \leqslant 0.18 \text{s}) \\ Q_6 = 500 \text{N} & (t \leqslant 0.18 \text{s}) \\ Q_7 = 500 \text{N} & (t \leqslant 0.18 \text{s}) \end{cases} \tag{5.63}$$

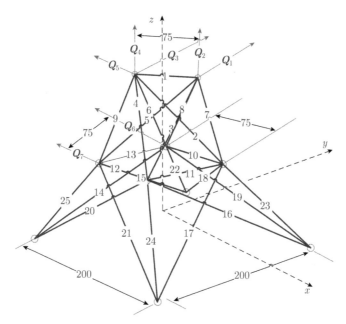

图 5.11 25 杆输电塔结构 (单位: mm)

表 5.2 25 杆输电塔结构的设计变量

设计变量	1	2	3	4	5	6	7
单元	1	2~5	6~9	10~13	14~17	18~21	22~25

当结构发生改变后, 设计变量 X 为

$$X = \{1.0, 0.3, 1.25, 0.45, 0.9, 1.118, 1.4\}^{\mathrm{T}} \tag{5.64}$$

25 杆输电塔结构 24 根杆的横截面面积发生了改变, 其中第 2~5 杆的横截面面积改变大, 变化率达到了 70%。运用拉丁方实验设计方法, 在初始时间域分别选取第 1904、8421、9942、2951 和 3114 步时间序列的位移向量描述初始结构的位移特征, 分别对 5 个时间序列进行 2 阶、1 阶、2 阶、2 阶和 2 阶诺伊曼级数扩展, 共计生成 9 个基向量, 建立全局缩减模型。自适应误差修正系数 $\varepsilon_3 = 0.01$, 随机选取第 4 和第 5 个自由度的运动轨迹, 如图 5.12 和图 5.13 所示。

由图 5.12 和图 5.13 得, 未自适应的全局动态重分析算法随着迭代步的不断增加, 累积误差不断增大, 大约在第 4000 个迭代步, 振幅的幅值与完全分析已经不处于同一时间步, 并且幅值大小不相等, 而经过自适应误差修正的全局动态重分析算法, 在前 10000 个迭代步, 运动轨迹基本与完全分析一致, 不管是幅值的大小, 还是幅值出现的时间步, 都基本相同, 相对误差也基本在 0~0.2% 的范围内跳动, 但当迭代时间步超过 10000 步时, 累积误差有增大的趋势, 因此, 随着时间步不断增加、问题规模不断增大、结构越来越复杂，高精度的快速重分析算法仍是今后需要面对的挑战。

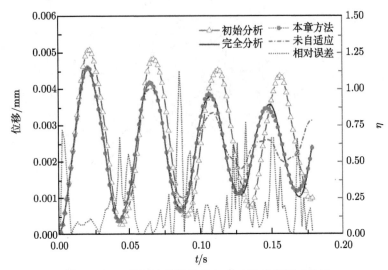

图 5.12　25 杆输电塔结构第 4 个自由度的运动轨迹

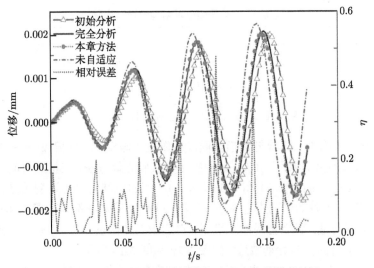

图 5.13　25 杆输电塔结构第 5 个自由度的运动轨迹

5.5　小　　结

本章提出了基于纽马克 β 法的有效的动态重分析方法，详细介绍了自适应全局动态重分析算法的计算原理和具体流程。算法针对传统重分析算法需要在迭代步中不断更新缩减系统的弊端，利用拉丁方实验设计方法，在初始结构的整个时间域内，选取多个时间序列，构造尽可能反映初始结构特征的位移向量；结合诺伊曼级数，对选取的时间序列按照一定方式重新组合，重构缩减系统，避免了不断更新缩减载荷向量和缩减刚度矩阵；针对迭代计算过程中，累积误差不断增大的瓶颈，提出了自适应修正策略，对当前时间步，通过误差项误差大小的判断，构造新的基向量，对位移进行修正，减小当前时间步内误差，解决了累积误差不断增大的困难。数值结果表明，当设计变量改变较大时，该算法都能准确得到与完全分析基本一致的运动轨迹，证明了该算法是一种可行的动态快速重分析计算方法，丰富了重分析在动态领域的快速求解体系。但是随着计算规模不断增大、结构越来越复杂，高精度的快速重分析算法仍是今后需要面对的挑战。

参 考 文 献

[1] Newmark N M. A method of computation for structural dynamics [J]. Journal of the Engineering Mechanics Division, 1959, 85(1):67-94.

[2] Stein M. Large sample properties of simulations using Latin hypercube sampling [J]. Technometrics, 1987, 29(2): 143-151.

[3] Björck Å. Numerics of gram-schmidt orthogonalization [J]. Linear Algebra and its Applications, 1994, 197: 297-316.

第6章 几何非线性重分析方法

在线弹性问题中，物体发生的变形远小于自身几何尺寸，建立的平衡条件不考虑物体的位置和形状的改变，目前主流的重分析方法主要针对这类问题进行快速求解。然而在实际工程设计中，很多问题并不符合小变形假设，如板壳的大挠度问题、柔性机械手臂等。虽然理论上重分析方法可以对非线性大变形问题进行求解[1]，但由于误差累积等瓶颈，目前还难以将重分析方法应用于工程中的复杂问题。因此，本章着眼于重分析方法在几何非线性问题的应用。

随着有限元法的快速发展，非线性问题的有限元分析日臻完善。应用有限元方法求解几何非线性问题一般可以表示为

$$\boldsymbol{\Psi}(\boldsymbol{\alpha}) = \boldsymbol{f} - \boldsymbol{P}(\boldsymbol{\alpha}) = 0 \tag{6.1}$$

其中，$\boldsymbol{\alpha}$ 是一组离散化的参数；$\boldsymbol{f}$ 是独立于参数的矢量；在线性问题中 $\boldsymbol{P}$ 是独立于 $\boldsymbol{\alpha}$ 的常数矩阵，在非线性问题中，$\boldsymbol{P}$ 是依赖于参数的矢量。常用非线性有限元解法有增量法、迭代法、增量迭代法和弧长法。各个解法均是将非线性问题转换为线性问题，需要对线性方程组进行多次求解。随着计算规模的不断增大、结构复杂程度的提升，几何非线性求解的计算效率也不断下降。为了缩短几何非线性的计算时间，有必要采取重分析技术，根据各个线性方程组之间的变化量，运用有效的重分析算法，减少迭代步以及加载过程中的计算时间。然而，在非线性有限元计算过程中，需要根据前一步的计算结果，计算当前步的力学响应，且当前步与前一步的刚度矩阵改变量通常为满秩改变。显然，直接法的计算效率难以满足几何非线性重分析的要求[2]；近似法容易发生误差累积现象，从而导致结构本身的力学响应的误差[3]。因此，如何在提高几何非线性重分析的计算效率的同时，又提高重分析算法的计算精度，避免误差累积，是非线性重分析研究中最为关键的问题。

围绕这一问题，本章从以下几个方面对针对几何非线性问题的重分析方法进行阐述：简单介绍了求解非线性问题常用的迭代增量法，并指出重分析方法在迭代增量法中的应用模式，即同样将非线性问题转化为线性迭代问题；针对线性迭代求解问题中出现的问题，提出了混合静态重分析求解方法，详细介绍了该方法的理论与求解策略；通过简单的算例，验证了该方法在静态问题中的准确性；随后介绍了混合求解的策略在几何非线性求解过程中的应用，并针对误差提出了自适应策略，即自动更新初始解；最后通过圆柱壳和车顶盖的数值算例，验证了自适应混合重分析求解方法的准确性与高效性。

6.1 问 题 描 述

在非线性有限元中,通常采用增量迭代法对非线性响应进行求解,增量迭代法又称为牛顿–拉弗森 (Newton-Raphson, NR) 法[4],是最为常用的非线性方程组的解法。设方程第 n 次解为 $\boldsymbol{\alpha}_n$,通常式 (6.1) 不能精确满足,即

$$\boldsymbol{\Psi}(\boldsymbol{\alpha}_n) \neq \boldsymbol{0} \tag{6.2}$$

为了提高解的精度,可将 $\boldsymbol{\Psi}(\boldsymbol{\alpha}_{n+1})$ 表示成在 $\boldsymbol{\alpha}_n$ 附近的仅保留线性项的泰勒展开式,即

$$\boldsymbol{\Psi}(\boldsymbol{\alpha}_{n+1}) = \boldsymbol{\Psi}(\boldsymbol{\alpha}_n) + \left(\frac{\mathrm{d}\boldsymbol{\Psi}}{\mathrm{d}\boldsymbol{\alpha}}\right)_n \Delta\boldsymbol{\alpha}_n \tag{6.3}$$

式中

$$\boldsymbol{\alpha}_{n+1} = \boldsymbol{\alpha}_n + \Delta\boldsymbol{\alpha}_n \tag{6.4}$$

设切线刚度矩阵 $\boldsymbol{K}_\mathrm{T}$ 为

$$\boldsymbol{K}_\mathrm{T}(\boldsymbol{\alpha}_n) = \frac{\mathrm{d}\boldsymbol{\Psi}}{\mathrm{d}\boldsymbol{\alpha}} = \frac{\mathrm{d}\boldsymbol{P}}{\mathrm{d}\boldsymbol{\alpha}} \tag{6.5}$$

因此,增量 $\Delta\boldsymbol{\alpha}_n$ 为

$$\Delta\boldsymbol{\alpha}_n = -\boldsymbol{K}_\mathrm{T}(\boldsymbol{\alpha}_n)^{-1}\boldsymbol{\Psi}(\boldsymbol{\alpha}_n) \tag{6.6}$$

由于式 (6.3) 仅为泰勒展开的线性项,$\boldsymbol{\alpha}_{n+1}$ 仍然为近似解,需不断重复上述迭代过程,直到满足收敛要求。因此,增量迭代法从已知解出发,不断迭代求解,获得准确的结构响应,如图 6.1 所示。

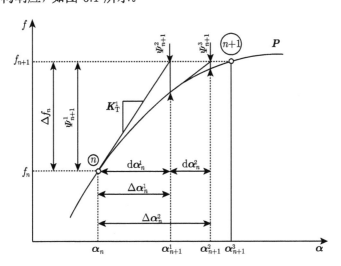

图 6.1　增量迭代法求解过程

　　求解过程中，每一个载荷步计算过程如图 6.1 所示，通过反复迭代使内、外力达到平衡，在每一个加载和迭代平衡计算过程中，均是一个线性方程组求解的问题。因此，增量迭代法将非线性问题转化为线性迭代求解问题，增量迭代法的具体计算流程步骤如图 6.2 所示。

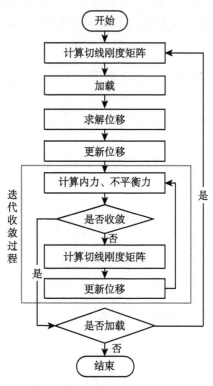

图 6.2　增量迭代法的流程图

　　如图 6.2 所示，在加载过程和迭代过程中，均需要根据上一步的力学响应，组装切线刚度矩阵，针对载荷增量或者不平衡力，解线性方程组，求出位移增量，反复求解线性方程组必将花费成倍的计算时间，为了缩短非线性计算时间，采用重分析技术，节省线性方程组的求解时间，加快整个计算过程的求解速度。因此，几何非线性计算过程中采用重分析技术有如下优势：

　　(1) 线性方程组求解次数多，结合重分析算法，计算效率将会有明显的提升；

　　(2) 当前步的线性方程组均是依据前一步力学响应计算得到，亦即，当前步的切线刚度矩阵是在前一步的基础上进行改变的，即保证了当前步与前一步能够建立一种一一对应的关系。

　　但是，几何非线性计算过程中采用重分析技术仍存在诸多瓶颈：

　　(1) 当前步的切线刚度矩阵较前一步的切线刚度矩阵，属于满秩改变，刚度矩阵改变量大, 而现有的直接法在求解满秩改变时, 计算效率低, 近似法在求解刚度矩阵改变量大的问题时, 计算精度难以保证;

(2) 当前步的计算结果与前一步的计算结果直接相关, 近似结果容易造成误差累积现象, 导致重分析求解的非线性响应偏离真实响应。

综上所述, 求解非线性问题, 是对结构反复考虑结构变形、反复计算的迭代过程。而每次对变形后的结构进行完全分析的计算成本都很高, 尤其对于大型复杂结构。因此, 为了减少计算成本, 以不直接求解结构变形后的方程, 而根据参考构型的计算结果, 研究高效、高精度的重分析方法变得异常重要。本章尝试将 CA 法高效性的计算优势与直接法的高精度的计算特点相结合, 提出了基于 CA 法和直接法的静态重分析计算算法, 同时根据变形梯度判断准则、效率判定准则和自适应误差修正准则, 构建完全分析、CA 法和基于 CA 法和直接法的重分析算法三种混合求解策略, 节省整个几何非线性求解过程中的计算时间。

6.2 直接和组合近似混合模式下的静态重分析计算算法

由于直接法计算精度高, 但随着矩阵改变量增大, 计算效率大幅度下降, 因此, 对于满秩改变的刚度矩阵, 直接法并不适用[1]。而 CA 法对于结构幅度适中的变化, 计算速度快, 精度高; 但随着结构改变量增大, 难以保证基向量收敛, 进而导致计算结果精度下降。为此, 本节针对结构改变幅度较大的情况, 结合直接法与 CA 法, 理论上证明了直接法和 CA 法都可以表示为多个向量线性组合的基本形式。并以此为基础, 提出了基于直接法与 CA 法的混合缩减模型, 并通过对结构改变幅度大小的判断, 将结构划分为两部分, 分别用 CA 法和直接法进行计算, 大幅度提高了重分析的计算精度, 同时保证了求解效率。

6.2.1 直接法

设修改结构为 n 维系统, 静态平衡方程为

$$\boldsymbol{K}\boldsymbol{r} = \boldsymbol{F} \tag{6.7}$$

与初始结构相比, 刚度矩阵 $\boldsymbol{K}$ 为

$$\boldsymbol{K} = \boldsymbol{K}_0 + \Delta\boldsymbol{K} \tag{6.8}$$

其中, $\boldsymbol{K}_0$ 为初始刚度矩阵; $\Delta\boldsymbol{K}$ 为刚度矩阵改变量。当刚度矩阵的改变量为 1 阶变化时, $\Delta\boldsymbol{K}$ 可表示为

$$\Delta\boldsymbol{K} = \eta\boldsymbol{v}\boldsymbol{v}^{\mathrm{T}} \tag{6.9}$$

其中, $\boldsymbol{v}$ 为 n 维向量; η 为常数。

根据 SM 公式[5]，修改刚度矩阵的逆矩阵为

$$(\boldsymbol{K}_0 + \Delta \boldsymbol{K})^{-1} = \boldsymbol{K}_0^{-1} - \frac{\eta \boldsymbol{K}_0^{-1} \boldsymbol{v} \boldsymbol{v}^{\mathrm{T}}}{1 + \eta \boldsymbol{v}^{\mathrm{T}} \boldsymbol{K}_0^{-1} \boldsymbol{v}} \boldsymbol{K}_0^{-1} \tag{6.10}$$

对式 (6.10) 两边同时乘以载荷向量 $\boldsymbol{F}$，则更新的位移向量 $\boldsymbol{r}$ 为

$$\boldsymbol{r} = \boldsymbol{r}_0 - \frac{\eta \boldsymbol{K}_0^{-1} \boldsymbol{v} \boldsymbol{v}^{\mathrm{T}}}{1 + \eta \boldsymbol{v}^{\mathrm{T}} \boldsymbol{K}_0^{-1} \boldsymbol{v}} \boldsymbol{r}_0 \tag{6.11}$$

令

$$\boldsymbol{K}_0 \boldsymbol{u}_1 = \boldsymbol{v} \tag{6.12}$$

则更新的位移向量 $\boldsymbol{r}$ 为

$$\boldsymbol{r} = \boldsymbol{r}_0 - \frac{\eta \boldsymbol{v}^{\mathrm{T}} \boldsymbol{r}_0}{1 + \eta \boldsymbol{v}^{\mathrm{T}} \boldsymbol{u}_1} \boldsymbol{u}_1 \tag{6.13}$$

设

$$\alpha_1 = \frac{\eta \boldsymbol{v}^{\mathrm{T}} \boldsymbol{r}_0}{1 + \eta \boldsymbol{v}^{\mathrm{T}} \boldsymbol{u}_1} \tag{6.14}$$

则更新的位移向量 $\boldsymbol{r}$ 可以表示为

$$\boldsymbol{r} = \boldsymbol{r}_0 - \alpha_1 \boldsymbol{u}_1 \tag{6.15}$$

因此，当刚度矩阵的改变量为一阶变化时，根据 SM 公式求出的位移向量 $\boldsymbol{r}$ 为精确解。当刚度矩阵的改变量为 m 阶变化时，$\Delta \boldsymbol{K}$ 可以表示为

$$\Delta \boldsymbol{K} = \boldsymbol{W} \boldsymbol{W}_1^{\mathrm{T}} \tag{6.16}$$

其中，$\boldsymbol{W}$ 为 $n \times m$ 维矩阵。

根据 SM 公式，修改刚度矩阵 $\boldsymbol{K}$ 的逆矩阵为

$$(\boldsymbol{K}_0 + \Delta \boldsymbol{K})^{-1} = \boldsymbol{K}_0^{-1} - \boldsymbol{K}_0^{-1} \boldsymbol{W} (\boldsymbol{I} + \boldsymbol{W}_1^{\mathrm{T}} \boldsymbol{K}_0^{-1} \boldsymbol{W})^{-1} \boldsymbol{W}_1^{\mathrm{T}} \boldsymbol{K}_0^{-1} \tag{6.17}$$

对式 (6.17) 两边同时乘以载荷向量 $\boldsymbol{R}$，则

$$\boldsymbol{r} = \boldsymbol{r}_0 - \boldsymbol{K}_0^{-1} \boldsymbol{W} (\boldsymbol{I} + \boldsymbol{W}_1^{\mathrm{T}} \boldsymbol{K}_0^{-1} \boldsymbol{W})^{-1} \boldsymbol{W}_1^{\mathrm{T}} \boldsymbol{r}_0 \tag{6.18}$$

假设

$$\boldsymbol{K}_0^{-1} \boldsymbol{U} = \boldsymbol{W} \tag{6.19}$$

则更新的位移向量 $\boldsymbol{r}$ 为

$$\boldsymbol{r} = \boldsymbol{r}_0 - \boldsymbol{U} (\boldsymbol{I} + \boldsymbol{W}_1^{\mathrm{T}} \boldsymbol{U})^{-1} \boldsymbol{W}_1^{\mathrm{T}} \boldsymbol{r}_0 \tag{6.20}$$

设

$$\boldsymbol{C} = \boldsymbol{I} + \boldsymbol{W}_1^{\mathrm{T}} \boldsymbol{U} \tag{6.21}$$

则更新的位移向量 $\boldsymbol{r}$ 变为

$$\boldsymbol{r} = \boldsymbol{r}_0 - \boldsymbol{C}^{-1} \boldsymbol{W}_1^{\mathrm{T}} \boldsymbol{r}_0 \boldsymbol{U} = \boldsymbol{r}_0 - \boldsymbol{\beta} \boldsymbol{U} \tag{6.22}$$

其中, $\boldsymbol{\beta}$ 为待求系数向量,

$$\boldsymbol{C}\boldsymbol{\beta} = \boldsymbol{W}_1^{\mathrm{T}} \boldsymbol{r}_0 \tag{6.23}$$

$$\boldsymbol{\beta} = [\beta_1, \beta_2, \cdots, \beta_{m1}] \tag{6.24}$$

因此, 更新的位移向量 $\boldsymbol{r}$ 为

$$\boldsymbol{r} = \boldsymbol{r}_0 - \beta_1 \boldsymbol{u}_1 - \beta_2 \boldsymbol{u}_2 - \cdots - \beta_m \boldsymbol{u}_m \tag{6.25}$$

综上所述, 根据直接法的计算原理, 更新后的位移向量无精度损失, 并且针对矩阵的高阶改变, 当矩阵的改变量可以叠加形式进行计算时, 更新后的位移可表示为多个向量的线性组合形式。

6.2.2 组合近似法

根据修改结构的平衡方程, 修改刚度矩阵 $\boldsymbol{K}$ 又可表示为

$$\boldsymbol{K} = \boldsymbol{K}_0 + \Delta \boldsymbol{K} = \boldsymbol{K}_0 (\boldsymbol{I} + \boldsymbol{K}_0^{-1} \Delta \boldsymbol{K}) \tag{6.26}$$

则修改刚度矩阵的逆矩阵 $\boldsymbol{K}^{-1}$ 可表示为

$$\boldsymbol{K}^{-1} = \boldsymbol{K}_0 + \Delta \boldsymbol{K} = (\boldsymbol{I} + \boldsymbol{K}_0^{-1} \Delta \boldsymbol{K})^{-1} \boldsymbol{K}_0^{-1} \tag{6.27}$$

根据 SMW 公式, 逆矩阵展开为

$$\boldsymbol{K}^{-1} = \boldsymbol{K}_0^{-1} - \boldsymbol{K}_0^{-1} (\boldsymbol{I} + \Delta \boldsymbol{K} \boldsymbol{K}_0^{-1}) \Delta \boldsymbol{K} \boldsymbol{K}_0^{-1} \tag{6.28}$$

迭代循环使用 SMW 公式, 并对式 (6.28) 两边同时乘以载荷向量 $\boldsymbol{F}$, 更新位移向量 $\boldsymbol{r}$ 为

$$\boldsymbol{r} = \boldsymbol{r}_0 - \boldsymbol{K}_0^{-1} \Delta \boldsymbol{K} \boldsymbol{r}_0 + (\boldsymbol{K}_0^{-1} \Delta \boldsymbol{K})^2 \boldsymbol{r}_0 - (\boldsymbol{K}_0^{-1} \Delta \boldsymbol{K})^3 \boldsymbol{r}_0 + \cdots \tag{6.29}$$

因此, 更新后的位移向量为初始解 $\boldsymbol{r}_0$ 处的二项式级数展开形式, 为了提高二项式级数展开的计算效率, CA 法结合缩减基法降维的特点, 假设更新后的位移向量为前 s 阶级数的线性组合形式, 即选取前 s 项线性组合到一起, 为

$$\boldsymbol{r} = y_0 \boldsymbol{r}_0 - y_1 \boldsymbol{K}_0^{-1} \Delta \boldsymbol{K} \boldsymbol{r}_0 + \cdots + (-1)^i y_i (\boldsymbol{K}_0^{-1} \Delta \boldsymbol{K})^i \boldsymbol{r}_0 + \cdots + (-1)^s y_s (\boldsymbol{K}_0^{-1} \Delta \boldsymbol{K})^s \boldsymbol{r}_0 \tag{6.30}$$

所以, 更新的位移向量 r 为

$$r = y_1 r_1 + y_2 r_2 + \cdots + y_s r_s = r_B y \tag{6.31}$$

式中, r_B 为基向量矩阵; y 为待求系数向量。

$$\begin{cases} r_B = [r_1, r_2, \cdots, r_s] \\ y = [y_1, y_2, \cdots, y_s]^T \\ r_i = -K_0^{-1} \Delta K r_{i-1} \end{cases} \tag{6.32}$$

亦即, 在 CA 法中, 基向量的构造过程为迭代计算过程

$$K r_i = -\Delta K r_{i-1} \tag{6.33}$$

假设当刚度矩阵的改变量为 1 阶变化时, ΔK 如式 (6.9) 所示。当 CA 法采用两个基向量时, 更新的位移向量 r 为

$$r = y_1 r_0 - y_2 K_0^{-1} \eta v v^T r_0 \tag{6.34}$$

其中, y_1 和 y_2 为待求系数。

假设载荷不变, 代入修改结构的平衡方程, 得

$$y_1 F - y_2 \eta v v^T r_0 + y_1 \eta v v^T r_0 - y_2 \eta^2 v v^T K_0^{-1} v v^T r_0 = F \tag{6.35}$$

使方程两边同时成立, 即

$$\begin{cases} y_1 F = F \\ y_1 \eta v v^T r_0 = y_2 \eta v v^T r_0 + y_2 \eta^2 v v^T K_0^{-1} v v^T r_0 \end{cases} \tag{6.36}$$

解方程组, 得

$$\begin{cases} y_1 = 1 \\ y_2 = \dfrac{1}{1 + \eta v^T u_1} \end{cases} \tag{6.37}$$

其中

$$K_0 u_1 = v \tag{6.38}$$

因此, CA 法求得的 y_1 和 y_2 与直接法计算的系数相等, 在刚度矩阵为一阶变化时, CA 法得到的解与直接法得到的解完全相等。

当刚度矩阵的改变量为 m 阶时, 式 (6.33) 变为 m 个一阶变化的叠加形式, 即

$$K r_i = -(\Delta K_1 + \Delta K_2 + \cdots + \Delta K_m) r_{i-1} \tag{6.39}$$

因此，CA 法采用 $m+1$ 个基向量计算得到精确解，即

$$r = r_0 - y_1 K_0^{-1} \Delta K_1 r_0 - y_2 K_0^{-1} \Delta K_2 r_0 - \cdots - y_m K_0^{-1} \Delta K_m r_0 \tag{6.40}$$

综上所述，根据式 (6.19) 和式 (6.39)，从理论上证明了两种方法的刚度矩阵高阶变化可以转换为低阶变化的叠加形式，同时根据式 (6.25) 和式 (6.40)，直接法和 CA 法得到的修改位移都具有相同的求解模式，均为多个基向量的线性组合形式。

6.2.3 基于直接法和组合近似法静态重分析计算方法

在结构变化幅度适中时，对于结构的多处修改，CA 法一般能收敛到较为精确的解。但是当修改变化较大时，CA 法的求解精度降低，甚至会出现不收敛的情况，造成求解的不稳定。而直接法在结构修改部分占总体部分较小时，能快速求得更新后的精确位移响应。但是，当改变部分增大时，直接法的计算效率会急剧下降，计算时间甚至有可能超过完全分析。因此，针对这一特点，本章分别利用 CA 法在结构修改部分占总体部分较大时的高精度计算优势；同时利用直接法对于结构局部变化量无论大小，仍能求得精确解的计算特点，将二者相结合，建立了混合的重分析计算方法。该方法的计算策略是充分利用直接法求解结构局部修改变化量较大的部分，保证计算精度；同时利用 CA 法求解结构变化量较小的部分，加快重分析求解速度，力争快速准确地估计结构修改后的响应。

当结构发生修改时，修改刚度矩阵 K 表示为

$$K = K_0 + \sum_{i=1}^{q} \Delta K_i \tag{6.41}$$

其中，q 表示 q 个单元的刚度矩阵发生了变化；ΔK_i 为第 i 个单元的改变量，则根据式 (6.19) 和式 (6.39)，ΔK 可表示为 ΔK_i 的叠加形式，即

$$\Delta K = \sum_{i=1}^{q} \Delta K_i \tag{6.42}$$

根据式 (6.43) 对各个单元的变化量进行判断，

$$\frac{\Delta K_{ii,jj}^i}{K_{ii,jj}^i} = \varepsilon_{ii,jj} \quad (ii = 1, 2, \cdots, ldof; jj = 1, 2, \cdots, ldof) \tag{6.43}$$

其中，$\Delta K_{ii,jj}^i$ 表示第 i 个单元中第 (ii, jj) 个元素的改变量；$K_{ii,jj}^i$ 表示第 i 个单元中第 (ii, jj) 个元素的值；$ldof$ 为第 i 个单元有 $ldof$ 个自由度。对第 i 个单元，当满足式 (6.44) 时，表明第 i 个单元结构修改较大，对第 i 个单元引起的刚度矩阵

变化, 采取直接法求解; 当不满足式 (6.44) 时, 表明第 i 个单元结构改变较小, 此时, 对第 i 个单元引起的结构修改, 采取 CA 法求解。

$$\varepsilon_{ii,jj} > \varepsilon_0 \quad (ii = 1, 2, \cdots, ldof; jj = 1, 2, \cdots, ldof) \tag{6.44}$$

其中, ε_0 为预先设定常数, 通常 $\varepsilon_0 = 1.0$, 并且随着 ε_0 的减小, 计算精度提高。

根据式 (6.43) 和式 (6.44), 将刚度矩阵的改变量分为两个部分, 则修改刚度矩阵 $\boldsymbol{K}$ 为

$$\boldsymbol{K} = \boldsymbol{K}_0 + \underbrace{\sum_{i=1}^{d} \Delta \boldsymbol{K}_i}_{\text{直接法}} + \underbrace{\sum_{i=1}^{q-d} \Delta \boldsymbol{K}_i}_{\text{CA法}} \tag{6.45}$$

其中, d 表示满足式 (6.44) 单元刚度矩阵的改变量的个数, 当 $d = 0$ 时, 该方法退化为 CA 法, 当 $d = q$ 时, 该方法为直接法。

因此, 针对 CA 法求解部分, 设存在渐进结构, 渐进结构的刚度矩阵 $\boldsymbol{K}_m$ 是初始刚度矩阵与不满足式 (6.44) 的单元之和, 即

$$\boldsymbol{K}_m = \boldsymbol{K}_0 + \sum_{i=1}^{q-d} \Delta \boldsymbol{K}_i \tag{6.46}$$

与初始结构相比, 渐进结构刚度矩阵的改变量 $\Delta \boldsymbol{K}_{\text{CA}}$ 为

$$\Delta \boldsymbol{K}_{\text{CA}} = \sum_{i=1}^{q-d} \Delta \boldsymbol{K}_i \tag{6.47}$$

根据 CA 法, 生成基向量 $\boldsymbol{r}_1$, $\boldsymbol{r}_2$, $\cdots$, $\boldsymbol{r}_s$

$$\begin{cases} \boldsymbol{r}_1 = \boldsymbol{K}_0^{-1} \boldsymbol{R} \\ \boldsymbol{r}_i = -\boldsymbol{B} \boldsymbol{r}_{i-1} \end{cases} \quad (i = 2, \cdots, s) \tag{6.48}$$

其中

$$\boldsymbol{B} = \boldsymbol{K}_0^{-1} \Delta \boldsymbol{K}_{\text{CA}} \tag{6.49}$$

通常, 基向量 $\boldsymbol{r}_i$ 如果满足式 (6.50), 将不再产生新的基向量。

$$\frac{\boldsymbol{r}_i^{\text{T}} \boldsymbol{B} \boldsymbol{r}_i}{|\boldsymbol{r}_i| \cdot |\boldsymbol{B} \boldsymbol{r}_i|} \geqslant \varepsilon \tag{6.50}$$

其中, ε 为预先设定常数, 一般 $\varepsilon = 0.95$。

对直接法求解部分, 求解的位移向量的改变量为

$$\Delta \boldsymbol{r}_{\mathrm{DT}} = -\sum_{i=1}^{k} \beta_i \boldsymbol{u}_i \tag{6.51}$$

其中，β_i 为待求系数；$\boldsymbol{v}_i$ 为 $\boldsymbol{W}$ 的第 i 行；$\boldsymbol{u}_i$ 为线性方程组 (6.52) 的解

$$\boldsymbol{K}_0 \boldsymbol{u}_i = \boldsymbol{v}_i \tag{6.52}$$

因此，结合 CA 法和直接法分别计算的位移增量，更新的位移向量 $\boldsymbol{r}$ 的近似形式为

$$\boldsymbol{r} = y_1 \boldsymbol{r}_1 + y_2 \boldsymbol{r}_2 + \cdots + y_s \boldsymbol{r}_s - \sum_{i=1}^{k} \alpha_i \boldsymbol{u}_i = \boldsymbol{r}_{\mathrm{B}} \boldsymbol{y} - \boldsymbol{r}_{\mathrm{D}} \boldsymbol{\alpha} = \boldsymbol{r}_{\mathrm{H}} \boldsymbol{z} \tag{6.53}$$

其中

$$\begin{cases} \boldsymbol{r}_{\mathrm{D}} = [\boldsymbol{u}_1, \boldsymbol{u}_2, \cdots, \boldsymbol{u}_k] \\ \boldsymbol{\alpha} = [\alpha_1, \alpha_2, \cdots, \alpha_k]^{\mathrm{T}} \\ \boldsymbol{r}_{\mathrm{H}} = [\boldsymbol{r}_1, \boldsymbol{r}_2, \cdots, \boldsymbol{r}_s, \boldsymbol{u}_1, \boldsymbol{u}_2, \cdots, \boldsymbol{u}_k] \\ \boldsymbol{z} = [y_1, y_2, \cdots, y_s, \alpha_1, \alpha_2, \cdots, \alpha_k]^{\mathrm{T}} \end{cases} \tag{6.54}$$

基于直接法和 CA 法的基向量 $\boldsymbol{r}_{\mathrm{H}}$ 和系数向量 $\boldsymbol{z}$ 分别为

$$\begin{cases} \boldsymbol{r}_{\mathrm{H}} = [\boldsymbol{r}_1, \boldsymbol{r}_2, \cdots, \boldsymbol{r}_s, \boldsymbol{r}_{s+1}, \boldsymbol{r}_{s+2}, \cdots, \boldsymbol{r}_{s+k}] \\ \boldsymbol{z} = [z_1, z_2, \cdots, z_s, z_{s+1}, z_{s+2}, \cdots, z_{s+k}]^{\mathrm{T}} \end{cases} \tag{6.55}$$

对式 (6.7) 两边同时乘以 $\boldsymbol{r}_{\mathrm{H}}^{\mathrm{T}}$，并代入式 (6.53)，得

$$\boldsymbol{K}_{\mathrm{H}} \boldsymbol{z} = \boldsymbol{R}_{\mathrm{H}} \tag{6.56}$$

其中，$\boldsymbol{K}_{\mathrm{H}}$ 为缩减刚度矩阵；$\boldsymbol{R}_{\mathrm{H}}$ 为缩减载荷向量。

$$\begin{cases} \boldsymbol{K}_{\mathrm{H}} = \boldsymbol{r}_{\mathrm{H}}^{\mathrm{T}} \boldsymbol{K} \boldsymbol{r}_{\mathrm{H}} \\ \boldsymbol{R}_{\mathrm{H}} = \boldsymbol{r}_{\mathrm{H}}^{\mathrm{T}} \boldsymbol{R} \end{cases} \tag{6.57}$$

求解式 (6.56)，得到系数向量 $\boldsymbol{z}$，代入式 (6.53)，得到修改位移向量 $\boldsymbol{r}$。缩减系统为 $s+k$ 阶系统，通常远小于 n。因此，求解缩减系统的计算时间小于原修改系统，保证了该静态重分析算法的计算效率。

6.2.4 施密特正交

为避免缩减刚度矩阵为奇异矩阵或者接近奇异，影响缩减系统的求解精度，采用施密特正交化处理方式，提高该静态重分析算法的计算精度。

首先，构造新的基向量 $\boldsymbol{V}_i$，使得

$$\boldsymbol{V}_i^{\mathrm{T}} \boldsymbol{K} \boldsymbol{V}_j = \delta_{ij} \tag{6.58}$$

其中，δ_{ij} 为克罗内克二阶张量，

$$\delta_{ij} = \begin{cases} 1 & (i = j) \\ 0 & (i \neq j) \end{cases} \tag{6.59}$$

通过施密特正交化处理后，基向量 $\boldsymbol{V}_i$ 为

$$\begin{cases} \boldsymbol{V}_1 = \left| \boldsymbol{r}_1^{\mathrm{T}} \boldsymbol{K} \boldsymbol{r}_1 \right|^{-1/2} \boldsymbol{r}_1 \\ \boldsymbol{V}_i = \left| \overline{\boldsymbol{V}}_i^{\mathrm{T}} \boldsymbol{K} \overline{\boldsymbol{V}}_i \right|^{-1/2} \overline{\boldsymbol{V}}_i \end{cases} \quad (i = 2, \cdots, s + k) \tag{6.60}$$

其中

$$\overline{\boldsymbol{V}}_i = \boldsymbol{r}_i - \sum_{j=1}^{i-1} (\boldsymbol{r}_i^{\mathrm{T}} \boldsymbol{K} \boldsymbol{V}_j) \boldsymbol{V}_j \quad (i = 2, \cdots, s + k) \tag{6.61}$$

根据式 (6.58)~式 (6.60)，代入式 (6.7)，该静态重分析算法求解的近似位移 $\boldsymbol{r}$ 为

$$\boldsymbol{r} = \sum_{i=1}^{s+k} \boldsymbol{V}_i \boldsymbol{V}_i^{\mathrm{T}} \boldsymbol{R} \tag{6.62}$$

因此，修改结构的位移向量为直接法与 CA 法计算得到的基向量，构造的施密特正交化向量与载荷向量点乘之和。当需要提高计算精度时，可以非常方便地增加基向量个数，而并不需要重新生成缩减刚度矩阵，解缩减系统线性方程组，不影响该静态重分析算法的计算效率。

6.2.5　直接法和组合近似法静态重分析的计算流程

综上所述，基于直接法和 CA 法静态重分析算法的计算归纳为如下几个步骤：

(1) 根据式 (6.43) 和式 (6.44)，判断单元的改变程度，根据结构改变的大小，将结构修改分为两个部分，如式 (6.45) 所示；

(2) 针对不满足式 (6.44) 的单元部分，根据式 (6.46)~式 (6.48)，构造渐进结构系统，运用 CA 法，快速构造基向量 $\boldsymbol{r}_{\mathrm{B}}$；

(3) 针对满足式 (6.44) 的单元部分，根据式 (6.1)~式 (6.52)，运用 SMW 公式，精确求解大改变部分引起的位移变化，构造基向量 $\boldsymbol{r}_{\mathrm{D}}$；

(4) 根据式 (6.60) 和式 (6.61)，对基向量 $\boldsymbol{r}_{\mathrm{B}}$ 和 $\boldsymbol{r}_{\mathrm{D}}$ 进行施密特正交化处理，构建如式 (6.62) 所示的缩减系统。

因此，基于 CA 法和直接的静态重分析算法，在结构设计中，具体的计算流程如图 6.3 所示。

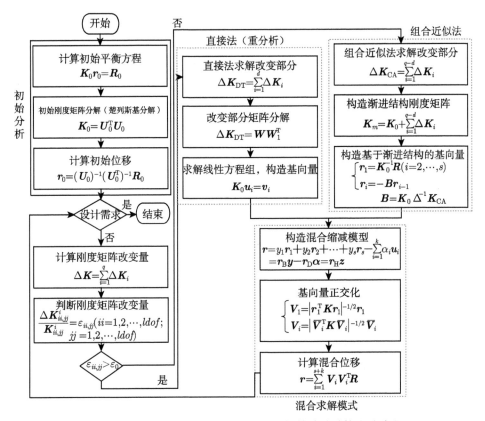

图 6.3 基于 CA 法和直接的静态重分析算法的结构设计流程

6.2.6 效率分析

静态重分析算法的计算效率根据计算操作数进行衡量,本章对完全分析、基于直接法和 CA 法静态重分析算法、CA 法和直接法的具体操作数进行比较。为了方便比较,假设 n 表示修改结构的自由度,s 表示 CA 法基向量数目,k 表示基于直接法和 CA 法的静态重分析算法采用直接法构造的基向量数目,n_k 表示刚度矩阵的带宽。由于在几何非线性过程中,刚度矩阵通常为满秩改变,因此,直接法为 n 阶改变,相关算法具体操作数的计算公式如表 6.1 所示。

表 6.1 完全分析、本章方法、CA 法和直接法操作数比较

方法	计算操作数
完全分析	$0.5nn_k^2 + 2nn_k$
本章方法	$(s+k)^3 + 2(s+k)nn_k + snn_k$
CA 法	$s^3 + 3snn_k$
直接法	$2n^2n_k$

如表 6.1 所示，完全分析的操作数与修改结构的自由度和带宽平方成正比，本章提出的静态重分析算法和 CA 法的计算操作数均与修改结构的自由度、带宽和采用的基向量个数成正比，而直接法与修改结构自由度的平方和带宽成正比。因此，直接法并不适合应用于矩阵满秩变化，本章提出的静态重分析算法计算效率高于完全分析，必须满足式 (6.63)。

$$(3s + 2k) < 0.5n_k \tag{6.63}$$

为了考虑本章提出的静态重分析算法的可行性，假设 $n_k = n^{1/2}$，$s = 10$，$k = 0.125n_k$，随着自由度数 n 的不断增加，完全分析、本章提出的静态重分析算法、CA 法和直接法的计算操作数如图 6.4 所示。

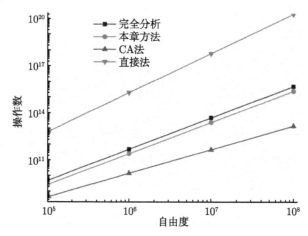

图 6.4 完全分析、本章方法、CA 法和直接法操作数比较

如图 6.4 所示，随着自由度 n 的不断增加，直接法的操作数远大于其他方法，CA 法的操作数大约为完全分析的 1/10，完全分析的操作数约为本章提出的静态重分析算法的 3 倍。

6.3 静态数值算例

本章针对 15 杆桁架结构，验证本章提出的静态重分析算法的计算精度，为了衡量重分析算法的计算精度，采用式 (6.64) 计算重分析算法的相对误差。

$$\text{Error} = \frac{|r_{\text{reanalysis}} - r_{\text{exact}}|}{|r_{\text{exact}}|} \times 100\% \tag{6.64}$$

其中，$r_{\text{reanalysis}}$ 表示分块重分析的计算结果；r_{exact} 表示完全分析的计算结果。

如图 6.5 所示为 15 杆桁架结构，该结构在第 4、6 和 8 节点的垂直方向施加集中载荷 $F = -100\text{N}$，在第 1 和 2 节点施加固定约束，在节点 3~8 处存在待求的

12 处水平和垂直位移。各杆的弹性模量 $E = 3.0 \times 10^9$，各杆初始横截面面积均为 1.0mm²。该结构的设计变量为各杆横截面面积和节点 7 的位置移动，当结构发生修改时，节点 7 的坐标由初始的 (1080,360) 变为 (900,270)，如图 6.6 所示，各杆横截面面积为

$$\boldsymbol{X} = \{1.35, 1.2, 1.3, 1.1, 1.17, 1.7, 1.48, 1.5, 0.83, 1.7, 0.9, 1.65, 1.85, 1.4, 2.3\}^{\mathrm{T}} \quad (6.65)$$

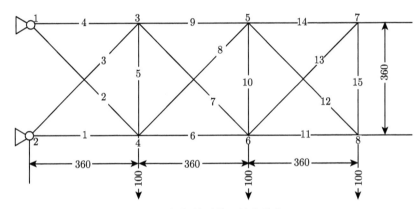

图 6.5　15 杆初始结构 (长度单位: mm)

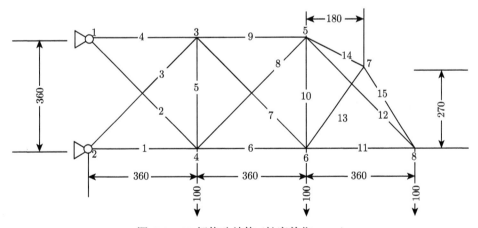

图 6.6　15 杆修改结构 (长度单位: mm)

如图 6.6 所示，15 杆横截面面积均发生了改变，第 15 号单元横截面面积的变化率达到 1.3。同时，节点 7 位置发生了变化，即与节点 7 相关的单元 13、14 和 15 共 3 个单元长度发生了改变。其中，第 14 号单元长度的变化率达到 0.441，与初始结构相比，修改结构变化率大。为了验证本章提出的静态重分析算法的计算精度，将修改刚度矩阵分为了两个部分。其中采用直接法计算的为节点 7，共涉及 2 个自

由度，产生两个基向量，其他节点涉及 12 个自由度，采用 CA 法，构造基于该 12 个自由度的渐进结构，同时使用 4 个基向量进行近似计算。并与完全采用 CA 法的计算结果进行比较，计算结果如表 6.2 所示。

表 6.2　CA 法和混合法中各个自由度位移比较

完全分析	CA(s=5)	误差	CA(s=6)	误差	CA(s=7)	误差	本章方法	误差
−3.50E−05	−3.20E−05	8.03E+00	−3.40E−05	1.88E+00	−3.60E−05	4.14E+00	−3.50E−05	2.62E−01
−4.00E−05	−4.00E−05	3.60E−01	−4.00E−05	1.14E−01	−4.00E−05	1.26E−01	−4.00E−05	2.70E−02
−1.50E−05	−1.40E−05	6.95E+00	−1.50E−05	2.30E+00	−1.60E−05	2.26E+00	−1.50E−05	7.76E−01
−2.80E−05	−2.80E−05	2.66E−01	−2.80E−05	8.20E−02	−2.80E−05	1.03E−01	−2.80E−05	2.40E−02
−1.30E−05	−1.20E−05	6.90E+00	−1.40E−05	1.01E+00	−1.50E−05	8.80E−01	−1.30E−05	7.02E−01
−2.50E−05	−2.70E−05	7.57E+00	−2.50E−05	3.03E+00	−2.40E−05	1.40E+00	−2.50E−05	5.60E−02
−1.10E−05	−9.00E−06	1.73E+01	−1.10E−05	3.72E+00	−1.30E−05	9.64E−01	−1.10E−05	7.70E−01
−1.90E−05	−1.90E−05	1.07E+00	−1.90E−05	1.60E+00	−1.90E−05	3.29E−01	−1.90E−05	1.00E−03
1.00E−05	9.00E−06	9.86E+00	9.00E−06	2.41E+00	1.00E−05	4.92E+00	1.00E−05	4.02E−01
−1.70E−05	−1.60E−05	2.52E+00	−1.70E−05	6.38E−01	−1.70E−05	1.21E+00	−1.70E−05	1.30E−02
−8.00E−06	−1.00E−05	2.37E+01	−9.00E−06	6.28E+00	−7.00E−06	1.09E+01	−8.00E−06	1.48E+00
−1.10E−05	−1.10E−05	3.63E+00	−1.10E−05	2.61E−01	−1.20E−05	4.10E+00	−1.10E−05	9.10E−02

如表 6.2 所示，当 CA 法采用 5 个基向量时，在位移最大的自由度，相对误差仅为 0.36%。但是，对于位移最小的自由度，相对误差则超过了 20%，计算结果并不准确。当 CA 法采用 6 个基向量时，相对误差分别降至 0.114% 和 6.286%，相对误差仍然较大。当采用 7 个基向量时，相对误差反而增至 0.126% 和 10.89%，计算精度降低，说明了 CA 法是发散的，并不能收敛到准确的结果。而本章提出的静态重分析算法，采用了 6 个基向量，对于位移最大的自由度，相对误差仅为 0.027%，对于位移最小的自由度，相对误差为 1.481%，计算精度均高于 CA 法，计算结果精度处于可接受范围。数值结果表明，针对修改结构变化率大的静态问题，CA 法并不能保证求解的收敛性。而本章提出的静态重分析算法，通过将刚度矩阵的变化量分为两个部分，采用 CA 法和直接法分别处理，建立缩减模型，大幅度提高了传统算法的计算精度，而对于结构大修改问题，该方法也是一种可靠的静态重分析算法。

6.4　几何非线性自适应混合重分析方法

由于在几何非线性分析中，结构变化梯度较大，与初始分析相比，当前步切线刚度矩阵改变较大，导致 CA 法精度下降，累积误差迅速增加。而本章提出几何非线性自适应混合重分析计算算法，则采用完全分析、CA 法及基于 CA 法和直接法的重分析算法三种混合求解策略，通过对结构变形梯度大小的判断，分别采取 CA 法或基于 CA 法和直接法的重分析算法。同时，为了保证基于 CA 法和直接法的重分析算法的计算效率，根据效率分析准则，判断是否继续执行基于 CA 法和直接法的重分析算法，并且对重分析误差进行判断，当误差超过某一阈值时，对当前步重新进行完全分析，消除累积误差，并自动更新初始分析，力争构建完整的几何非线性重分析求解系统。因此，本节主要根据变形梯度判断准则、效率判定准则和自适应误差修正准则，阐述几何非线性混合重分析算法，并分析该算法的计算效率。

6.4.1 变形梯度判断准则

NR 通常将非线性过程转换成线性迭代收敛的计算过程，假设选定第 i 步的切线刚度矩阵 $\boldsymbol{K}_{\mathrm{T}}(\boldsymbol{\alpha}_i)$ 为初始刚度矩阵 $\boldsymbol{K}_0$，第 i 步的位移向量 $\boldsymbol{\alpha}_i$ 为初始位移向量 $\boldsymbol{\alpha}_0$，即

$$\left\{ \begin{array}{l} \mathbf{K}_0 = \boldsymbol{K}_{\mathrm{T}}(\boldsymbol{\alpha}_i) \\ \boldsymbol{\alpha}_0 = \boldsymbol{\alpha}_i \end{array} \right. \tag{6.66}$$

设当前步 j 的切线刚度矩阵 $\boldsymbol{K}_{\mathrm{T}}(\boldsymbol{\alpha}_j)$ 为

$$\boldsymbol{K}_{\mathrm{T}}(\boldsymbol{\alpha}_j) = \frac{\mathrm{d}\boldsymbol{\Psi}}{\mathrm{d}\boldsymbol{\alpha}} = \frac{\mathrm{d}\boldsymbol{P}}{\mathrm{d}\boldsymbol{\alpha}} \tag{6.67}$$

针对第 i 步切线刚度矩阵，当前步切线刚度矩阵的改变量 $\Delta\boldsymbol{K}$ 为

$$\Delta\boldsymbol{K} = \boldsymbol{K}_{\mathrm{T}}(\boldsymbol{\alpha}_j) - \boldsymbol{K}_{\mathrm{T}}(\boldsymbol{\alpha}_i) = \boldsymbol{K}_{\mathrm{T}}(\boldsymbol{\alpha}_j) - \boldsymbol{K}_0 \tag{6.68}$$

因此，几何非线性重分析采用的是重分析算法迭代计算式 (6.68)，节省线性迭代计算时间，加快几何非线性分析的计算速度。针对几何非线性问题，可能导致当前步切线刚度矩阵的改变量 $\Delta\boldsymbol{K}$ 过大，从而 CA 法精度下降，有必要采用精度更高的重分析算法。在基于 CA 法和直接法的静态重分析算法中，则通过对各个单元的变化量，将刚度矩阵的改变量分为适合 CA 法和直接法分别计算的两个部分。由于是对几何大变形进行重分析计算，本节采用初始分析与当前步的位移变化量，选出变化量较大的自由度，设第 $j-1$ 步和第 $i-1$ 步的位移变化量 $\Delta\boldsymbol{\alpha}_{j,i}$ 为

$$\Delta\boldsymbol{\alpha}_{j,i} = \boldsymbol{\alpha}_j - \boldsymbol{\alpha}_i \tag{6.69}$$

根据上式对各个自由度位移的变化量进行判断，

$$\Delta\boldsymbol{\alpha}_{j,i}(k) = \varepsilon_k \quad (k = 1, 2, \cdots, n) \tag{6.70}$$

其中，$\Delta\boldsymbol{\alpha}_{j,i}(k)$ 表示第 k 个自由度位移的变化量；n 为结构自由度数量。对第 ii 个自由度进行判断，当满足式 (6.71) 时，表明第 ii 个自由度在第 $j-1$ 步和第 $i-1$ 步中间位移变化大，几何非线性程度强，选取与之相关的单元。如图 6.7 所示，自

由度 ii 分别处于第 1、2、3 和 4 号单元内，构造直接法求解的切线刚度矩阵的变化量。

$$\varepsilon_k > \varepsilon_0 \tag{6.71}$$

其中，ε_0 为预先设定常数。

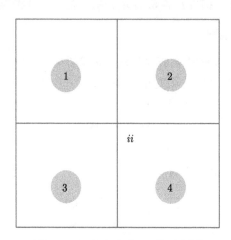

图 6.7　包含自由度 ii 的示意图

根据式 (6.71) 和图 6.7，假设选取 l 个单元。当 $l=0$ 时，表示位移变化较小，完全采用 CA 法进行重分析计算；当 $l \neq 0$ 时，构造的采用直接法求解的切线刚度矩阵 $\Delta \boldsymbol{K}_{\mathrm{DT}}$ 为

$$\Delta \boldsymbol{K}_{\mathrm{DT}} = \sum_{i=1}^{l} \Delta \boldsymbol{K}_i \tag{6.72}$$

因此，采用 CA 法求解的切线刚度矩阵 $\Delta \boldsymbol{K}_{\mathrm{CA}}$ 为

$$\Delta \boldsymbol{K}_{\mathrm{CA}} = \Delta - \boldsymbol{K} \Delta \boldsymbol{K}_{\mathrm{DT}} \tag{6.73}$$

综上所述，通过在第 $j-1$ 步和第 $i-1$ 步中间位移大小的判断，选取与之直接相关的单元，将第 j 步切线刚度矩阵的增量分为两个部分，分别适合直接法和 CA 法进行计算。

6.4.2　效率判定准则

根据本章提出的静态重分析算法的计算效率操作数表达 (表 6.1)，假设采用直接法计算的 l 个单元，生成 k 个基向量，设 CA 法采用 s 个基向量，n_k 为切线刚度矩阵的带宽，为了提高重分析的计算效率，必须满足

$$(3s + 2k) < 0.5 n_k \eta \tag{6.74}$$

其中，η 为效率阈值因子，η 越大，计算效率越低。当 $k=0.25n_k$ 和 $\eta=1.0$ 时，重分析的计算量约等于完全分析，为了保证重分析的计算效率，通常设 $\eta=0.5$。

当 k 满足式 (6.74) 时，在第 j 步采用基于 CA 法和直接法的重分析算法计算速度优于完全分析。为此，以第 i 步切线刚度矩阵作为初始刚度矩阵，以 $\Delta \boldsymbol{K}_{\mathrm{DT}}$ 作为直接法求解的切线刚度矩阵增量，以 $\Delta \boldsymbol{K}_{\mathrm{CA}}$ 作为 CA 法求解的切线刚度矩阵增量，以不平衡力或载荷增量 $\boldsymbol{\Psi}(\boldsymbol{\alpha}_n)$ 作为右端向量的重分析求解问题，即

$$\Delta \boldsymbol{\alpha}_n = -(\boldsymbol{K}_0 + \Delta \boldsymbol{K}_{\mathrm{DT}} + \Delta \boldsymbol{K}_{\mathrm{CA}})^{-1} \boldsymbol{\Psi}(\boldsymbol{\alpha}_n) \tag{6.75}$$

如式 (6.75) 所示，在当前步内，该重分析问题为线性重分析求解问题，根据本章提出的静态重分析算法进行求解，分别生成基于 CA 法和直接法的基向量，构造缩减模型，减少当前步线性方程组的求解时间。但是，当 k 不满足式 (6.74) 时，即采用基于 CA 法和直接法的重分析算法计算量消耗与完全分析基本相同，甚至高于完全分析。因此，必须对当前步采用完全分析来求解，进行楚列斯基分解，即

$$\boldsymbol{K}_{\mathrm{T}}(\boldsymbol{\alpha}_j) = \boldsymbol{U}^{\mathrm{T}} \boldsymbol{U} \tag{6.76}$$

其中，$\boldsymbol{U}$ 为上三角矩阵。

当 k 不满足式 (6.74) 时，说明第 j 步和第 i 步变形较大，现有算法已经不能满足计算效率的要求。因此，必须更新初始切线刚度矩阵 $\boldsymbol{K}_0$ 和相应的初始位移向量 $\boldsymbol{\alpha}_0$，减小即将进行的下一步与初始分析的改变率，即

$$\begin{cases} \boldsymbol{K}_0 = \boldsymbol{K}_{\mathrm{T}}(\boldsymbol{\alpha}_j) \\ \boldsymbol{\alpha}_0 = \boldsymbol{\alpha}_j \end{cases} \tag{6.77}$$

综上所述，根据分析第 j 步和第 i 步间线性重分析算法的计算效率，判断是否需要进行完全分析，并更新初始切线刚度矩阵和初始位移向量，缩小下一步与初始分析的改变率。

6.4.3　自适应误差修正准则

在几何非线性计算过程中，当前步的计算结果与前一步的计算结果直接相关，采用近似重分析方法进行计算，容易造成误差累积。因此，需对重分析误差进行判定，位移 $\boldsymbol{\alpha}$ 和位移增量 $\Delta \boldsymbol{\alpha}$ 的相对误差分别定义为

$$\begin{cases} \|\varepsilon(\boldsymbol{\alpha})\| = \dfrac{\|\boldsymbol{\alpha}_{\mathrm{exact}} - \boldsymbol{\alpha}\|}{\|\boldsymbol{\alpha}_{\mathrm{exact}}\|} \\[3mm] \|\varepsilon(\Delta \boldsymbol{\alpha})\| = \dfrac{\|\Delta \boldsymbol{\alpha}_{\mathrm{exact}} - \Delta \boldsymbol{\alpha}\|}{\|\Delta \boldsymbol{\alpha}_{\mathrm{exact}}\|} \end{cases} \tag{6.78}$$

其中，$\|\bullet\|$ 表示 Euclidean 范数；$\boldsymbol{\alpha}_{\text{exact}}$ 和 $\Delta\boldsymbol{\alpha}_{\text{exact}}$ 表示完全分析位移和位移增量。同时，为了估计近似结果的误差，定义第 j 步的误差向量为

$$\varepsilon(\boldsymbol{\Psi}(\boldsymbol{\alpha}_j)) = \boldsymbol{K}_{\text{T}}\Delta\boldsymbol{\alpha}_n - \boldsymbol{\Psi}(\boldsymbol{\alpha}_j) \tag{6.79}$$

则误差向量的范数为

$$\|\varepsilon(\boldsymbol{\Psi}(\boldsymbol{\alpha}_j))\| = \frac{\|\boldsymbol{K}_{\text{T}}\Delta\boldsymbol{\alpha}_n - \boldsymbol{\Psi}(\boldsymbol{\alpha}_j)\|}{\|\varepsilon(\boldsymbol{\Psi}(\boldsymbol{\alpha}_j))\|} \tag{6.80}$$

通常，误差向量的范数作为近似方法误差估计的一种手段，足够准确的结果能够保证误差向量的范数在一定范围内。因此，如果重分析计算准确，与完全分析相对误差小，则必定满足式

$$\|\varepsilon(\boldsymbol{\Psi}(\boldsymbol{\alpha}_j))\| < \varepsilon_1 \tag{6.81}$$

其中，ε_0 为预先设定常数，通常等于 0.01。

但是如果不满足式 (6.81)，则说明误差累积导致重分析计算精度降低。有必要对当前步计算结果进行修正，重新使用完全分析求解当前步位移增量，同时更新初始切线刚度矩阵 $\boldsymbol{K}_0$ 和相应的初始位移向量 $\boldsymbol{\alpha}_0$，如式 (6.77) 所示。

综上所述，根据误差向量范数，对重分析结果进行误差分析，判断当前步位移增量是否准确，自适应判定是否采取完全分析，保证非线性响应的准确性。

6.4.4   几何非线性重分析计算流程

综上所述，在几何非线性加载或者迭代收敛的计算过程，采用完全分析、CA 法及基于直接法和 CA 法的重分析算法的自适应混合重分析计算算法的计算归纳为如下几个步骤：

(1) 根据式 (6.66)~式 (6.68)，针对选定的初始分析，确定重分析求解问题，把几何非线性重分析问题转换为线性重分析问题；

(2) 根据式 (6.69)~式 (6.71)，判断自由度位移变化大小，确定重分析求解算法，并分别计算直接法和 CA 法的切线刚度矩阵的改变量；

(3) 针对本章提出的静态重分析算法的计算效率，根据式 (6.74)，自动确定当前步的求解模式，计算位移增量；

(4) 根据式 (6.81)，计算误差向量范数，对重分析结果进行误差分析，判断当前步位移增量是否准确，自适应判定对当前步是否需要重新进行完全分析。

因此，本章针对采用牛顿–拉弗森法的几何非线性重分析问题，分别采取完全分析、CA 法和基于 CA 法和直接法的重分析算法三种混合求解模式的计算流程如图 6.8 所示。

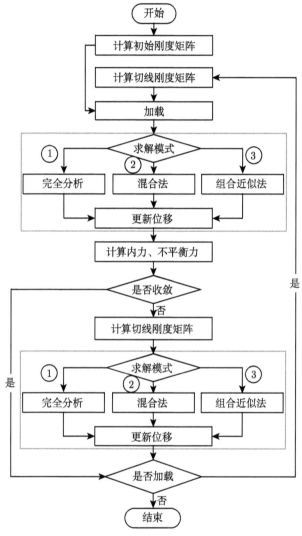

图 6.8 几何非线性重分析流程图

6.4.5 效率分析

几何非线性重分析的求解是不断加载和迭代收敛的线性过程，需多次求解线性方程组。本章对采用完全分析、CA 法及基于 CA 法和直接法的重分析算法的 3 种混合求解模式，与全部采用完全分析和 CA 法的计算模式的具体操作数进行比较。为了方便比较，假设求解线性方程组的次数为 N，在混合求解模式中，采取完全分析、CA 法及基于 CA 法和直接法的重分析算法的次数分别为 N_F、N_{CA} 和 N_H，各个算法具体操作数的计算公式如表 6.3 所示。

表 6.3　几何非线性中完全分析、本章方法和 CA 法操作数比较

方法	计算操作数
完全分析	$N(0.5nn_k^2 + 2nn_k)$
本章方法	$N_F(0.5nn_k^2 + 2nn_k) + N_H[(s+k)^3 + 2(s+k)nn_k + snn_k] + N_{CA}(s^3 + 3snn_k)$
CA 法	$N(s^3 + 3snn_k)$

如表 6.3 所示，在几何非线性计算过程中，完全分析和 CA 法操作数是本身操作数的 N 倍，而混合求解模式的操作数取决于采取各种方法的计算次数。由于非线性求解过程是逐步加载过程，位移逐步改变，当前步切线刚度矩阵与初始分析的变化率逐渐增大。根据工程经验，为了具体比较各个算法的计算效率，假设 $N_F : N_H : N_{CA} = 1 : 2 : 6$，$N=27$，随着结构自由度数的增加，各种求解模式的计算操作数如图 6.9 所示。

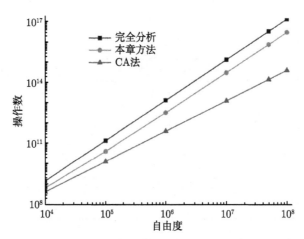

图 6.9　几何非线性中完全分析、本章方法和 CA 法操作数比较

如图 6.9 所示，采用完全分析的计算操作数均高于 CA 法和混合求解策略，采用 CA 法的计算操作数最少，并且随着自由度 n 的不断增加，CA 法的效率优势愈明显，而本章采用的混合求解策略，与完全分析相比，计算操作数相对保持稳定，约为完全分析的 1/4，计算效率是可观的，并且随着自由度 n 的不断增加，计算效率缓慢逐步增大。

6.5　几何非线性数值算例

本章针对柱壳几何非线性分析与某车的发动机盖和车顶盖模型进行抗凹性分析，通过与完全分析和 CA 法相比，验证混合重分析求解的计算精度。

6.5.1 柱壳结构

为验证重分析算法混合重分析求解非线性问题的能力,对一个四边固支的柱壳结构进行计算分析。如图 6.10 所示,该有限元模型包括 64 个壳单元,81 个节点,共计 486 个自由度。相关几何和材料参数分别为:半径 R=254mm,厚度 t=3.175mm,转角 θ=0.1rad,长度 L=254mm,弹性模量 E=3.10275kN/mm^2,泊松比 λ=0.3,在整个柱壳结构沿表面的法向方向施加均布载荷 q=900N/mm^2。

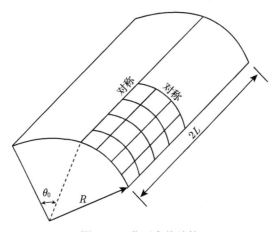

图 6.10 曲面壳体结构

根据牛顿–拉弗森法,分别采取完全分析、CA 法和混合求解方法进行几何非线性分析。均匀分为 10 个加载步,每个加载步最大迭代次数为 3,CA 法在每个迭代步或者加载步均采用 3 个基向量,完全分析总共进行了 24 次线性方程求解。在混合求解方法中,变形梯度判定常数 ε_0 为 0.01L,整个计算过程仅采用了一次完全分析,进行了 17 次 CA 法重分析和 6 次混合求解,各个方向的变形图如图 6.11 所示。

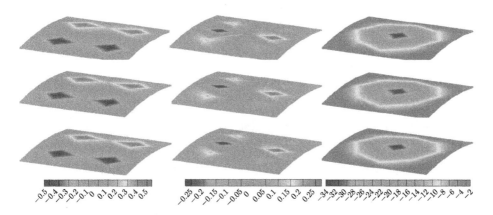

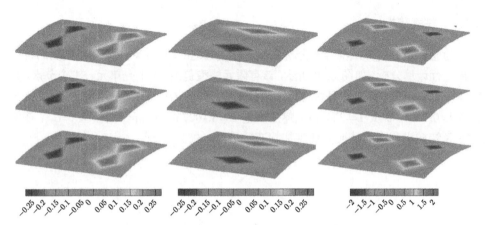

图 6.11 柱壳结构各个方向位移比较 (后附彩图)

如图 6.11 所示，完全分析、CA 法和混合求解方法的计算结果基本相同，整个结构变形趋势与完全分析完全相同。为了准确比较重分析算法的计算精度，对各个方向上位移最大的 1 个自由度进行比较，如表 6.4 所示。

表 6.4 顶壳结构中精确分析、CA 法和本章方法中最大位移比较

编号	精确分析	CA 法	本章方法
97	−5.24E−01	−5.24E−01	5.24E−01
68	−3.00E−01	−3.00E−01	−3.00E−01
75	−3.62E+01	−3.62E+01	−3.62E+01
40	−3.07E−01	−3.07E−01	−3.07E−01
47	2.84E−01	2.84E−01	2.84E−01
42	2.16E+00	2.16E+00	2.16E+00

数值结果表明，CA 法和混合求解方法的相对误差均小于 0.1%，但是混合求解方法的计算精度稍高于 CA 法，更接近精确分析的计算结果，因此，通过对壳体结构大挠度非线性分析，验证了混合求解策略的准确性。

6.5.2 发动机盖板

发动机盖板的抗凹性能是评价外观质量和使用性能的重要指标，为减少整车质量，要求发动机盖越来越轻，为减少制造成本，要求发动机盖采用最低成本的制造方案，在行人保护要求下，发动机盖越软越好。本章对某款车的发动机盖板的抗凹能力进行分析，如图 6.12 所示为某款发动机盖板的有限元模型，具体相关参数为：弹性模量 $E=2.0 \times 10^5 \mathrm{N/mm^2}$，厚度 $t=0.8\mathrm{mm}$，泊松比 $\lambda=0.3$，沿图示 z 方向施加集中力载荷 $F=-150\mathrm{N}$，并对该模型四周固定。

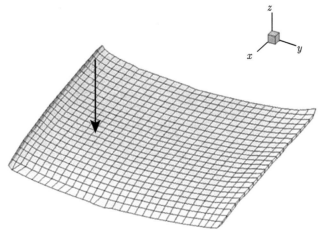

图 6.12　发动机盖有限元模型

　　该发动机盖板有限元模型包括 820 个节点、768 个壳单元，共计 4920 个自由度。在抗凹性分析计算中，完全分析采用 5 个加载步，每个加载步最大迭代次数为 3，CA 法在每个迭代步或者加载步均采用 3 个基向量。在混合求解方法中，仅采用了一次完全分析，变形梯度判定常数 ε_0 为 0.001，混合法中直接法计算的基向量个数最多仅为 14 个，发动机盖板受力点处的位移随着加载步的变化如表 6.5 所示。

表 6.5　发动机盖板受力点处位移随着加载步的变化

加载步	完全分析	CA 法	本章方法
1	$-6.36\mathrm{E}{-}03$	$-6.36\mathrm{E}{-}03$	$-6.36\mathrm{E}{-}03$
2	$-1.27\mathrm{E}{-}02$	$-1.28\mathrm{E}{-}02$	$-1.27\mathrm{E}{-}02$
3	$-1.90\mathrm{E}{-}02$	$-1.92\mathrm{E}{-}02$	$-1.90\mathrm{E}{-}02$
4	$-2.54\mathrm{E}{-}02$	$-2.58\mathrm{E}{-}02$	$-2.54\mathrm{E}{-}02$
5	$-3.17\mathrm{E}{-}02$	$-3.23\mathrm{E}{-}02$	$-3.17\mathrm{E}{-}02$

　　如表 6.5 所示，随着加载步次数增多，CA 法与完全分析的计算误差相对较小，但是有逐渐增大的趋势。而本章采用的混合求解方法，计算结果与完全分析相同。

6.5.3　车顶盖板

　　汽车外板的抗凹性能是反映外板使用性能的重要特性，汽车车顶盖板如果局部刚度不足，汽车在高速行驶时，会产生振动和噪声，影响汽车的性能。汽车顶盖的局部抗凹性能是反映顶盖刚度性能的重要参数，越来越受到设计部门的重视。本小节对某款车的车顶盖板的抗凹能力进行分析，如图6.13所示为某款发动机盖板的有限元模型，具体相关参数为：弹性模量 $E=2.0\times10^{11}\mathrm{Pa}$，厚度 $t=0.5\mathrm{mm}$，泊松比

$\lambda=0.3$，在车顶盖板顶部施加集中力载荷 $F=-100\mathrm{N}$，并约束固定该模型的四周。

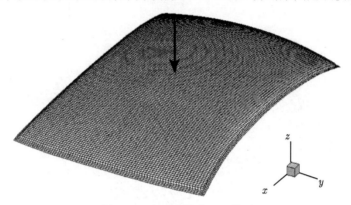

图 6.13   车顶盖板有限元模型

该车顶盖板有限元模型包括 10512 个节点、10308 个壳单元，共计 63072 个自由度。在抗凹性分析计算中，在每个加载步中均施加 $F=-20\mathrm{N}$ 的集中载荷，每个加载步最大迭代次数为 3，CA 法采用 6 个基向量进行重分析快速运算。在混合求解方法中，设变形梯度判定常数 ε_0 为 0.001，经过效率判定准则与自适应误差修正原则，整个计算过程仅需要采用一次完全分析。其中，在第 5 个加载步过程中，混合法共计使用 18 个基向量，构造混合缩减模型，计算得到车顶盖板的几何非线性响应，为了说明重分析的计算精度，完全分析、CA 法和混合求解方法在 z 方向的位移响应如图 6.14~图 6.16 所示。

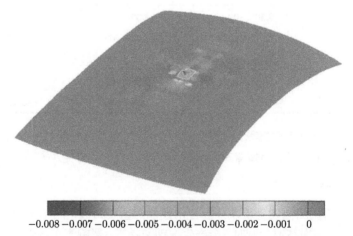

−0.008 −0.007 −0.006 −0.005 −0.004 −0.003 −0.002 −0.001   0

图 6.14   车顶盖板 z 方向完全分析的位移响应 (后附彩图)

如图 6.14~图 6.16 所示，完全分析、CA 法和混合法整体趋势保持一致，位移响应最大的位置基本相同。但是，CA 法的计算结果明显与完全分析有着一定的差别，最大挠度值明显高于完全分析。而混合法计算精度明显高于 CA 法，与完全分析相比，仅存在细微的差别。为了比较 CA 法与混合法的计算精度，选择车顶盖板中各个方向上响应最大的两个自由度进行比较，如表 6.6 所示。随着加载步增多，对加载过程 z 方向最大位移进行比较，如表 6.7 所示。

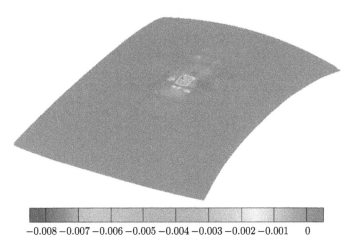

$$-0.008 \quad -0.007 \quad -0.006 \quad -0.005 \quad -0.004 \quad -0.003 \quad -0.002 \quad -0.001 \qquad 0$$

图 6.15　车顶盖板 z 方向 CA 法的位移响应 (后附彩图)

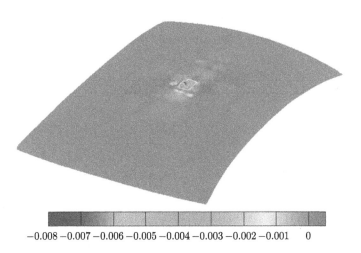

$$-0.008 \quad -0.007 \quad -0.006 \quad -0.005 \quad -0.004 \quad -0.003 \quad -0.002 \quad -0.001 \qquad 0$$

图 6.16　车顶盖板 z 方向混合求解方法的位移响应 (后附彩图)

如表 6.6 所示，针对非线性求得的力学响应，CA 法在某些自由度上相对误差为 0.0，某些自由度上相对误差较小，约为 1%，但是存在较多的自由度相对误差较大，超过 10%，并且在 z 方向响应最大的自由度，与完全分析并不能够一一对应，因此，CA 法计算的非线性响应与完全分析存在较大的差别，而本章采取的混合法相对误差较小，约为 1%，并且各个方向响应最大的自由度，与完全分析完全相同。

如表 6.7 所示，在各个加载步过程中，混合法的相对误差明显低于 CA 法，并且随着逐渐加载，CA 法的相对误差迅速增大，形成累积误差，而混合法相对误差保持缓慢的增长形式。

表 6.6　车顶盖板结构中完全分析、CA 法和本章方法位移比较

完全分析		CA 法			本章方法		
编号	位移	编号	位移	误差	编号	位移	误差
40273	1.21E−04	15433	1.32E−04	9.09E+00	40273	1.21E−04	0.00E+00
51626	5.30E−05	51626	5.70E−05	7.55E+00	51626	5.30E−05	0.00E+00
40275	−7.63E−03	15435	−8.80E−03	1.63E+01	40275	−7.68E−03	6.55E−01
51628	9.56E−01	51628	9.68E−01	1.30E+00	51628	9.59E−01	3.18E−01
51629	1.50E+00	51629	1.52E+00	1.30E+00	51629	1.51E+00	3.18E−01
51630	−6.63E+01	51630	−6.61E+01	1.30E+00	51630	−6.65E+01	3.18E−01
15865	1.16E−04	40273	1.29E−04	1.12E+01	15865	1.17E−04	8.62E−01
15554	3.50E−05	15554	3.50E−05	0.00E+00	15554	3.50E−05	0.00E+00
15435	−7.62E−03	40275	−8.19E−03	7.48E+00	15435	−7.67E−03	6.56E−01
10654	−2.15E−01	10654	−2.00E−01	7.21E+00	10654	−2.12E−01	1.51E+00
10655	1.77E−02	10655	1.64E−02	7.21E+00	10655	1.74E−02	1.51E+00
40278	9.62E+00	40278	1.06E+01	1.03E+01	40278	9.69E+00	6.82E−01

表 6.7　车顶盖板完全分析、CA 法和本章方法在 z 方向最大位移变化情况

加载步	完全分析	CA 法	误差	本章方法	误差
1	−1.55E−03	−1.56E−03	6.45E−01	−1.55E−03	0.00E+00
2	−3.07E−03	−3.22E−03	4.89E+00	−3.08E−03	3.26E−01
3	−4.59E−03	−4.98E−03	8.50E+00	−4.62E−03	6.54E−01
4	−6.11E−03	−6.85E−03	1.21E+01	−6.15E−03	6.55E−01
5	−7.63E−03	−8.80E−03	1.63E+01	−7.68E−03	6.55E−01

综上所述，对于小规模的顶壳结构，CA 法和混合法与完全分析基本相同，随着结构复杂程度的提高和计算规模的增大，虽然 CA 法在整体变形趋势上与完全分析大致相同，但是 CA 法的计算误差逐渐增大，而混合法采用精度更高的基于 CA 法和直接法的线性重分析算法，计算结果基本与完全分析保持一致，并且相对

误差增长缓慢。因此，对于几何非线性重分析问题，自适应混合重分析求解策略是一种准确可靠的重分析算法。

6.6 小　　结

本章针对几何非线性过程中要反复更新线性方程组的瓶颈，建立了一种混合模式下的重分析快速求解方法。对于几何非线性问题的求解，结构几何变形梯度较大，使得当前迭代步的构形与初始分析相比改变较大，经典的 CA 法并不能够满足精度的需求。因此，根据 CA 法和直接法，对结构改变较大的问题，提出了基于直接法和 CA 法的混合静态重分析算法。理论上，以 SM 公式为依据，从新的角度完成了 CA 法的推导，证明了直接法和 CA 法均可以表示成多个向量线性组合的叠加形式，进而验证了刚度矩阵的改变量可以拆分为累加形式的可行性。为此，将矩阵的改变量进行了分类：适合直接法和 CA 法计算的两部分。并以此为依据，建立了混合的缩减模型。与完全分析、CA 法和直接法相比，该静态重分析算法具有如下几个显著特点：

(1) 理论上，根据 CA 法和直接法的计算原理，建立了精度更高的混合缩减模型；

(2) 对修改刚度矩阵的改变量进行分类：适合直接法和 CA 法计算的两部分，进而避免了直接法求解满秩改变计算效率低的弊端，克服了 CA 法求解结构大改变计算精度不高的缺点；

(3) 对结构大改变重分析问题，计算精度高，计算效率可观。

此外，由于非线性求解过程中，必须根据上一步的计算结果推导出当前步的力学响应，近似重分析算法容易造成误差累积，而直接法容易导致重分析求解效率低，因此，本章基于完全分析、CA 法和本章提出的线性重分析算法三种求解模式，提出了自适应混合重分析算法。针对计算精度，采用了精度更高的基于直接法和 CA 法的线性重分析算法；针对计算效率，采用效率最高的 CA 法；而针对误差控制，自适应更新初始分析和初始位移向量，保证计算结果的准确度。因此，该几何非线性重分析算法具有如下几个显著特点：

(1) 充分利用几何非线性结构几何变形梯度较大的特点，提出了变形梯度判定准则，将切线刚度矩阵的改变量分为直接法和 CA 法计算的两个部分；

(2) 提出了自适应更新初始分析准则，避免发生由近似方法造成的误差累积现象，保证了重分析算法的计算精度。

最后，通过车身结构设计中对汽车发动机盖板和车顶盖板的抗凹性进行非线性分析，说明了该算法的计算精度高，累积误差增长缓慢，具有重要的工程实际应用价值。

参 考 文 献

[1] Kirsch U. A unified reanalysis approach for structural analysis, design, and optimization [J]. Structural and Multidisciplinary Optimization, 2003, 25(2): 67-85.

[2] Kirsch U. Combined approximations—a general reanalysis approach for structural optimization [J]. Structural and Multidisciplinary Optimization, 2000, 20(2): 97-106.

[3] Gao G, Wang H, Li G. An adaptive time-based global method for dynamic reanalysis [J]. Structural and Multidisciplinary Optimization, 2013, 48(2): 355-365.

[4] Ypma T J. Historical development of the Newton-Raphson method [J]. SIAM Review, 1995, 37(4): 531-551.

[5] Sherman J, Morrison W J. Adjustment of an inverse matrix corresponding to a change in one element of a given matrix [J]. The Annals of Mathematical Statistics, 1950, 21(1): 124-127.

第 7 章　GPU 并行重分析计算方法

在结构优化设计中经常遇到如下问题：随着结构规模的增大，单次数值仿真通常需要花费大量的计算资源和时间，而优化设计为一个反复迭代的过程，经常需要上百次调用单次仿真的分析结果，使得优化设计失去实用意义，因此，减少单次仿真计算的计算时间成为优化设计的一个瓶颈问题。本章从重分析计算方法的基础理论着手，提出了图形处理器 (Graphics Process Unit, GPU) 并行重分析计算方法，编制了基于计算统一设备架构平台 (Compute Unified Device Architecture, CUDA) 架构的 GPU 并行重分析软件系统，为后续章节提供理论基础和解决问题的基本手段。

7.1　基于 GPU 平台的并行计算方法

7.1.1　GPU 通用计算

在 GPU 出现之前，CPU 曾被用于完成涉及图形视频等大量计算，而图形显示芯片仅用作图形输出的一种工具。随着三维 (3D) 多媒体时代的到来与发展，CPU 的运算能力已无法满足巨大的 3D 图形数据计算需求，同时日益旺盛的计算机游戏市场需求极大地驱动了 GPU 性能的提升，其性能平均每 6 个翻番，远远超过了摩尔定律[1]。GPU 由 NVIDIA 公司在 1999 年发布 Geforce 256 图形处理芯片时首次提出，此时 GPU 架构尚处于固定功能流水线阶段，固定的功能单元并没有可编程性，但它开始支持多纹理操作，也可以处理顶点的矩阵变换和光照计算等。随着计算机图形学的发展及社会应用需求的提高，固定功能流水线的 GPU 已无法满足高质量的图形计算需求，2001 年底 GPU 进入分离渲染的可编程流水线阶段，开始采用顶点处理器和像素处理器取代固定功能的流水线架构。随着着色器模型的不断完善，顶点和像素两个级别的可编程性也具备了更大的灵活性，出现了用于 GPU 的流式编程模型，为 GPU 通用计算打下了基础。但在顶点任务和像素任务相差较大时，分离渲染架构的 GPU 可能导致顶点处理器和像素处理器的负荷不均衡，从而造成某一处理器大量闲置，严重浪费了硬件资源。统一的硬件着色器单元 (同时对顶点和像素进行处理) 于 2006 年出现，它标志着 GPU 架构已进入统一渲染架构阶段，且此架构提供了多级存储器模型，为基于数据并行的通用计算提供了强大的支撑。

虽然并行计算正在蓬勃发展，受存储墙、功耗墙和指令级并行墙[2] 的约束，CPU

体系结构并没将芯片上大量可用晶体管用于计算，造成计算资源所占的芯片比例相对较低，片上大量晶体管主要用于深度流水线控制 (如分支预测、指令调度、乱序执行等) 和大容量的高速缓存以提高数据访问的速度。而基于数据并行的科学计算具有计算密集性和数据并行性两大特点，需要同时对大量数据进行相同的运算操作，相反其需要逻辑控制的操作较少，因此以控制操作见长的 CPU 体系架构并不能在此类计算密集型任务前发挥自身的优势，如图 7.1 所示。另外，数据并行的科学计算由于往往需要处理非常庞大的数据规模，同时提高了存储带宽的要求，而CPU 架构的存储系统带宽较低，无法满足此类计算的高带宽需求。与之相反，GPU将更多的晶体管用于计算处理，而非控制流和数据缓存。GPU 的硬件架构是其拥有大量相同的计算单元，且 GPU 的显存颗粒直接固化在 GPU 的 PCB 板上，并拥有多个存储器控制单元，因此可通过增加计算单元来提高 GPU 的处理能力，通过增加存储控制单元来提高存储带宽。

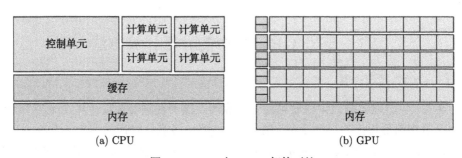

图 7.1　 CPU 与 GPU 架构对比

最早的 GPU 开发使用了图形 API(Application Programming Interface) 编程，直接应用图形接口如 DirectX[3] 和 OpenGL[4] 在 GPU 上进行通用计算，编程人员需要精通图形 API 和 GPU 架构的知识，所以早期 GPGPU(General Purpose GPU)并没有广泛应用。接下来，编程人员可借助汇编语言或者其他高级着色器语言 (例如，Cg(C for Graphics)[5]，GLSL(OpenGL Shading Language)[6]，HLSL(High Level Shader Language)[7]) 编写程序，这样数据将被打包成纹理，进而先将科学计算转换为对纹理的渲染，接着利用图形 API 比如 DirectX 或 OpenGL 映射到 GPU 硬件上执行。但这些编程语言较为复杂，同时它受到 GPU 架构的限制，需要利用着色器进行编程，且 GPU 线程间无法进行通信，限制了 GPU 在通用计算领域的应用。此后，斯坦福大学的 Buck 等于 2003 年提出了 Brook 并发编程模型 [8]，Brook 模型及其改进版本 Brook+ 曾不断被用于基于 GPU 的通用计算领域。

基于传统 GPGPU 上述的缺点和不足，NVIDIA 公司于 2006 年提出了 CUDA，其继承了 Brook 编程语言的易用性，并因其高效性被迅速地成功利用于解决工业、商业和科学方面的复杂计算问题。CUDA 架构作为一种新型的 GPU 通用计算软硬件体系,在利用 GPU 进行数据并行计算时,定义并设计了适用 GPU 的通用计算引擎以及 CUDA 指令集架构 (Instruction Set Architecture, ISA)。初期图形处理器中进行计算的着色器是专用的,不同着色器分别承担各自的渲染工作,依据各自的流水线分工,着色器包括以下三种:顶点、像素以及几何着色器。而基于 CUDA 架构的 GPU 不再进行着色器的分类,设计了具有统一功能的着色器流水线,从而完成了采用非常简便的浮点指令集合进行通用计算。此外,增加了片内共享存储器后,GPU 上的处理单元能平等实现对存储器的随机存取,并利用共享存储器实现处理单元之间的通信。CUDA 架构允许开发人员使用带扩展的 C 语言作为开发语言,使得开发者不再借助于图形学 API。目前 CUDA 同时支持 C++, FORTRAN, OpenGL 和 DirectCompute 等其他编程语言或应用程序接口,极大地减轻了开发人员的负担。同时,NVIDIA 公司提供了高效的硬件驱动程序来发挥 CUDA 架构硬件的最大计算能力。2008 年,面向异构平台的开放计算语言 (Open Computing Language, OpenCL) 框架模型[9] 发布,实现了硬件和软件的平台无关性,但其规范还不够完善且对 GPU 的调用相对 CUDA 较为复杂。由于 CUDA 是目前应用最广泛、发展最成熟的公开架构,本章采用 CUDA 模型作为开发平台。

GPU 被用于通用计算之前,传统的并行计算方法主要采用分布式计算、并行机或多线程等并行处理技术,主要使用 CPU 计算核心作为并行计算硬件的处理器,并通过不同的并行编程模型在并行计算平台上加以实现。通过引入并行计算,有限元分析的计算效率虽然能得到不同程度的提升,但是基于传统并行计算平台的并行有限元分析程序仍然存在缺陷和不足:第一,随着对模型精度的追求,有限元的网格模型增长较大,但巨大的节点单元数目会导致计算量的急剧增加,尤其是在分布式计算机之间的通信消耗提升,导致加速比难以提高。第二,传统并行计算中,计算加速比与计算节点数通常呈正比关系,要获得较高的加速比必须使用较多数量的计算节点,但是随着计算节点数的增加,计算机的硬件成本、使用和维护成本均大幅度增加,因此性价比较低。第三,基于计算集群的有限元分析软件对普通使用者要求较高,它要求软件使用者对计算硬件有较高的熟知度,由于不能做到真正的透明操作,很难被科研工作人员在日常工作和科研中普及使用[11]。因此,随着科技的进步和科学计算的日益精细,现代社会对大规模并行计算不仅对计算速度提出了更高的要求,同时也渴求更绿色节能的高性能计算,因此,很有必要寻找一种具有较高功耗比、易编程使用的计算模型。当前凭借 GPU 优异的并行计算性能和简单易用的编程模型,基于 GPU 的通用计算方法为大规模并行计算提供了一种新型并行计算途径[12]。

随着游戏市场及图形计算领域的发展,为满足应用程序对高仿真度、高复杂度图像的渲染要求,图形计算核心 GPU 由最初并不具有可编程性,演变为拥有强大浮点计算能力的多核并行处理器,且因其细粒度并行化和多核心多线程的特性越来越受到科研人员的关注[13]。如图 7.2 所示为近十年 NVIDIA 公司的 GPU 和同时期 Intel 公司的 CPU 的浮点计算能力对比[14]，相较于同时期的 CPU，现代 GPU 的浮点数运算性能已经达到前者的 10 倍以上，且目前最新的多核 GPU 的计算性能已达 1TFLOPS(Trillion Floating Point Operations Per Second)，远远超出 CPU 的计算能力[15]。同时，由于 GPU 设计概念的不同，其外部存储器带宽较 CPU 要高出 20 倍以上，具有十分强大的数据吞吐能力。随着 GPU 的发展，其相对 CPU 计算性能的差距还在不断扩大，GPU 高速发展的计算性能推动了通用计算的继续发展，而基于 GPU 的通用计算也使基于桌面计算机的高性能并行计算得到实现，成为目前并行计算领域研究的新热点[16]。

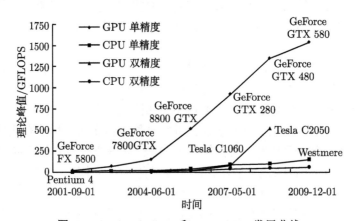

图 7.2　NVIDIA GPU 和 Intel CPU 发展曲线

对 GPU 通用计算[17] 的研究可追溯至 2003 年，基于 GPU 的通用计算 GPGPU 的概念被首次提出。2001 年 NVIDIA 公司在发布的 GeForce 3 系列产品时第一次实现了着色器的可编程性，从此 GPU 不再是由若干固定功能单元组成的不具有可编程性的专用处理器，它进化成以通用计算单元为主、固定功能单元为辅的全新通用处理器，此次变革奠定了 GPGPU 的发展基础[18]。2003 年，Krüger 和 Westermann[19] 在数值分析中引入了基于 GPU 的线性代数操作，是 GPU 通用计算发展的里程碑之一。但受同时期 GPU 硬件架构及编程模型的限制，这一时期内 GPGPU 的编程实现十分复杂，需要通过使用图形学 API[3]，进而将通用计算映射成图形处理过程中的顶点计算[20]。后来发展起来的新一代的着色语言如 Cg[5] 等在一定程度上简化了编程的难度，吸引了不同领域的科研人员用于加速计算，如 Hillesland 等[21] 在进行图像处理过程中采用 GPU 加速线性代数操作，Harris 等[22] 在对烟雾模拟以及沸腾模拟时利用 GPU 求解耦合栅格映射问题，Li 等[23] 在进行基于 LB(Lattice Boltzmann) 方法的流体模拟时也采用了 GPU 进行加速。这些基于 "伪装" 思路的 GPGPU 实现方法仍需要研究人员对图形计算和 GPU 硬件结构的细节有较深入的理解，且需要将数据映射到纹理中，使得程序开发过程对数据的处理变得比较复杂。同时，研究者还要受到着色指令数和着色器输出寄存器数目等一些硬件上的限制[24]，从而限制了 GPU 在通用计算领域的拓展和应用，在这一阶段 GPU 主要还是用于与图形处理相关的通用计算领域。

2006 年 NVIDIA 公司发布了 G80 架构，以及更适合于开发 GPU 通用计算程序的统一计算架构 CUDA 平台。以采用统一架构 G80 架构和 CUDA 开发平台为标志，GPGPU 从可编程 GPU 时代进入了统一架构 GPU 时代。G80 架构中集成了成百上千个标量流处理器专门负责统一计算，它的单精度浮点计算性能达到了 518GFLOPS(Giga Floating Point Operations Per Second)，前端总线带宽高达 86GB/s，为高效的 GPGPU 计算奠定了坚实的硬件基础，而 CUDA 软件平台则将 GPGPU 引入更方便更宽广的并行计算领域。CUDA 作为新一代 GPU 并行计算架构，采用扩展的 C 语言作为基础编程语言，程序员可以直接调用 CUDA API 对 GPU 进行控制，完全摒弃了传统的图形编程接口和图形绘制语言，简化了将通用计算映射到 GPU 上执行的过程，同时还提供灵活的并发线程规模和组织层次配制机制，大大缩短了计算程序的开发难度和周期。由于统一计算架构 CUDA 强大的计算能力以及使用高级语言编程的多样化，GPU 通用计算的应用范围得到了极大的扩展，如果在 Google 学术搜索引擎中搜索关键字 "CUDA Parallel"，可得到超过三万条搜索记录，其已经普遍应用在高性能计算和科学计算领域。GPU 巨大的并行计算能力不仅受到学术研究者的青睐，众多商业 CAE 软件也加入了 GPU 通用计算的阵营，例如，Abaquas/Standard 从 V6.12 版本开始支持 GPU，利用 GPU 加速稀疏方程组的直接求解器相对于原版本得到了 1.5~2.5 倍的加速比[23]。ANSYS 从 Release 14.0 版本也允许研究人员采用 GPU 进行并行计算，稀疏方程组的直接求解器获得了 2~3 倍的加速比[24]。另外，如 MSC Nastran 的 Version 2013 版本，LS-DYNA/Implicit 在 CentOS Linux 下的测试版，以及 Marc 的 Version 2012 版本等也都陆续引入 GPU 计算，均不同程度地提升了其结构力学方程的求解效率。

随着 GPGPU 平台的不断发展，目前已提供对其他高级语言如 C++、Fortran 等的支持，也已经形成了比较成熟的编程语言和编程架构。虽然基于 GPU 的通用计算已经出现了多种计算平台，但是本书坚持采用统一计算架构 CUDA 作为算法和程序的开发平台。一是由于 CUDA 架构作为 GPU 通用计算业界的首个公开架构，具有极大的业界影响力，是目前发展最成熟、应用最广泛的架构；二是由于 NVIDIA 公司系列 GPU 的通用计算能力最强，已从最初的 G80 架构发展至 G200 架构、Fermi 架构、Kepler 架构，NVIDIA 公司也坚持将自己新产品朝通用计算靠近；三是由于 CUDA 得到广大研究者的关注，国际上涌现了许多基于 CUDA 的开源程序，能够帮助科研人员更方便地研究并行算法和开发并行程序。同时，CUDA

也在自我完善,其内置了多种高性能的并行计算库,可以方便研究者解决矩阵向量乘、向量点积等各种常用计算问题。Karimi 等[25] 和 Du 等[26] 证明了在相同显卡上采用 CUDA 编程可以获得比 OpenCL 更高的计算性能。值得高兴的是,目前新版本的 CUDA 架构已考虑到平台通用性的问题,支持将 CUDA 架构下的并行计算代码编译成 OpenCL 架构下的程序,解决了在 CUDA 架构下程序开发的通用性及可扩展性难题,这为以后将本章的研究成果扩展至其他计算平台上提供了有力的保障。

7.1.2　CUDA 编程模型

在计算机系统中引入 GPU 进行并行计算时,其基本的架构如图 7.3 所示,CPU 与 GPU 之间的数据交换通过 PCI-E 总线进行。

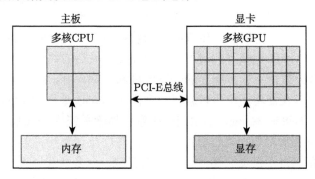

图 7.3　CPU-GPU 异构并行计算

本书采用 NVIDIA 的统一计算架构模型,即 CUDA 模型,它的体系结构可分为三个部分:CUDA 函数库、CUDA 运行时环境和 CUDA 驱动程序,如图 7.4 所示。

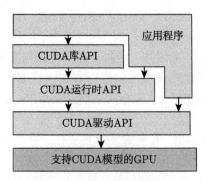

图 7.4　CUDA 程序层次结构

如图 7.5 所示,在 CUDA 程序开始运行时,由主机端启动一个位于设备端的

计算内核 (Kernel) 程序, 此内核程序将被 GPU 端的许多 CUDA 线程 (Thread) 并行执行, 每个内核对应一个计算网格 (Grid)。在一个计算网格中, 包含了大量的线程块 (Block, 支持一维、二维、三维), 每个线程块具有不同的标识号blockIdx, 而每个线程块内又含有多个线程 (Thread, 支持一维、二维、三维, 目前一个线程块最大包含 1024 个), 每个线程也拥有各自的标识号threadIdx。

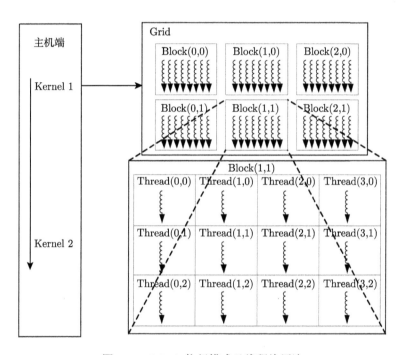

图 7.5　CUDA 执行模式及线程块层次

　　如图 7.6 所示, 在显卡 GPU 上所有的线程共享一块全局存储器, 同时任一线程块含有各自的共享存储器, 且此线程块内的线程在同一流处理器 (Stream Processor) 上以 warp 块的形式同时并发执行, 一个 warp 块包含了 32 个线程。每一个流处理器含有多个标量处理器 (Scalar Processor), 并拥有各自的高速寄存器。

　　大规模计算问题所需内存 (显存) 较大, 而采用单块显卡有时会碰到显存不足或者效率较低等难题, 一般可采用如图 7.7 所示的多机多显卡计算模式, 从而满足实际工程问题的计算需求。

　　如果采用扩展性较好的MPI 作为消息传递工具, 而采用 CUDA 架构作为 GPU 开发平台, 则基于 MPI 和 CUDA 的并行计算模型如图 7.8 所示。每块 GPU 将从各自的 CPU 端获得初始计算数据, 进行并行计算, 并适时地与其他 GPU 进行数据交换及同步, 直至计算程序终止将结果返回 CPU 端。

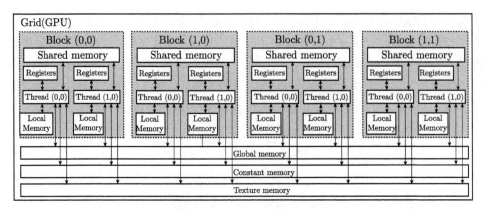

图 7.6　CUDA 存储器模型

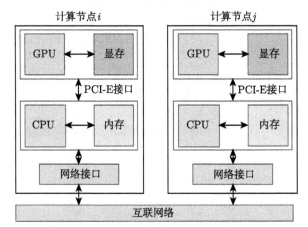

图 7.7　多 CPU-GPU 异构并行架构

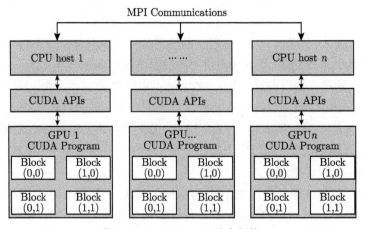

图 7.8　MPI-CUDA 基本架构

7.2 GPU 并行重分析计算

7.2.1 稀疏矩阵存储

组装单元刚度矩阵后得到的总体刚度矩阵中存在大量的零元素，采用普通的存储方式将极大地浪费计算机内存空间，并且不利于大规模的有限元分析。目前常用的策略是采用稀疏矩阵存储格式，如一维变带宽存储、压缩行存储、压缩列存储等。由于压缩行存储格式[27](Compressed Sparse Row, CSR) 具有良好的并行粒度和内存存取模式，本节在 GPU 上采用此格式存储刚度矩阵。对于刚度矩阵 K，CSR 格式将使用三个向量来保存刚度矩阵的元素值及相应下标值。矩阵中所有非零元素按行序依次存储于浮点型向量 **val** 中，整型向量 **row_ptr** 存储刚度矩阵 K 每一行第一个元素的下标值，对一个行数为 n 的矩阵，其最后一个即第 $n+1$ 个元素表示最后一行的下标边界。另一个整型向量 **col_ind** 存储了所有非零元素的列下标。图 7.9 给出了大小为 4×4 的刚度矩阵按 CSR 格式存储的简单示例。

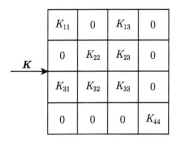
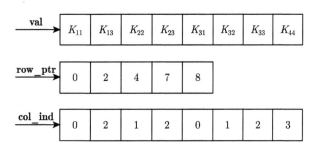

图 7.9 CSR 格式示例

7.2.2 壳单元刚度矩阵计算及组装方法

1. 刚度矩阵计算及组装策略分析

壳结构是汽车和航空航天等行业最为常见的结构，以图 7.10 所示的壳单元为例，结构的刚度矩阵计算及组装流程可概括如框 7.1 表示。组装时，需要先分别计算各单元的薄膜刚度矩阵和弯曲刚度矩阵，从而得到此单元的单元刚度矩阵。接着根据局部坐标到整体坐标的变换关系，得到自由度对应关系，并将此单元刚度矩阵的各个元素写入总体刚度矩阵相应的位置中，如果总体刚度矩阵相应位置已有数据，则将此单元刚度矩阵相应数据与总体刚度矩阵当前元素的数值进行叠加，得到新的总体刚度矩阵元素。

根据框 7.1 所述流程，开发适用于 GPU 的并行刚度矩阵计算及组装主要包括以下难点：

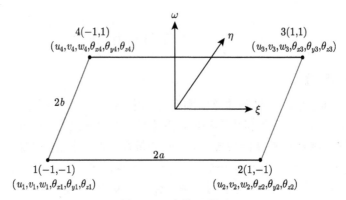

图 7.10   壳单元中面

框 7.1   单元刚度矩阵计算及组装基本流程

1. 初始化 $i=1$
2. 计算第 i 个单元的薄膜刚度矩阵 $\boldsymbol{K}_e^{\mathrm{m}}$
3. 计算第 i 个单元的弯曲刚度矩阵 $\boldsymbol{K}_e^{\mathrm{b}}$
4. 将第 1、2 步求得的 $\boldsymbol{K}_e^{\mathrm{m}}$ 和 $\boldsymbol{K}_e^{\mathrm{b}}$ 组合，获得局部坐标系下第 i 个单元的单元刚度矩阵
5. 通过坐标变换，获得整体坐标系下第 i 个壳单元的矩阵
6. 按自由度在总体刚度矩阵中的位置，组装第 i 个单元刚度矩阵
7. 更新 $i=i+1$，按第 2～6 步循环计算，直到终止

(1) 任务分解：将计算流程分解为相互独立的子模块；

(2) 合理利用显存：在处理数据时注意显存对齐，从而提高对显存的读取率，同时，不同层次的显卡存储器拥有不同的读取效率，合理分配数据在显存中的存储层次，有助于提高计算效率；

(3) 优化线程块内的线程数目，以及线程块的数目，使得流处理器的计算利用率最大。

在 GPU 中将线程和计算单位一一对应是一种可行且高效的并行策略，针对计算模式的不同，本节提出了两种适用于 GPU 并行计算及组装刚度矩阵的方法：采用线程映射单元的计算方式，称为 TME(Thread Mapping Element) 模式；以及采用线程映射总体刚度矩阵非零元素的计算模式，称为 TMNZ (Thread Mapping Non-Zero) 模式 [28]。

2. TME 并行组装刚度矩阵方法

图 7.11 为基于一维线程编号的单元与线程的对应示意图，所谓一维线程编号是指 CUDA 线程的三级层次均采用一维形式，其中 block(x) 为线程块的索引号，由 CUDA 内置变量 blockIdx.x 表示，$t(y)$ 为线程在线程块的索引，由内置变量 threadx 表示，因此一维 CUDA 线程索引号 T_n 计算公式为

$$T_n = \text{block}(x) \times \text{gridDim} + t(y) \tag{7.1}$$

式中，gridDim指线程块总数。以第 258 号单元为例，由第 258 号线程负责计算，此时 $x=1$，$y=2$。

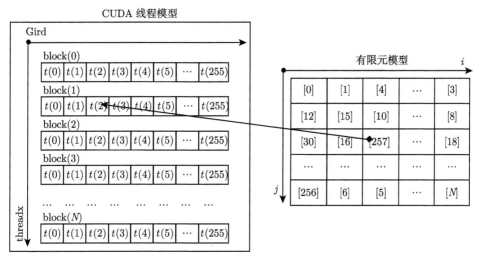

图 7.11　基于一维线程编号的单元与线程的对应示意图

由于相邻单元之间存在公共节点，两个单元的刚度矩阵会指向总体刚度矩阵的同一位置，如果直接并行组装会导致在总刚度矩阵同一位置发生竞写冲突。因此进行并行化之前，需要将单元计算分解成相互独立的任务。本节采用着色法将有限元网格分解为多个子网格，使得任一子网格中不存在共节点的单元对，因此每个子网格内部各单元的并行化操作不会存在竞写冲突。由于贪婪着色法[28]对有限元网格的分解具有良好的效果，本节采用此方法将有限元模型着色为多个子网格，然后在 GPU 上依次并行组装单种颜色的子网格，从而避免发生竞写冲突。

采用贪婪算法对有限元网格实现着色并生成子网格时，需先确定各单元的连接信息。图 7.12 给出了一个简单示例，通过对单元进行编号，可得到图 7.12 右端的连接关系图，且各单元的连接信息可用一个连接矩阵来表示。例如，图 7.12 的连接矩阵如式 (7.2) 所示，$L_{ij}=1$ 表示单元 i 和 j 之间共享一个以上的节点，互为相邻单元，$L_{ij}=0$ 表示单元 i 和 j 互不相邻。

$$\boldsymbol{L}(\boldsymbol{G}^{\mathrm{c}}) = \begin{bmatrix} 0 & 1 & 1 & 0 & 0 & 1 \\ 1 & 0 & 1 & 1 & 1 & 1 \\ 1 & 1 & 0 & 1 & 1 & 1 \\ 0 & 1 & 1 & 0 & 1 & 1 \\ 0 & 1 & 1 & 1 & 0 & 1 \\ 1 & 1 & 1 & 1 & 1 & 0 \end{bmatrix} \tag{7.2}$$

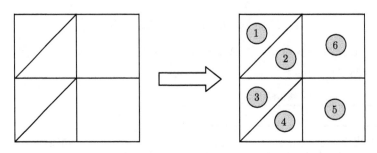

图 7.12　网格关系图

贪婪算法着色的具体步骤如框 7.2 所示，图 7.13 给出了使用贪婪算法进行着色的简单示例，由图 7.13 可知此网格一共使用了 6 种颜色，且任意相邻单元的颜色不同，每种颜色分别对应一个不同的子网格。

框 7.2　贪婪算法着色

1. 获取网格中的下一个单元
2. 遍历 $L(G^c)$ 获取单元的相邻单元信息，并检查未使用的颜色
3. 采用下一种的可用的颜色
4. 如果颜色集已满，返回第 3 步
5. 使用选定颜色为当前单元着色
6. 返回第 1 步直至所有单元均已被着色

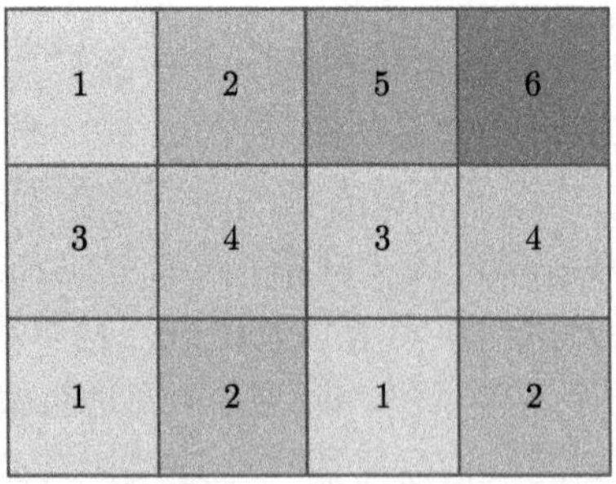

1	2	5	6
3	4	3	4
1	2	1	2

图 7.13　单元着色示例 (后附彩图)

重分析算法在对子网格进行组装时，由于单元之间是相互独立的，如图 7.13 所示在 GPU 上由每个 Thread 负责计算一个单元，并将其单元刚度矩阵 ke_{tid} 的值和其在总体刚度矩阵中的下标值分别存入表示总体刚度矩阵的向量 **value** 和 **index** 中。由于四边形壳单元的单元刚度矩阵为 24×24，每个单刚的元素个数为 576 个。当 GPU 组装完一种颜色的子网格后，继续并行组装其他颜色的子网格，直至得到对应的整体刚度矩阵，如图 7.14 所示。

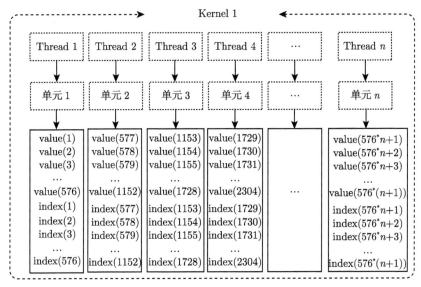

图 7.14　TME 并行组装刚度矩阵

3. TMNZ 并行组装刚度矩阵方法

　　TME 并行组装方法中为每个单元刚度的计算分配一个线程，为避免竞写冲突，与 TME 方法采用着色法不同，TMNZ 方法先并行计算各单元的刚度矩阵并将其数据写入全局显存，再利用并行归并算法组装得到整体刚度矩阵。在组装过程的归并算法中为整体刚度矩阵每一个非零元素分配了一个线程，因此该算法分为计算及组装两个计算内核程序 (Kernel)，如图 7.15 所示。

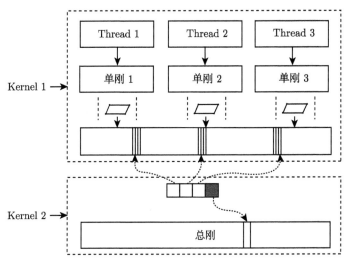

图 7.15　TMNZ 并行组装

其中第一个 Kernel 中，每个线程计算对应单元的单元刚度矩阵，并将单元刚度矩阵的数据写入全局显存中；第二个 Kernel 则负责对存入全局显存的数据进行归并，归并的原则是判断数据是否具有相同索引 (在总体刚度矩阵的下标一致)。如果索引相同，则将其累加，此部分操作代码如框 7.3 所示。

框 7.3　TMNZ 并行归并程序

```
//单元数据存储tindex,tgavl
int numbern = 576*numele;
thrust::device_ptr<int> tindex(tindex1);
thrust::device_ptr<double> tgval(gkval);
//按索引排序
thrust::sort_by_key(tindex, tindex+numbern, tgval);
int *newkeys = (int*)calloc(numbern, sizeof(int));
double *newvals = (double*)calloc(numbern, sizeof(double));
int *h_tindex = (int*)calloc(numbern, sizeof(int));
double *h_tgval = (double*)calloc(numbern, sizeof(double));
cudaMemcpy(h_tindex, tindex1, sizeof(int)*numbern, cudaMemcpyDeviceToHost);
cudaMemcpy(h_tgval, gkval, sizeof(double)*numbern, cudaMemcpyDeviceToHost);
//归并
thrust::pair<int*,double*>new_end;
new_end = thrust::reduce_by_key(h_tindex, h_tindex + numbern, h_tgval, newkeys,
         newvals);
int len_newkeys = new_end.first-newkeys;
int len_newvals = new_end.second-newvals;
```

由框 7.3 可知，此方法先对显存中的单元数据按索引进行排序，排序后得到一系列较短的向量 *S*，每个向量包含了具有相同索引的单元数据，之后采用如图 7.16 所示树状算法进行归并，归并结果即为相应索引对应的总体刚度矩阵元素。

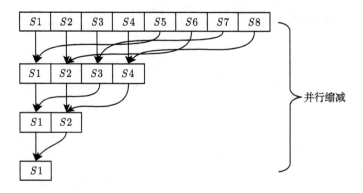

图 7.16　并行归并

7.2.3 GPU 并行预处理共轭梯度法[29]

进行结构重分析之前，需对初始结构进行完整分析，且此部分采用串行计算时耗时较多，因此有必要对结构平衡方程 $K_0 r_0 = F_0$ 进行并行计算。预处理共轭梯度法 (Preconditioned Conjugate Gradient，PCG) 可有效降低刚度矩阵条件数，具有提高收敛速度且易于并行的特点，被广泛应用于求解有限元方程组。传统的预处理技术如不完全楚列斯基分解和对称超松弛 (Symmetric Successive Over-Relaxation, SSOR) 方法存在难以并行化的问题，而雅可比预处理对收敛速度的提高作用比较有限，因此需要选择一种适合在 GPU 上并行化实现的预处理算子。稀疏近似逆矩阵的各行列可由并行化计算获得，易于 GPU 并行实现，但是近似逆矩阵存在鲁棒性较差的问题，不能完全保证预处理矩阵的对称正定性，而通过 SSOR 方法产生的近似逆矩阵[30] 可有效保证它的对称正定性，并且具有很好的鲁棒性，适合本节对预处理算子的要求。因此采用 SSOR 近似逆预处理算子，充分利用了其并行性及鲁棒性。同时在 PCG 方法中包含大量矩阵向量操作，本节也对其进行了 GPU 并行计算。

1. SSOR 稀疏近似逆

作为预条件处理技术，稀疏近似逆通常用作加速迭代求解大规模方程组，目前主要基于最小 Frobenius 范数 (F-范数) 的方法和不完全双共轭方法生成[30]。由于稀疏近似逆和原矩阵有相似的稀疏结构，因此所需存储空间远小于精确逆。

基于最小 F-范数方法生成稀疏近似逆的准则如下：

$$\min_M F(M) = \frac{1}{2} \| I - KM \|_F^2 \tag{7.3}$$

式中，K 为原结构刚度矩阵；M 为一对称矩阵。下面利用 SSOR 方法求它的稀疏近似逆，因为 K 对称正定，可将其分解为下式：

$$K = L + D + L^T \tag{7.4}$$

D 和 L 分别为 K 矩阵的对角元素阵和完全下三角阵。将 M 分解为下式：

$$M = NN^T \tag{7.5}$$

其中，N 为

$$N = \frac{1}{\sqrt{2 - \omega}} (\bar{D} + L) \bar{D}^{-1/2} \tag{7.6}$$

式中

$$\bar{D} = (1/\omega) D \quad (0 < \omega < 2) \tag{7.7}$$

所以矩阵 N 可以写成以下表达式：

$$N = \frac{1}{\sqrt{2-\omega}}\bar{D}(I + \bar{D}^{-1}L)\bar{D}^{-1/2} \tag{7.8}$$

因此，N 的逆矩阵是

$$N^{-1} = \sqrt{2-\omega}\bar{D}^{1/2}(I + \bar{D}^{-1}L)^{-1}\bar{D}^{-1} \tag{7.9}$$

定义矩阵 K 的谱半径 $\rho(K)$，假设 $\rho(D^{-1}L) < 1$，则 N^{-1} 通过诺伊曼级数可近似表示为

$$N^{-1} \approx \sqrt{2-\omega}\bar{D}^{1/2}\left[I - \bar{D}^{-1}L + \left(\bar{D}^{-1}L\right)^2 - \left(\bar{D}^{-1}L\right)^3 + \cdots\right]\bar{D}^{-1} \tag{7.10}$$

取一阶近似得到

$$N^{-1} \approx \sqrt{2-\omega}\bar{D}^{1/2}\left(I - \bar{D}^{-1}L\right)\bar{D}^{-1} = \sqrt{2-\omega}\bar{D}^{-1/2}\left(I - L\bar{D}^{-1}\right) = \bar{N} \tag{7.11}$$

根据文献 [31] 取 $\omega=1$ 时效果最好，则

$$\bar{N} = \bar{D}^{-1/2}\left(I - L\bar{D}^{-1}\right) \tag{7.12}$$

所以得到 SSOR 稀疏近似逆矩阵为

$$\bar{M} = \bar{N}^{\mathrm{T}}\bar{N} \tag{7.13}$$

因为利用 SSOR 方法求得的近似逆矩阵具有预先设定的稀疏格式，从而可以大大减少计算量及存储要求。且此矩阵具有预处理算子所要求的对称正定性，提高了预处理算子的稳健性。

2. 并行预处理共轭梯度法

随着结构规模的增大，PCG 存在求解效率低下的现象，串行的 PCG 方法涉及大量向量相加及矩阵向量乘法操作，而此类操作占整个求解过程中 80% 以上的计算时间。因此，在 GPU 上并行化实现矩阵向量乘法以及向量相加操作可有效提高计算效率。

针对向量加法如 $c = a + b$，假设向量长度为 n，由于相加时元素之间相互独立，可为每个元素相加分配一个对应的 GPU 线程，第tid个线程将向量 a、b 中第tid个元素相加写入向量 c 的第tid个元素。伪代码如下：

```
if (tid < n) then c [tid]=a[tid]+b[tid]
```

计算矩阵向量相乘如 $y = kx$ 时，首先按图 7.9 所示将刚度矩阵 K 用 CSR 格式表示为 IK(行向量)、JK(列向量)、KK(值向量) 三个向量。根据线程与计算单

元的映射方式, 可采用一个线程对应计算矩阵的一行或者一个线程 warp 块 (含 32 个线程) 对应计算矩阵的一行两种计算模式。由于本节刚度矩阵中每一行的非零元素较多, 约为 40 个, 使用一个线程对应一行进行计算时, 由于仅有一个线程负责一行, 数目远小于单行的非零元素数, 计算效率较低, 因此采用一个 warp 块对应一行的计算模式。GPU 端的计算流程如框 7.4 所示。

框 7.4 GPU 端的计算流程

1. 一个 warp 块包含 32 个线程, warp 块的编号为 warp_id=tid/32, 线程在 warp 块内的索引号为 lane=tid%32, 令行号 row=warp_id, 从而一个 warp 块对应一行
2. 找出每一行开始元素的下标 row_start=IK[row], 结束元素的下标 row_end=IK[row+1] 每个线程负责计算一行中的一个元素 vals[threadIdx.x]=KK[jj]*x[JK[jj]]
3. 把每个 warp 内中 Thread 计算的结果进行归并, 把结果写入第一个线程的结果 vals[0] 中, 令 y[row]=vals[0]
4. 重复第 2 到第 3 步操作直至计算结束

7.2.4 GPU 并行求逆方法

在结构重分析中, 当增加节点导致自由度数目增加时, 初始刚度矩阵 K_0 扩展为如下形式:

$$K_A = \begin{bmatrix} K_0 & 0 \\ 0 & 0 \end{bmatrix} \qquad (7.14)$$

由于此矩阵的秩小于其行数, 属于奇异矩阵, 不能直接对它求逆。修改后的结构刚度矩阵为

$$K = K_A + \Delta K \qquad (7.15)$$

其中

$$\Delta K = \begin{bmatrix} \Delta K_{00} & \Delta K_{0N} \\ \Delta K_{N0} & \Delta K_{NN} \end{bmatrix} \qquad (7.16)$$

式 (7.15) 可转换为下述表达式:

$$K = \begin{bmatrix} K_0 & 0 \\ 0 & \alpha\Delta K_{NN} \end{bmatrix} + \begin{bmatrix} \Delta K_{00} & \Delta K_{0N} \\ \Delta K_{N0} & (1-\alpha)\Delta K_{NN} \end{bmatrix} \qquad (7.17)$$

式 (7.17) 中 α 的值很小, 可令

$$K_M = \begin{bmatrix} K_0 & 0 \\ 0 & \alpha\Delta K_{NN} \end{bmatrix} \qquad (7.18)$$

　　通过上述转换，把直接求解矩阵 K_A 的逆变为求矩阵 K_M 的逆。K_M 的求逆包含求取初始刚度矩阵 K_0 和 ΔK_{NN} 的逆，由于自由度较大时，K_0 的逆矩阵为稠密矩阵，需占用大量的计算机内存，且计算时间巨大，无法直接进行求解。根据 7.2.3 节所描述的稀疏近似逆，本节将 K_M 的求逆转换为求 K_0 的近似逆和求 ΔK_{NN} 的精确逆。因为利用 SSOR 方法求得的近似逆矩阵具有预先设定的稀疏格式，从而可以大大减少计算量及存储要求，用此近似逆矩阵代 K_0^{-1}，从而可以快速求得基向量组，得到基于对称超松弛稀疏近似逆的 CA 法。

　　结构修改量较大时，矩阵 ΔK_{NN} 的自由度数较多导致求逆矩阵的时间过长，影响了重分析的计算效率。针对 ΔK_{NN} 的对称正定性，可采用楚列斯基分解进行求逆。例如，4×4 的 ΔK_{NN} 矩阵求逆过程如下。首先，对 ΔK_{NN} 实行楚列斯基分解。

$$\Delta K_{NN} = LDL^T \tag{7.19}$$

其中，L 为下三角矩阵；D 为对角矩阵。

$$L = \begin{bmatrix} 1 & & & \\ l_{21} & 1 & & \\ l_{31} & l_{32} & 1 & \\ l_{41} & l_{42} & l_{43} & 1 \end{bmatrix}, \quad D = \begin{bmatrix} d_1 & & & \\ & d_2 & & \\ & & d_3 & \\ & & & d_4 \end{bmatrix} \tag{7.20}$$

接着分别计算 L 和 D 的逆矩阵。

$$L^{-1} = \begin{bmatrix} 1 & & & \\ -l_{21} & 1 & & \\ l_{32}l_{21} - l_{31} & -l_{32} & 1 & \\ l_{43}(l_{31} - l_{32}l_{21}) + l_{42}l_{21} - l_{41} & l_{43}l_{32} - l_{42} & -l_{43} & 1 \end{bmatrix} \tag{7.21}$$

$$D^{-1} = \begin{bmatrix} 1/d_1 & & & \\ & 1/d_2 & & \\ & & 1/d_3 & \\ & & & 1/d_4 \end{bmatrix} \tag{7.22}$$

最后，ΔK_{NN} 的逆矩阵可由下式求得：

$$\Delta K_{NN}^{-1} = (LDL^T)^{-1} = (L^{-1})^T D^{-1} L^{-1} \tag{7.23}$$

　　CUDA 第三方库 CULA(LAPACK Interface for CUDA) 提供了求逆矩阵的接口函数，在 GPU 上对矩阵求逆操作实现了并行化，大幅度提高了重分析的计算效率。

7.2.5 GPU 并行重分析计算方法

图 7.17 表达了 GPU 并行重分析方法的计算流程,为说明本节方法的通用性,分别采用组合近似法和独立系数法进行了并行重分析计算。其中基于 CA 法的并行重分析流程可分为三部分:在流程的第一部分,采用 SSOR 稀疏近似逆为预处理算子求解初始结构的平衡方程组,得到初始结构的位移解;第二部分采用 SSOR 稀疏近似逆矩阵构造出修改后结构刚度矩阵的逆矩阵,并求出相应的 **B** 矩阵;第三部分构造并求解缩减方程组,得到改变后结构的位移解。基于 IC 法的并行重分析流程同样可分为三部分:在流程的第一部分,求解初始平衡方程组得到初始结构的位移解;第二部分选择需要重分析的自由度;第三部分构造缩减方程组并进行求解。图 7.17 右侧黑框里面的步骤表示在 GPU 上并行化实现。可以看出,在并行重分析过程中,计算程序中包含大量的矩阵向量操作,且此部分操作将消耗较多的计算资源与时间,从而将其基于 CUDA 架构实现 GPU 并行处理。同时,由于 IC 法不需要进行刚度矩阵分解,相对 CA 法具有更少的计算量,但其基向量个数随着结构改变度的增加而增加,从而导致计算量上升,因此较适合大规模结构的小改动问

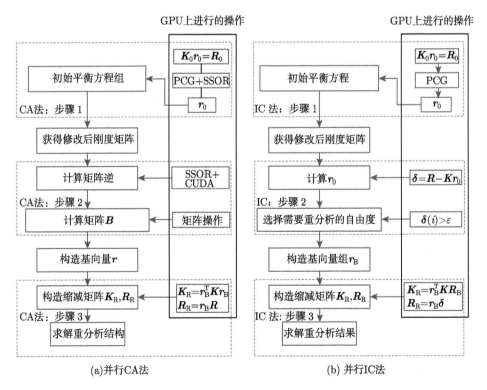

图 7.17　并行重分析流程

题。而 CA 法则对发生较大改动的结构仍能保持相当的计算量和较高的计算精度，能适合各类问题的重分析计算，在重分析方法中应用最为广泛。

7.3　数值算例及分析

为验证基于 CUDA 架构的 GPU 并行重分析算法的有效性，本章采用壳单元建模，对车架和车门模型分别进行计算，并对比了并行重分析算法与 CPU 串行程序的计算时间和计算精度。本节采用的计算硬件及编译环境如表 7.1 所示。

表 7.1　计算平台信息

名称	型号	主要性能参数
CPU	Intel Core I7-930	主频: 2.80GHz, 4GB 内存
GPU	NVIDIA GTX 460	336 个 CUDA 核心, 1GB 显存
操作系统	Windows 7 64 位	
开发环境	Microsoft Visual Studio 2008, CUDA 4.0	

7.3.1　车架刚度分析

首先采用车架刚度分析算例对本节提出的 GPU 并行重分析算法的计算效率和计算精度进行评估。某货车车架由几种截面形式固定的薄壁梁结构组成，其初始结构尺寸及模型如图 7.18 所示。

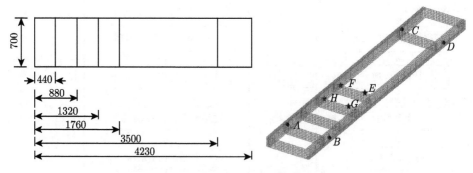

图 7.18　车架初始结构尺寸及模型 (单位: mm)

采用四边形壳单元对其进行网格划分，加载信息如下，在图 7.18 中：①模拟减速箱的重力作用，在节点 E、F 上施加大小为 300 N 的集中力，方向沿 $-z$ 方向；②模拟发动机的重力作用，沿 $-z$ 方向在节点 G、H、I、J 上施加大小为 500N 的集中力；③模拟车身总成与载货总重量，在纵梁的上表面上施加集度为 0.005 N/mm^2 的均布力。弹性模量为 200GPa，泊松比为 0.3。

车架所受约束信息如表 7.2 所示。

表 7.2 车架结构的约束

节点	约束的自由度
A	u_x, u_z
B	u_x, u_y, u_z
C	u_z
D	u_y, u_z

为增强车架的刚度，在车架中间部位新增一横梁，修改后车架结构的设计尺寸如图 7.19 所示。

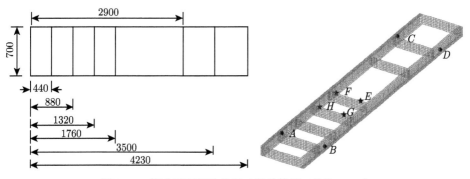

图 7.19　修改后车架结构尺寸及结构图 (单位：mm)

采用壳单元划分网格，得到新的网格模型，加载信息和约束信息保持不变。采用基于 CUDA 的并行重分析方法，在 GPU 上对此模型实现并行化计算后，可以得到如图 7.20 所示的初始车架位移响应和修改后车架位移响应。

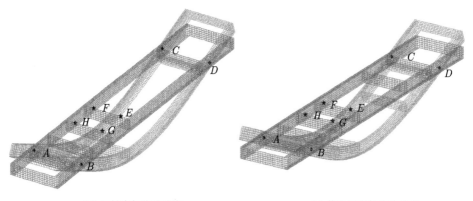

(a) 初始车架位移响应　　　　　　　　(b) 修改后车架位移响应

图 7.20　车架位移响应

为了对比 GPU 对于不同规模车架模型重分析计算的效率和精度, 对车架算例分别采用了如表 7.3 所示的网格模型, 并将其在 GPU 和 CPU 上分别进行了计算。

表 7.3   不同规模车架模型

模型	初始结构自由度	修改后结构自由度
1	4506	4644
2	30438	31524
3	86250	89256
4	196296	203664

采用 GPU 并行重分析和 CPU 串行重分析分别进行计算, 计算的加速比如表 7.4 所示, 本节加速比的值为 CPU 串行程序的执行时间除以 GPU 并行程序的执行时间。

表 7.4   不同规模车架刚度计算的加速比

加速比	模型 1	模型 2	模型 3	模型 4
组装	1.91	7.27	9.57	13.01
求解方程组	7.27	38.66	55.50	69.67
求逆	0.38	30.62	129.38	154.26
总过程	5.35	36.36	59.71	78.08

不同车架模型重分析具有不同的加速比, 其加速比曲线如图 7.21 所示, 为详细说明 GPU 并行程序对 CPU 串行程序的贡献, 图 7.21 分别对组装刚度矩阵、求解方程组、求逆以及总过程的计算效率进行了对比。

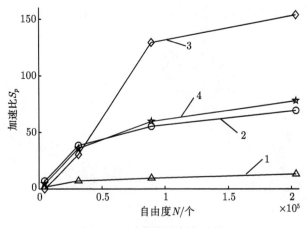

图 7.21   车架重分析加速比

1. 组装加速比; 2. 求解方程组加速比; 3. 求逆加速比; 4. 总加速比

由表 7.4 和图 7.21 可知, 在 GPU 和 CPU 计算相同模型的前提下, GPU 的计算效率要好于 CPU, 且随着模型自由度数目的增加, GPU 并行计算的优势更加凸显。例如, 对于自由度数为 203664 的车架模型, 各部分加速比均为最大, 其中组装刚度矩阵加速比为 13.01 倍, 求解有限元方程组加速比为 69.67 倍, 求逆过程的加速比为 154.26 倍, 整个 GPU 并行重分析相对于 CPU 串行程序的加速比达到了 78.08 倍, 加速效果明显。

在 GPU 上对车架模型实现并行重分析, 不仅须关注计算效率, 其计算精度也须得到保障。本节将四种规模的车架位移结果进行了对比。位移采样方式如下: 沿变形最大方向 z 方向均匀采取样本点, 其中模型 1 每间隔 30 个节点, 模型 2 每间隔 120 个节点, 模型 3 每间隔 560 个节点, 模型 4 每间隔 1200 个节点选取 1 个节点, 最终所得样本点数目分别为 154 个、262 个、160 个、163 个。不同车架模型的位移结果对比如图 7.22 所示。

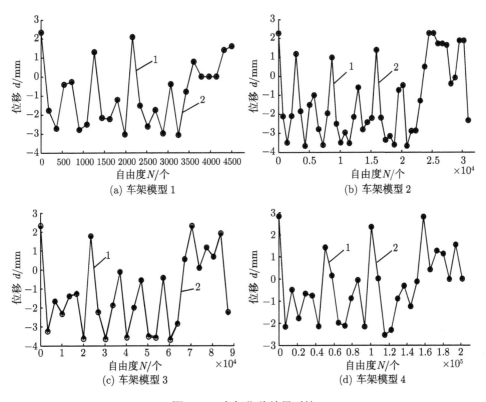

图 7.22 车架位移结果对比

o:CPU 重分析; ∗: GPU 重分析

由图 7.22 可知, 基于 GPU 的并行重分析能取得 CPU 串行程序相同的位移结果，随机抽取车架模型 4 的部分节点，其位移数值如表 7.5 所示。表中结果进一步表明 GPU 并行重分析的结果能满足仿真计算的精度要求。

表 7.5　车架算例 4 位移对比

节点编号	CPU 位移/mm	GPU 位移/mm
1206	−2.16495	−2.16495
6078	−0.773196	−0.773196
16766	2.31959	2.31959
19193	−2.56701	−2.56701
33570	−0.000021	−0.000021

7.3.2　车门刚度分析

为进一步验证基于 CUDA 架构的 GPU 并行重分析算法的有效性，本节针对几何结构更加复杂的某轿车车门模型进行了垂直刚度重分析计算。

采用壳单元对车门模型进行划分，得到初始车门网格模型如图 7.23 所示。载荷信息如下：沿垂直向下方向在车门右上角节点 C 处施加大小为 100N 的集中力。弹性模量的取值为 200GPa，泊松比的值设为 0.3。

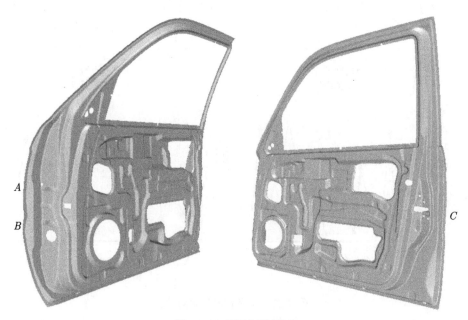

图 7.23　车门初始模型

此车门模型受到的约束如表 7.6 所示。

表 7.6 车门所受约束

节点	受约束自由度
A	$u_x, u_y, u_z, \theta_x, \theta_y, \theta_z$
B	$u_x, u_y, u_z, \theta_x, \theta_y, \theta_z$

现车门上开一减重孔,得到新的网格模型如图 7.24 所示,修改后模型所受的载荷和约束信息不变。采用基于 CUDA 的并行重分析方法,在 GPU 上对此模型实现并行化计算后,可以得到如图 7.25 所示的初始车门位移响应和修改后车门位移响应。

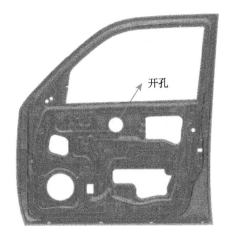

图 7.24 车门修改后模型

(a) 初始车门位移响应   (b) 修改后车门位移响应

图 7.25 车门位移响应 (后附彩图)

为了对比 GPU 对于不同规模车门模型重分析计算的效率和精度,对车门模型分别建立了如表 7.7 所示四种不同规模的网格模型，并分别在 GPU 和 CPU 上进行计算。

表 7.7　四种规模的车门网格

模型	初始自由度数	结构改变后的自由度数
1	7590	7632
2	40524	40806
3	101898	102996
4	203448	204570

表 7.8 所示为采用 GPU 并行重分析和 CPU 串行重分析计算的加速比，其中加速比等于 CPU 串行计算时间除以 GPU 并行计算时间。

表 7.8　不同规模的车门计算加速比

加速比	模型 1	模型 2	模型 3	模型 4
组装	3.24	4.61	4.69	5.41
求解方程组	6.13	21.29	57.73	63.51
求逆	0.36	1.80	20.93	23.45
总过程	5.41	20.21	55.57	58.81

图 7.26 给出了四种车门网格下重分析的加速比曲线，分别对比了重分析过程中的组装刚度矩阵部分、求解方程组部分、求逆部分和总过程的加速比。

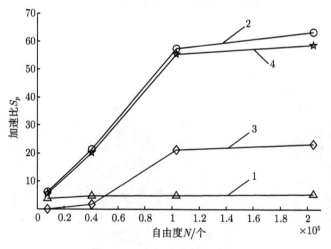

图 7.26　车门重分析加速比

1. 组装加速比；2. 求解方程组加速比；3. 求逆加速比；4. 总加速比

由表 7.8 和图 7.26 可知，在 GPU 和 CPU 计算相同模型的前提下，GPU 的计算效率要好于 CPU。且随着模型自由度数目的增加，GPU 并行计算的优势更加凸显。例如，对于自由度数为 204570 的车门模型，各部分加速比均为最大，其中组装刚度矩阵加速比为 5.41 倍，求解有限元方程组加速比为 63.51 倍，求逆过程的加速比为 23.45 倍，整个 GPU 并行重分析相对于 CPU 串行程序的加速比达到了 58.81 倍，加速效果明显。

在 GPU 上对车门模型实现并行重分析，不仅须关注计算效率，其计算精度也须得到保障。本节将四种规模的车门位移结果进行了对比。位移采样方式如下：沿变形最大方向 z 方向均匀采取样本点，其中模型 1 每间隔 30 个节点，模型 2 每间隔 120 个节点，模型 3 每间隔 560 个节点，模型 4 每间隔 1200 个节点选取 1 个节点，最终所得样本点数目分别为 254 个、170 个、184 个、170 个。图 7.27 分别给出了四种网格下的位移精度对比结果。

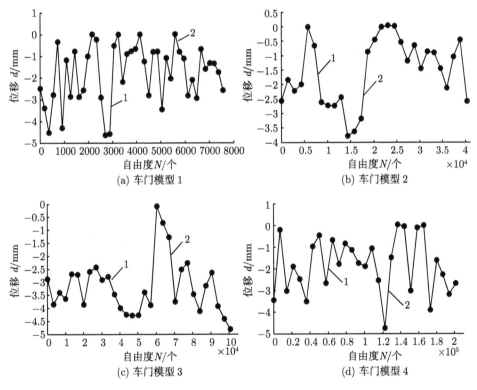

图 7.27　车门模型结果对比

○:CPU 重分析；*:GPU 重分析

由图 7.27 可知，基于 CUDA 的并行重分析位移结果和 CPU 串行分析位移结果高度吻合，这得益于文中所利用的 GTX 460 已经能够进行双精度浮点数运算，并且完全符合 IEE754 浮点格式标准。随机抽取车门模型 4 的部分节点，其位移数

值如表 7.9 所示。表中结果进一步表明 GPU 并行重分析的结果能满足仿真计算的
精度要求。

表 7.9　车门模型 4 位移对比

节点编号	CPU 位移/mm	GPU 位移/mm
1094	−0.175258	−0.175258
9571	−2.68041	−2.68041
16816	−1.90722	−1.90722
22832	0.041237	0.041237
33633	−2.68041	−2.68041

7.3.3　结果分析和讨论

由以上两个算例的计算结果可知，本章提出的基于 CUDA 架构的 GPU 并行
重分析计算方法可以有效地在 GPU 通用平台上对汽车结构的数值仿真问题进行
求解。首先，在计算问题相同的前提下，相对于 CPU 串行计算模式，采用 GPU 并
行计算对计算效率有十分明显的提高。其次，基于 GPU 并行计算的结果与 CPU
串行计算结果完全一致。因此，说明本章提出的 GPU 并行重分析算法可以很好地
适用于 GPU 并行，且算例结果证明该并行算法具有和 CPU 串行计算相同的位移
精度。同时，GPU 的加速能力在一定区间内同算例的自由度数成正比关系，这是
因为 GPU 中同时参与并行计算的 CUDA 核心以及 CUDA 线程数目越多，加速比
将越大。当并发执行线程数目达到 GPU 硬件架构所容许的最大值时，加速比将趋
于稳定。此关系可用下式表示：

$$\lim_{m \to N} \frac{nO(e)}{nO(e)/m} = \delta N, \quad \delta = (0, 1) \tag{7.24}$$

式中，n 为计算模型的总自由度数目；N 为 GPU 容许的并发执行最大线程数；m 为
当前并发执行的线程数目；$O(e)$ 为单个自由度的计算复杂度；δ 为由 CPU 与 GPU
异构计算平台等硬件因素决定的一个因子，取值范围从 0 至 1。

7.4　小　　结

本章首先对重分析算法进行了介绍，经过分析可知重分析算法具有较好的天
然并行性。本章提出了基于 CUDA 架构的 GPU 并行重分析算法，采用的具体并
行策略如下：

(1) 针对重分析方法组装刚度矩阵部分，提出了线程映射单元、线程映射非零元
素两种并行组装方法，为消除并行组装时的计算相关性造成的竞写冲突，提出了采
用贪婪着色法将计算网格分割成子网格，从而实现子网格中各单元与 CUDA 线程

之间一一映射的基本并行策略, 此策略可以很好地适用于 GPU 基于 SIMD(Single Instruction Multiple Data) 的轻量化并行架构, 且具有良好的细粒度并行性。同串行组装程序相比, 该策略能够大幅度提升计算效率。

(2) 针对求解大规模线性方程组, 提出了基于 SSOR 近似逆的 GPU 并行预处理共轭梯度法。SSOR 近似逆预处理算子具有良好的并行性和稳健性。同时, 针对预处理共轭梯度法中的计算效率问题, 提出了基于 CUDA 的 GPU 并行预处理共轭梯度法, 大大提升了求解效率。

(3) 针对组合近似法中需要对修改后结构刚度矩阵求逆的问题, 提出了采用 SSOR 近似逆构造基向量的方法, 并在求逆过程中采用 GPU 进行加速, 取得了较好的加速比。

在以上并行策略的基础上, 建立了适用于 GPU 平台的并行重分析系统。通过数值算例表明, 采用 CUDA 架构的 GPU 并行重分析算法可以取得良好的加速比, 证明了本章提出的并行重分析算法能很好地适用于 GPU 执行。同时, 该并行重分析算法可以取得与 CPU 串行程序一致的计算结果, 表明基于 GPU 通用计算技术的并行重分析系统能够满足数值仿真的精度要求。

总的来说, 本章的主要工作是在极低的硬件成本上, 提出了 GPU 并行重分析算法, 为重分析算法的工程应用提供了一种简单、高效的新途径。

参 考 文 献

[1] Pharr M, Fernando R. GPU Gems 2: Programming Techniques for High-performance Graphics and General-purpose Computation (GPU Gems)[M]. Addison-Wesley Professional, 2005.

[2] Kagi A, Goodman J R, Burger D. Memory bandwidth limitations of future microprocessors[C]//1996 23rd Annual International Symposium on Computer Architecture. IEEE, 1996: 78.

[3] Gray K. Microsoft DirectX 9 Programmable Graphics Pipeline[M]. Microsoft Press, 2003.

[4] Neider J, Davis T, Woo M. OpenGL Programming Guide[M]. Addison-Wesley, 1993.

[5] Mark W R, Glanville R S, Akeley K, et al. Cg: a system for programming graphics hardware in a C-like language[C]//ACM Transactions on Graphics (TOG). ACM, 2003, 22(3): 896-907.

[6] Marroquim R, Maximo A. Introduction to GPU programming with GLSL[C]// 2009 Tutorials of the XXII Brazilian Symposium on Computer Graphics and Image Processing (SIBGRAPI TUTORIALS). IEEE, 2009: 3-16.

[7] Oneppo M. HLSL shader model 4.0[C]//ACM SIGGRAPH 2007 courses. ACM, 2007:

112-152.

[8] Buck I, Foley T, Horn D, et al. Brook for GPUs: stream computing on graphics hardware[C]//ACM Transactions on Graphics (TOG). ACM, 2004, 23(3): 777-786.

[9] Stone J E, Gohara D, Shi G. OpenCL: a parallel programming standard for heterogeneous computing systems[J]. Computing in Science & Engineering, 2010, 12(1-3): 66-73.

[10] Göddeke D, Strzodka R, Mohd-Yusof J, et al. Exploring weak scalability for FEM calculations on a GPU-enhanced cluster[J]. Parallel Computing, 2007, 33(10): 685-699.

[11] Yang C T, Huang C L, Lin C F. Hybrid CUDA, OpenMP, and MPI parallel programming on multicore GPU clusters[J]. Computer Physics Communications, 2011, 182(1): 266-269.

[12] Bolz J, Farmer I, Grinspun E, et al. Sparse matrix solvers on the GPU: conjugate gradients and multigrid[C]//ACM Transactions on Graphics (TOG). ACM, 2003, 22(3): 917-924.

[13] Liu Y, Schmidt B. CUSHAW2-GPU: empowering faster gapped short-read alignment using GPU computing[J]. IEEE Design & Test, 2014, 31(1): 31-39.

[14] Ekman M, Warg F, Nilsson J. An in-depth look at computer performance growth[J]. ACM SIGARCH Computer Architecture News, 2005, 33(1): 144-147.

[15] Rapaport D. Teraflops and beyond: GPU-based MD exploration of emergent phenomena[J]. Bulletin of the American Physical Society, 2015, 60.

[16] Kramer S C, Hagemann J. SciPAL: expression templates and composition closure objects for high performance computational physics with CUDA and OpenMP[J]. ACM Transactions on Parallel Computing, 2015, 1(2): 15.

[17] Nickolls J, Dally W J. The GPU computing era[J]. Micro, IEEE, 2010, 30(2): 56-69.

[18] Lindholm E, Kilgard M J, Moreton H. A user-programmable vertex engine[C]//Proceedings of the 28th Annual Conference on Computer Graphics and Interactive Techniques. ACM, 2001: 149-158.

[19] Krüger J, Westermann R. Linear algebra operators for GPU implementation of numerical algorithms[C]//ACM Transactions on Graphics (TOG). ACM, 2003, 22(3): 908-916.

[20] Owens J D, Luebke D, Govindaraju N, et al. A survey of general-purpose computation on graphics hardware[C]//Computer Graphics Forum. Blackwell Publishing Ltd, 2007, 26(1): 80-113.

[21] Hillesland K E, Molinov S, Grzeszczuk R. Nonlinear optimization framework for image-based modeling on programmable graphics hardware[C]//ACM SIGGRAPH 2005 Courses. ACM, 2005: 224.

[22] Harris M J, Coombe G, Scheuermann T, et al. Physically-based visual simulation on graphics hardware[C]//Proceedings of the ACM SIGGRAPH/EUROGRAPHICS conference on Graphics hardware. Eurographics Association, 2002: 109-118.

[23] Li W, Wei X, Kaufman A. Implementing lattice Boltzmann computation on graphics hardware[J]. The Visual Computer, 2003, 19(7-8): 444-456.

[24] Buck I, Foley T, Horn D, et al. Brook for GPUs: stream computing on graphics hardware[C]//ACM Transactions on Graphics (TOG). ACM, 2004, 23(3): 777-786.

[25] Karimi K, Dickson N G, Hamze F. A performance comparison of CUDA and OpenCL[J]. arXiv preprint arXiv:1005.2581, 2010.

[26] Du P, Weber R, Luszczek P, et al. From CUDA to OpenCL: towards a performance-portable solution for multi-platform GPU programming[J]. Parallel Computing, 2012, 38(8): 391-407.

[27] Mellor-Crummey J, Garvin J. Optimizing sparse matrix-vector product computations using unroll and jam[J]. International Journal of High Performance Computing Applications, 2004, 18(2): 225-236.

[28] Adams M, Taylor R L. Parallel multigrid solvers for 3D-unstructured large deformation elasticity and plasticity finite element problems[J]. Finite Elements in Analysis and Design, 2000, 36(3): 197-214.

[29] Wang H, Li E, Li G. A parallel reanalysis method based on approximate inverse matrix for complex engineering problems[J]. Journal of Mechanical Design, 2013, 135(8): 081001.

[30] Ament M, Knittel G, Weiskopf D, et al. A parallel preconditioned conjugate gradient solver for the poisson problem on a multi-GPU platform[C]//2010 18th Euromicro Conference on Parallel, Distributed and Network-based Processing. IEEE, 2010: 583-592.

[31] Helfenstein R, Koko J. Parallel preconditioned conjugate gradient algorithm on GPU[J]. Journal of Computational and Applied Mathematics, 2012, 236(15): 3584-3590.

第8章 CAD/CAE 一体化重分析优化设计

传统的结构设计中，通常需要用到两种模型：CAD 和 CAE 模型。这两种模型间的转换给结构设计分析造成误差，也是导致闭环优化方法在工程中难以实施的重要因素。对于涉及几何的优化设计，设计变量通常是基于 CAD 模型，而目标函数和约束函数通常需要通过 CAE 模型的计算。因此，如果 CAD 和 CAE 两种模型不能自动关联，优化流程会变成一个开环过程，难以自动完成，这也成为制约优化算法推广的重要瓶颈，而 CAD/CAE 一体化是解决这一问题的有效手段。针对这些问题，为了构建高效的结构优化体系，本章建立了基于细分的 CAD/CAE 一体化系统，从而使结构优化的流程形成闭环回路。而优化过程中，引入重分析方法，可以很大程度上提升优化的效率，大幅度缩短设计周期。

8.1 基于细分的 CAD/CAE 一体化

8.1.1 基于细分曲面的边界表示法

边界表示法 (Boundary representation, B-rep)[1] 是计算机图形学中一种广泛使用的模型表示方法，其主要思想是使用边界表达 CAD 模型。具体来说，实体可以使用其边界面表示，面可以使用其边表示，边可以使用其端点 (顶点) 表示，而顶点可以直接通过坐标定义。面、边和顶点信息可以根据其不同的等级进行组织，从而形成一个网状的数据结构。如图 8.1 所示是边界表示法模型和数据结构的示意图。

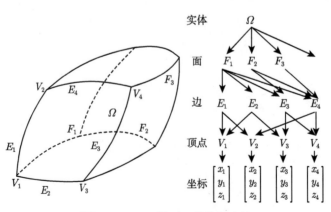

图 8.1 B-rep 模型及其数据结构

边界表示法中的边和面都可以使用细分技术构造。细分[2] 是当前计算机图形学中流行的造型技术之一。它是通过将离散的多边形面片相互连接表达连续的曲面，并通过按照一定规则添加节点和面片对曲面进行细化，最终在极限状态下得到一定阶次的光滑曲面。如图 8.2 所示为细分曲面的一个示例。细分曲面有两个优点：①连续性。细分曲面在复杂模型中不会出现间隙和覆盖等问题。②可以表达任意拓扑结构的曲面。因此，细分在工程设计中的应用也具有相当的潜力。目前有许多的细分方法可以用于 CAD 造型，这些方法大体上可以分为基于三角形的细分 (如 Loop 细分[3] 和 $\sqrt{3}$ 细分[4]) 和基于四边形的细分 (如 Doo-Sabin 细分[5] 和 Catmull-Clark 细分[6])。本章主要使用三角形网格进行几何建模和 CAE 分析，因此，下面将详细介绍 Loop 细分和 $\sqrt{3}$ 细分。

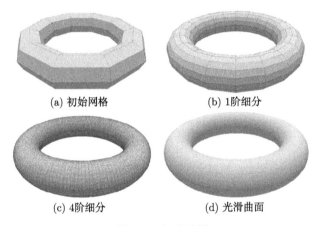

(a) 初始网格　　　　　　　　(b) 1阶细分

(c) 4阶细分　　　　　　　　(d) 光滑曲面

图 8.2　细分示例

假设初始网格的顶点为 $\boldsymbol{p}_i^0\,(i=1,2,\cdots,n_0)$，经过 k 次细分之后，顶点变为 $\boldsymbol{p}_i^k\,(i=1,2,\cdots,n_k)$，其中 n_k 为 k 阶细分网格中的顶点数 ($k=0$ 代表初始网格)。在 k 阶细分网格中，假设顶点 $\boldsymbol{p}_i^k$ 有 n 个相连的顶点 $\boldsymbol{q}_{i,j}^k\,(j=1,2,\cdots,n)$。

1) Loop 细分

Loop 细分的流程简要概括如下：

第一步，将旧顶点更新为下一阶细分网格中的新顶点。

$$\boldsymbol{p}_i^{k+1} = (1-n\beta_n)\,\boldsymbol{p}_i^k + \beta_n \sum_{j=1}^{n} \boldsymbol{q}_{i,j}^k \quad (i=1,2,\cdots,n_k) \tag{8.1}$$

其中

$$\beta_n = \frac{1}{64n}\left(40 - \left(3 + 2\cos\left(\frac{2\pi}{n}\right)\right)^2\right) \tag{8.2}$$

或

$$\beta_n = \frac{3}{n(n+2)} \tag{8.3}$$

第二步，生成新边点。如图 8.3 所示，新边点的计算公式为

$$\boldsymbol{p}_i^{k+1} = \frac{3\boldsymbol{p}_{i,1}^k + 3\boldsymbol{p}_{i,2}^k + \boldsymbol{p}_{i,3}^k + \boldsymbol{p}_{i,4}^k}{8} \quad (i = n_k+1, n_k+2, \cdots, n_{k+1}) \tag{8.4}$$

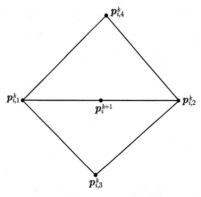

图 8.3　生成边点

第三步，重新连接新点。新的顶点与对应的边点相连接，新的边点与周围的新边点相连接。

Loop 细分的过程如图 8.4 所示。

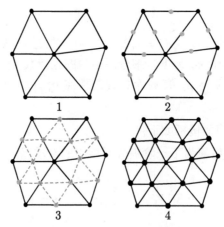

图 8.4　Loop 细分过程

2) $\sqrt{3}$ 细分

$\sqrt{3}$ 细分的流程简要概括如下：

第一步, 更新旧顶点为下一阶细分网格中的新顶点。

$$\boldsymbol{p}_i^{k+1} = (1 - n\beta_n)\,\boldsymbol{p}_i^k + \beta_n \sum_{j=1}^{n} \boldsymbol{q}_{i,j}^k \quad (i = 1, 2, \cdots, n_k) \tag{8.5}$$

其中

$$\beta_n = \frac{4 - 2\cos(2\pi/n)}{9n} \tag{8.6}$$

第二步, 生成新的面点。生成方式如图 8.5 所示, 面点的计算公式为

$$\boldsymbol{p}_i^{k+1} = \frac{\boldsymbol{p}_{i,a}^k + \boldsymbol{p}_{i,b}^k + \boldsymbol{p}_{i,c}^k}{3} \quad (i = n_k + 1, n_k + 2, \cdots, n_{k+1}) \tag{8.7}$$

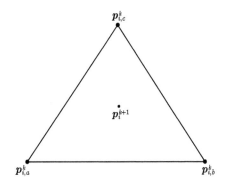

图 8.5 生成面点

第三步, 重新连接新点。新面点与对应的新顶点相连; 旋转旧边, 使其连接新的面点。$\sqrt{3}$ 细分的过程如图 8.6 所示。

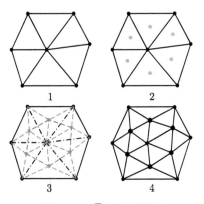

图 8.6 $\sqrt{3}$ 细分的过程

8.1.2　设计变量定义

由 8.1.1 节内容可知，基于三角形网格的细分模型可以直接用于 CAE 分析。但是由于细分模型中有成千上万的顶点、边和面片，如果这些对象都独立改变，将会难以实现对模型的修改和控制。因此，细分模型中的顶点、边和面片需要进一步组织，使其形成具有特定几何特征的组合体。因此，本章将这些组合体定义为特征对象，以下将对结构优化中常用的几何特征对象进行详细介绍。

1) 关键点

使用三角形网格表达的模型可能具有包含成千上万顶点的顶点集。不失一般性，顶点集中会包含小的子集 S_v，其中的顶点描述了重要的特征，包括脊、沟、角、边等。而从几何造型的角度来看，S_v 的补集中的顶点是冗余信息。因此，S_v 中的顶点被定义为关键点。例如，在图 8.7 中，顶点 V_1、V_2、V_3、V_4 为关键点，而 V_5、V_6、V_7、V_8 不是关键点。

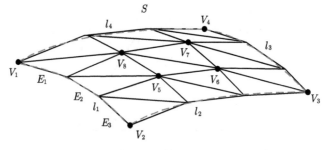

图 8.7　特征对象

2) 特征线

如图 8.7 所示，对几何造型来说，并不是每个三角形的每条边都是重要的，而包含重要特征信息的边就组成了特征线。特征线可以是直线、圆，也可以是网格上的 "之" 字形折线。它们提供了局部甚至是全局的重要的几何性质。特征线的交点为关键点。特征线通常以 2 个关键点为边界，并包含 1 个或多个互相连接的边。例如，图 8.7 中的特征线 l_1 有 2 个边界关键点 V_1、V_2，并包含 3 条边 E_1、E_2、E_3。

3) 特征面

特征面以特征线为边界，并包含一系列相互连接的面片。例如，在图 8.7 中，特征面 S 有 4 条边界特征线 l_1、l_2、l_3、l_4，并且包含图 8.1 中所有的三角形面片。

通过将网格模型重构为分层的数据结构，模型的形状可以自下而上地得到控制。例如，关键点可以用来控制特征线的形状，特征线的形状可以用来控制特征面的形状。在结构优化中，一些常用的优化变量也可以根据 "关键点-特征线-特征面" 的数据结构来定义。

4) 关键点坐标

关键点是数据结构最底层的特征对象。理论上，整个模型都可以通过关键点进行控制。操作上，关键点通常用来控制其所在的特征线的形状 (如图 8.8 所示)。

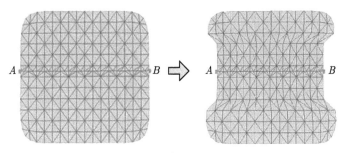

图 8.8　设计变量——关键点

5) 曲线参数

特征线由相互连接的边组成，并且通常使用拟合曲线进行控制。这些曲线可以是直线、圆、B 样条或者其他任意参数化曲线。这些参数化曲线的参数可以用来控制曲线的形状。例如，图 8.9 中的圆孔的大小可以用其半径进行控制。另外，如果将圆孔的圆心定义为关键点，则该关键点可以用来控制圆孔的位置。

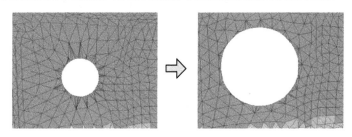

图 8.9　设计变量——曲线参数

6) 截面

截面是一种特别定义的组合对象，由于其在模型表示和结构设计中具有特殊的地位。当一个结构采用扫掠技术进行建模时，则其形状可由截面和扫掠引导线决定。在基于三角形的细分模型中，若要定义截面作为设计变量，则需要先在网格上构造出截面。

如图 8.10 所示，使用辅助平面对网格进行分割，辅助平面的表达式为

$$a_0 x + a_1 y + a_2 z + D = 0 \tag{8.8}$$

其中，$(a_0,\ a_1,\ a_2)$ 为归一化的法向量。随后，空间被划分为 2 个子空间，即 $a_0 x + a_1 y + a_2 z + D > 0$ 和 $a_0 x + a_1 y + a_2 z + D < 0$。对于每个三角形，其三个顶点为

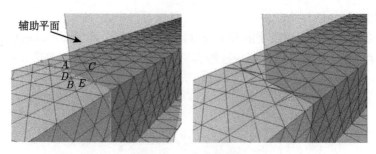

图 8.10　构造截面

$P_1(x_1, y_1, z_1)$, $P_2(x_2, y_2, z_2)$ 和 $P_3(x_3, y_3, z_3)$。将它们代入辅助平面的方程，如果

$$(a_0 x_i + a_1 y_i + a_2 z_i + D) \cdot (a_0 x_j + a_1 y_j + a_2 z_j + D) < 0 \quad (i,j \in \{1,2,3\}, i \neq j)$$

$$(8.9)$$

则说明边 $p_i p_j$ 必与辅助平面相交。一个非退化的三角形的边与辅助平面最多有两个交点。如果一个三角形的边与辅助平面有两个交点，则连接这两个交点即可得到一条短交线。并且，该三角形将会被交线划分为两部分，对其进行三角化即可得到新的三角形网格。按顺序连接各短交线，可以得到一条完整的截面线。在这种情况下，截面线为离散的线段，难以用来控制截面线的形状。因此，需要将截面线上曲率较大的顶点提取出来，定义为关键点，并用于控制截面线的形状。当截面形状改变时，扫掠体的形状也可根据不同的变形策略发生不同的变化。图 8.11 对扫掠体

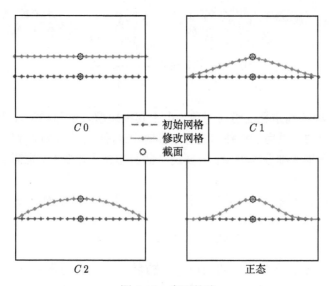

图 8.11　变形策略

的不同变形策略进行了描述, 图 8.12 为截面作为设计变量的示例。

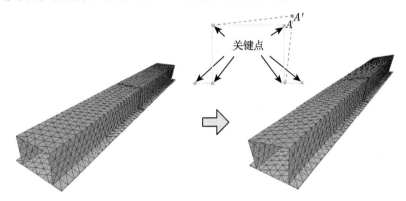

图 8.12 设计变量——截面

8.2 基于重分析的结构优化方法

8.2.1 优化模型

假设 $\boldsymbol{x} = [x_1\ x_2\ \cdots\ x_n]$ 为设计变量, 其中 $x_i, i = 1, 2, \cdots, n$ 表示几何参数, 如关键点坐标、圆的半径、线的长度等。结构的几何优化问题可以表达为

$$
\begin{aligned}
&\min && f(\boldsymbol{x}) \\
&\text{s.t.} &&
\begin{cases}
g_i(\boldsymbol{x}) = 0 \ (i = 1, 2, \cdots, n_e) \\
h_i(\boldsymbol{x}) \geqslant 0 \ (i = 1, 2, \cdots, n_i) \\
x \in \boldsymbol{D}(\boldsymbol{x})
\end{cases}
\end{aligned}
\tag{8.10}
$$

其中, $f(\boldsymbol{x})$ 为目标函数, 通常反映了结构的一些性能, 比如刚度、强度、可靠性等; $g_i(\boldsymbol{x})$ 和 $h_i(\boldsymbol{x})$ 分别为等式和不等式约束; $\boldsymbol{D}(\boldsymbol{x})$ 为 $\boldsymbol{x}$ 的取值范围。

工程优化中, 目标函数和约束函数通常不是显式的函数, 只能通过仿真进行计算得到其响应。因此会导致优化的效率下降, 不能满足工程设计的需求。一种可行的办法是使用代理模型代替仿真分析, 而这也是目前工业设计领域中广泛采用的一种方法。但是, 当使用代理模型时, 必须考虑代理模型的经验风险和结构风险, 尤其是对于复杂问题, 即使拟合精度很高, 其结构风险依然存在较大变数。另一种思路是使用重分析来对仿真过程进行快速计算, 通过所谓 “硬算” 的方式直接获得目标和约束的响应。与代理模型相比, 由于平衡方程的引进, 重分析方法的精确性是可控的, 其可靠性大幅度提升。因此, 只要重分析方法能够对目标函数和约束函数进行求解, 无论从效率上还是精度上, 重分析方法都占据显著的优势, 也具有良好的发展前景。

此外，由于本章采用三角形单元对结构进行建模，因此，本节将引入光滑有限元法[7] 来提高三角形单元的计算精度，而 8.2.2 节将简单介绍光滑有限元的基本理论。

8.2.2　光滑有限元

在光滑有限元法中，结构的位移场使用 3 节点位移的线性插值方式表达为

$$\boldsymbol{u} = \{u, v, w, \theta_x, \theta_y\}^{\mathrm{T}} = \begin{bmatrix} \boldsymbol{N}_1 & \boldsymbol{N}_2 & \boldsymbol{N}_3 \end{bmatrix} \begin{Bmatrix} \boldsymbol{d}_1 \\ \boldsymbol{d}_2 \\ \boldsymbol{d}_3 \end{Bmatrix} \tag{8.11}$$

其中，$\boldsymbol{d}_i$ 为节点 i 的广义位移，对应的表达式为

$$\boldsymbol{d}_i = \{u_i, v_i w_i, \theta_{xi}, \theta_{yi}\}^{\mathrm{T}} \tag{8.12}$$

$\boldsymbol{N}_i$ 为节点 i 处形函数的对角矩阵。

膜应变 $\hat{\boldsymbol{\varepsilon}}_{\mathrm{m}}$ 和弯曲曲率 $\hat{\boldsymbol{\varepsilon}}_{\mathrm{b}}$ 分别为

$$\hat{\boldsymbol{\varepsilon}}_{\mathrm{m}} = \hat{\boldsymbol{B}}_{\mathrm{m}} \hat{\boldsymbol{d}} = \begin{bmatrix} \hat{\boldsymbol{B}}_{\mathrm{m}1} & \hat{\boldsymbol{B}}_{\mathrm{m}2} & \hat{\boldsymbol{B}}_{\mathrm{m}3} \end{bmatrix} \begin{bmatrix} \hat{\boldsymbol{d}}_1 \\ \hat{\boldsymbol{d}}_2 \\ \hat{\boldsymbol{d}}_3 \end{bmatrix} \tag{8.13}$$

$$\hat{\boldsymbol{\varepsilon}}_{\mathrm{b}} = \hat{\boldsymbol{B}}_{\mathrm{b}} \hat{\boldsymbol{d}} = \begin{bmatrix} \hat{\boldsymbol{B}}_{\mathrm{b}1} & \hat{\boldsymbol{B}}_{\mathrm{b}2} & \hat{\boldsymbol{B}}_{\mathrm{b}3} \end{bmatrix} \begin{bmatrix} \hat{\boldsymbol{d}}_1 \\ \hat{\boldsymbol{d}}_2 \\ \hat{\boldsymbol{d}}_3 \end{bmatrix} \tag{8.14}$$

式中

$$\hat{\boldsymbol{B}}_{\mathrm{m}i} = \begin{bmatrix} N_{i,x} & 0 & 0 & 0 & 0 \\ 0 & N_{i,y} & 0 & 0 & 0 \\ N_{i,y} & N_{i,x} & 0 & 0 & 0 \end{bmatrix} \tag{8.15}$$

$$\hat{\boldsymbol{B}}_{\mathrm{b}i} = \begin{bmatrix} 0 & 0 & 0 & 0 & N_{i,x} \\ 0 & 0 & 0 & -N_{i,y} & 0 \\ 0 & 0 & 0 & -N_{i,x} & N_{i,y} \end{bmatrix} \tag{8.16}$$

其中，$N_{i,x}$ 和 $N_{i,y}$ 表示对应的偏导数，上标 "ˆ" 表示局部坐标系 $(\hat{x}, \hat{y}, \hat{z})$。

对于剪切应变 $\boldsymbol{\varepsilon}_{\mathrm{s}}$ 采用离散剪切间隙法 (Discretized Shear Gap, DSG)[8] 来消除剪切自锁，因此，剪切应变为

$$\hat{\boldsymbol{\varepsilon}}_{\mathrm{s}} = \hat{\boldsymbol{B}}_{\mathrm{s}} \hat{\boldsymbol{d}} = \begin{bmatrix} \hat{\boldsymbol{B}}_{\mathrm{s}1} & \hat{\boldsymbol{B}}_{\mathrm{s}2} & \hat{\boldsymbol{B}}_{\mathrm{s}3} \end{bmatrix} \begin{bmatrix} \hat{\boldsymbol{d}}_1 \\ \hat{\boldsymbol{d}}_2 \\ \hat{\boldsymbol{d}}_3 \end{bmatrix} \tag{8.17}$$

式中

$$\hat{\boldsymbol{B}}_{\text{s1}} = \frac{1}{2A_{\text{e}}} \begin{bmatrix} 0 & 0 & b-d & 0 & A_{\text{e}} \\ 0 & 0 & c-a & A_{\text{e}} & 0 \end{bmatrix}$$

$$\hat{\boldsymbol{B}}_{\text{s2}} = \frac{1}{2A_{\text{e}}} \begin{bmatrix} 0 & 0 & d & -\dfrac{bd}{2} & \dfrac{ad}{2} \\ 0 & 0 & -c & \dfrac{bc}{2} & -\dfrac{ac}{2} \end{bmatrix} \qquad (8.18)$$

$$\hat{\boldsymbol{B}}_{\text{s3}} = \frac{1}{2A_{\text{e}}} \begin{bmatrix} 0 & 0 & -b & \dfrac{bd}{2} & -\dfrac{bc}{2} \\ 0 & 0 & a & -\dfrac{ad}{2} & \dfrac{ac}{2} \end{bmatrix}$$

其中

$$a = x_2 - x_1, \quad b = y_2 - y_1 \\ c = x_3 - x_1, \quad d = y_3 - y_1 \qquad (8.19)$$

如图 8.13 所示，内部光滑域 Ω_k 包含两个子域 Ω_{k1} 和 Ω_{k2}。为进行应变光滑，与边 k 相关的单元的应变应该变换到同一坐标系下。构造边坐标系 $(\bar{x}, \bar{y}, \bar{z})$ 如图 8.13 所示，其中 $\bar{z}$ 是与边 k 相关的单元法向的平均值。然后，各单元在单元局部坐标系下的应变可以变换到边坐标下

$$\begin{cases} \bar{\boldsymbol{\varepsilon}}_{\text{m}} = \boldsymbol{R}_{\text{m1}} \boldsymbol{R}_{\text{m2}} \hat{\boldsymbol{\varepsilon}}_{\text{m}} \\ \bar{\boldsymbol{\varepsilon}}_{\text{b}} = \boldsymbol{R}_{\text{b1}} \boldsymbol{R}_{\text{b2}} \hat{\boldsymbol{\varepsilon}}_{\text{b}} \\ \bar{\boldsymbol{\varepsilon}}_{\text{s}} = \boldsymbol{R}_{\text{s1}} \boldsymbol{R}_{\text{s2}} \hat{\boldsymbol{\varepsilon}}_{\text{s}} \end{cases} \qquad (8.20)$$

其中，应变变换矩阵 $\boldsymbol{R}_{\text{m1}}$、$\boldsymbol{R}_{\text{m2}}$、$\boldsymbol{R}_{\text{b1}}$、$\boldsymbol{R}_{\text{b2}}$、$\boldsymbol{R}_{\text{s1}}$ 和 $\boldsymbol{R}_{\text{s2}}$ 分别定义为

$$\boldsymbol{R}_{\text{m1}} = \boldsymbol{R}_{\text{b1}}$$
$$= \begin{bmatrix} c_{\bar{x}x}^2 & c_{\bar{x}y}^2 & c_{\bar{x}z}^2 & c_{\bar{x}x}c_{\bar{x}y} & c_{\bar{x}y}c_{\bar{x}z} & c_{\bar{x}x}c_{\bar{x}z} \\ c_{\bar{y}x}^2 & c_{\bar{y}y}^2 & c_{\bar{y}z}^2 & c_{\bar{y}x}c_{\bar{y}y} & c_{\bar{y}y}c_{\bar{y}z} & c_{\bar{y}x}c_{\bar{y}z} \\ 2c_{\bar{x}x}c_{\bar{y}x} & 2c_{\bar{x}y}c_{\bar{y}y} & 2c_{\bar{x}z}c_{\bar{y}z} & c_{\bar{x}x}c_{\bar{y}y}+c_{\bar{y}x}c_{\bar{x}y} & c_{\bar{x}z}c_{\bar{y}y}+c_{\bar{y}z}c_{\bar{x}y} & c_{\bar{x}x}c_{\bar{y}z}+c_{\bar{y}x}c_{\bar{x}z} \end{bmatrix}$$
$$(8.21)$$

$$\boldsymbol{R}_{\text{s1}} = \begin{bmatrix} 2c_{\bar{x}x}c_{\bar{z}x} & 2c_{\bar{x}y}c_{\bar{z}y} & 2c_{\bar{x}z}c_{\bar{z}z} & c_{\bar{x}x}c_{\bar{z}y}+c_{\bar{z}x}c_{\bar{x}y} & c_{\bar{x}z}c_{\bar{z}y}+c_{\bar{z}z}c_{\bar{x}y} & c_{\bar{x}x}c_{\bar{z}z}+c_{\bar{z}x}c_{\bar{x}z} \\ 2c_{\bar{y}x}c_{\bar{z}x} & 2c_{\bar{y}y}c_{\bar{z}y} & 2c_{\bar{y}z}c_{\bar{z}z} & c_{\bar{y}x}c_{\bar{z}y}+c_{\bar{z}x}c_{\bar{y}y} & c_{\bar{y}z}c_{\bar{z}y}+c_{\bar{z}z}c_{\bar{y}y} & c_{\bar{y}x}c_{\bar{z}z}+c_{\bar{z}x}c_{\bar{y}z} \end{bmatrix}$$
$$(8.22)$$

$$R_{m2} = R_{b2} = \begin{bmatrix} c_{\hat{x}x}^2 & c_{\hat{y}x}^2 & c_{\hat{x}x}c_{\hat{y}x} \\ c_{\hat{x}y}^2 & c_{\hat{y}y}^2 & c_{\hat{x}y}c_{\hat{y}y} \\ c_{\hat{x}z}^2 & c_{\hat{z}y}^2 & c_{\hat{x}z}c_{\hat{y}z} \\ 2c_{\hat{x}x}c_{\hat{x}y} & 2c_{\hat{y}x}c_{\hat{y}y} & c_{\hat{x}x}c_{\hat{y}y} + c_{\hat{x}y}c_{\hat{y}x} \\ 2c_{\hat{x}y}c_{\hat{x}z} & 2c_{\hat{y}y}c_{\hat{y}z} & c_{\hat{x}y}c_{\hat{y}z} + c_{\hat{x}z}c_{\hat{y}y} \\ 2c_{\hat{x}x}c_{\hat{x}z} & 2c_{\hat{y}x}c_{\hat{y}z} & c_{\hat{x}x}c_{\hat{y}z} + c_{\hat{x}z}c_{\hat{y}x} \end{bmatrix} \tag{8.23}$$

$$R_{s2} = \begin{bmatrix} c_{\hat{x}x}c_{\hat{z}x} & c_{\hat{y}x}c_{\hat{z}x} \\ c_{\hat{x}y}c_{\hat{z}y} & c_{\hat{y}y}c_{\hat{z}y} \\ c_{\hat{x}z}c_{\hat{z}z} & c_{\hat{y}z}c_{\hat{z}z} \\ c_{\hat{x}x}c_{\hat{z}y} + c_{\hat{x}y}c_{\hat{z}x} & c_{\hat{y}x}c_{\hat{z}y} + c_{\hat{y}y}c_{\hat{z}x} \\ c_{\hat{x}z}c_{\hat{z}y} + c_{\hat{x}y}c_{\hat{z}z} & c_{\hat{y}z}c_{\hat{z}y} + c_{\hat{y}y}c_{\hat{z}z} \\ c_{\hat{x}x}c_{\hat{z}z} + c_{\hat{x}z}c_{\hat{z}x} & c_{\hat{y}x}c_{\hat{z}z} + c_{\hat{y}z}c_{\hat{z}x} \end{bmatrix} \tag{8.24}$$

式中，$c_{\bar{x}x}$ 为 $\bar{x}$ 和 x 轴夹角的余弦值，$c_{\hat{x}x}$ 为 $\hat{x}$ 和 x 夹角的余弦值，以此类推。

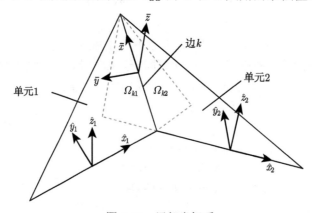

图 8.13　局部坐标系

将式 (8.23)、式 (8.24) 和式 (8.17) 代入式 (8.20)，可得到边局部坐标系下的应变为

$$\bar{\varepsilon}_m = R_{m1}R_{m2}\hat{B}_m\hat{d}$$
$$\bar{\varepsilon}_b = R_{b1}R_{b2}\hat{B}_b\hat{d} \tag{8.25}$$
$$\bar{\varepsilon}_s = R_{s1}R_{s2}\hat{B}_s\hat{d}$$

位移从全局坐标系变换到单元局部坐标系的关系为

$$\hat{d} = Td \tag{8.26}$$

其中，d 为单元在全局坐标系中的位移；T 为变换矩阵。因此，使用全局坐标系下

位移表达的边坐标系下的应变为

$$\bar{\varepsilon}_{\mathrm{m}} = \boldsymbol{R}_{\mathrm{m}1}\boldsymbol{R}_{\mathrm{m}2}\hat{\boldsymbol{B}}_{\mathrm{m}}\boldsymbol{T}\boldsymbol{d} = \bar{\boldsymbol{B}}_{\mathrm{m}}\boldsymbol{d}$$
$$\bar{\varepsilon}_{\mathrm{b}} = \boldsymbol{R}_{\mathrm{b}1}\boldsymbol{R}_{\mathrm{b}2}\hat{\boldsymbol{B}}_{\mathrm{b}}\boldsymbol{T}\boldsymbol{d} = \bar{\boldsymbol{B}}_{\mathrm{b}}\boldsymbol{d} \tag{8.27}$$
$$\bar{\varepsilon}_{\mathrm{s}} = \boldsymbol{R}_{\mathrm{s}1}\boldsymbol{R}_{\mathrm{s}2}\hat{\boldsymbol{B}}_{\mathrm{s}}\boldsymbol{T}\boldsymbol{d} = \bar{\boldsymbol{B}}_{\mathrm{s}}\boldsymbol{d}$$

光滑操作可简单给出为各单元应变的加权求和, 因此, 光滑后的应变为

$$\bar{\varepsilon}_{\mathrm{m}}^{k} = \frac{A_{k1}}{A_k}\bar{\boldsymbol{B}}_{\mathrm{m}}^{k1}\boldsymbol{d}^{k1} + \frac{A_{k2}}{A_k}\bar{\boldsymbol{B}}_{\mathrm{m}}^{k2}\boldsymbol{d}^{k2} = \bar{\boldsymbol{B}}_{\mathrm{m}}^{k}\boldsymbol{d}^{k}$$
$$\bar{\varepsilon}_{\mathrm{b}}^{k} = \frac{A_{k1}}{A_k}\bar{\boldsymbol{B}}_{\mathrm{b}}^{k1}\boldsymbol{d}^{k1} + \frac{A_{k2}}{A_k}\bar{\boldsymbol{B}}_{\mathrm{b}}^{k2}\boldsymbol{d}^{k2} = \bar{\boldsymbol{B}}_{\mathrm{b}}^{k}\boldsymbol{d}^{k} \tag{8.28}$$
$$\bar{\varepsilon}_{\mathrm{s}}^{k} = \frac{A_{k1}}{A_k}\bar{\boldsymbol{B}}_{\mathrm{s}}^{k1}\boldsymbol{d}^{k1} + \frac{A_{k2}}{A_k}\bar{\boldsymbol{B}}_{\mathrm{s}}^{k2}\boldsymbol{d}^{k2} = \bar{\boldsymbol{B}}_{\mathrm{s}}^{k}\boldsymbol{d}^{k}$$

其中

$$\bar{\boldsymbol{B}}_{\mathrm{m}}^{k} = \frac{1}{A_k}\sum_I A_{kI}\bar{\boldsymbol{B}}_{\mathrm{m}}^{kI}$$
$$\bar{\boldsymbol{B}}_{\mathrm{b}}^{k} = \frac{1}{A_k}\sum_I A_{kI}\bar{\boldsymbol{B}}_{\mathrm{b}}^{kI} \tag{8.29}$$
$$\bar{\boldsymbol{B}}_{\mathrm{s}}^{k} = \frac{1}{A_k}\sum_I A_{kI}\bar{\boldsymbol{B}}_{\mathrm{s}}^{kI}$$

而 A_k、A_{k1} 和 A_{k2} 分别为区域 Ω_k、Ω_{k1} 和 Ω_{k2} 的面积。式 (8.29) 中的求和符号不是简单的累加, 而是代表组装过程。然后, 可以求得光滑域 Ω_k 的刚度矩阵为

$$\boldsymbol{K}^{\mathrm{e}} = \boldsymbol{K}_{\mathrm{m}}^{\mathrm{e}} + \boldsymbol{K}_{\mathrm{b}}^{\mathrm{e}} + \boldsymbol{K}_{\mathrm{s}}^{\mathrm{e}} \tag{8.30}$$

其中

$$\boldsymbol{K}_{\mathrm{m}}^{\mathrm{e}} = h\bar{\boldsymbol{B}}_{\mathrm{m}}^{k^{\mathrm{T}}}\boldsymbol{D}_{\mathrm{m}}\bar{\boldsymbol{B}}_{\mathrm{m}}^{k}A_k$$
$$\boldsymbol{K}_{\mathrm{b}}^{\mathrm{e}} = \bar{\boldsymbol{B}}_{\mathrm{b}}^{k^{\mathrm{T}}}\boldsymbol{D}_{\mathrm{b}}\bar{\boldsymbol{B}}_{\mathrm{b}}^{k}A_k \tag{8.31}$$
$$\boldsymbol{K}_{\mathrm{s}}^{\mathrm{e}} = h\bar{\boldsymbol{B}}_{\mathrm{s}}^{k^{\mathrm{T}}}\boldsymbol{D}_{\mathrm{s}}\bar{\boldsymbol{B}}_{\mathrm{s}}^{k}A_k$$

而

$$\boldsymbol{D}_{\mathrm{m}} = \frac{E}{1-\nu^2}\begin{bmatrix} 1 & \nu & 0 \\ \nu & 1 & 0 \\ 0 & 0 & \dfrac{1-\nu}{2} \end{bmatrix}, \quad \boldsymbol{D}_{\mathrm{b}} = \frac{h^3}{12}\boldsymbol{D}_{\mathrm{m}}, \quad \boldsymbol{D}_{\mathrm{s}} = \kappa\begin{bmatrix} G & 0 \\ 0 & G \end{bmatrix} \tag{8.32}$$

式中, E 为弹性模量; ν 为泊松比; h 为壳单元的厚度; 并且

$$\kappa = \frac{\pi^2}{12} \text{ 或 } \frac{5}{6}, \quad G = \frac{E}{2(1+\nu)} \tag{8.33}$$

光滑有限元法中, 应变的光滑是在基于边的光滑域中进行的, 因此, 需要先根据有限元网格构造边结构. 为此, 引入图论中的概念来建立一种快速的边结构构造策略.

图论中的 "图" 是由一系列顶点 $V = \{v_1, v_2, \cdots, v_n\}$ 和边 $E \subset V \times V$ 组成的实体, 记为 $G(V, E)$. 若顶点 v_i 和 v_j 存在一条边, 则记为 $(v_i, v_j) \in E$. 如果对于每条边 $(v_i, v_j) \in E$, 都有 $(v_j, v_i) \in E$, 则 G 称为无向图; 否则, G 称为有向图. 由此可见, 有限元网格可以被看作无向图, 网格中的节点对应于图中的顶点, 网格中的单元边对应于图中的边 (如图 8.14 所示).

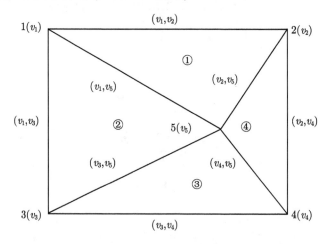

图 8.14　有限元网格与图

假设在有限元网格中有 n_d 个节点, 则可定义 $n_d \times n_d$ 的矩阵 M 用来标记边 (v_i, v_j) 是否属于 E. 如果 $M(i, j) = 0$, 则表示 $(v_i, v_j) \notin E$; 如果 $M(i, j) = 1$, 则表示顶点 v_i 和 v_j 通过一个单元相连 (光滑有限元中的边界边); 如果 $M(i, j) = 2$, 则表示顶点 v_i 和 v_j 通过两个单元相连 (光滑有限元中的内部边). 因此, 图 8.14 所示网格的 M 矩阵为

$$M = \begin{bmatrix} 0 & 1 & 1 & 0 & 2 \\ 1 & 0 & 0 & 1 & 2 \\ 1 & 0 & 0 & 1 & 2 \\ 0 & 1 & 1 & 0 & 2 \\ 2 & 2 & 2 & 2 & 0 \end{bmatrix} \tag{8.34}$$

注意到边 (v_i, v_j) 和边 (v_j, v_i) 事实上是同一条边, 因此, M 的上三角部分就

足以用来对网格进行标记, 即

$$M = \begin{bmatrix} 0 & 1 & 1 & 0 & 2 \\ 0 & 0 & 0 & 1 & 2 \\ 0 & 0 & 0 & 1 & 2 \\ 0 & 0 & 0 & 0 & 2 \\ 0 & 0 & 0 & 0 & 0 \end{bmatrix} \tag{8.35}$$

按稀疏格式存储, M 变为

$$\boldsymbol{R}_M = \begin{bmatrix} 1 \\ 1 \\ 1 \\ 2 \\ 2 \\ 3 \\ 3 \\ 4 \end{bmatrix}, \quad \boldsymbol{C}_M = \begin{bmatrix} 2 \\ 3 \\ 5 \\ 4 \\ 5 \\ 4 \\ 5 \\ 5 \end{bmatrix}, \quad \boldsymbol{V}_M = \begin{bmatrix} 1 \\ 1 \\ 2 \\ 1 \\ 2 \\ 1 \\ 2 \\ 2 \end{bmatrix} \tag{8.36}$$

M 矩阵的形成过程与全局刚度矩阵的组装类似, 即对单元循环, 将 M 按照节点序号进行组装。例如, 对于图 8.14 中的单元 1, 组装过程可以写为

$$\begin{aligned} M\,(1,2) &= M\,(1,2) + 1 \\ M\,(1,5) &= M\,(1,5) + 1 \\ M\,(2,5) &= M\,(2,5) + 1 \end{aligned} \tag{8.37}$$

实际上, 式 (8.36) 中 $\boldsymbol{V}_M$ 的元素不仅限于用于标记边类型的整数, $\boldsymbol{V}_M$ 也可以定义为矩阵, 用来组装更复杂的信息。例如, 可以定义一个 2 列的矩阵 $\boldsymbol{E}_M$ 来组装与边 (v_i, v_j) 相连的单元; 可以定义一个 4 列的矩阵 $\boldsymbol{N}_M$ 来组装边 (v_i, v_j) 相关的节点。因此, 图 8.14 所示有限元网格的边结构为

$$\boldsymbol{R}_M = \begin{bmatrix} 1 \\ 1 \\ 1 \\ 2 \\ 2 \\ 3 \\ 3 \\ 4 \end{bmatrix}, \quad \boldsymbol{C}_M = \begin{bmatrix} 2 \\ 3 \\ 5 \\ 4 \\ 5 \\ 4 \\ 5 \\ 5 \end{bmatrix}, \quad \boldsymbol{E}_M = \begin{bmatrix} 1 & 0 \\ 2 & 0 \\ 1 & 2 \\ 4 & 0 \\ 1 & 4 \\ 3 & 0 \\ 2 & 3 \\ 3 & 4 \end{bmatrix}, \quad \boldsymbol{N}_M = \begin{bmatrix} 1 & 2 & 5 & 0 \\ 1 & 3 & 5 & 0 \\ 1 & 5 & 2 & 3 \\ 2 & 4 & 5 & 0 \\ 2 & 5 & 1 & 4 \\ 3 & 4 & 5 & 0 \\ 3 & 5 & 1 & 4 \\ 4 & 5 & 3 & 2 \end{bmatrix} \tag{8.38}$$

$\boldsymbol{E}_M$ 和 $\boldsymbol{N}_M$ 中最后一列的 0 表示该条边为边界边。

8.3　数值算例

本节将采用两种优化策略对各算例进行优化。

EGO-全分析：选用一种当前流行的代理模型支持的优化算法——高效全局优化 (Efficient Global Optimization, EGO)[9] 作为主优化流程，目标函数使用全分析计算。代理模型采用 Kriging 模型，任意两点 x_i 和 x_j 之间的相关函数取为

$$R\left(x_i, x_j\right) = \exp\left(-\theta r_{ij}^2\right) \tag{8.39}$$

其中，r_{ij} 为 x_i 与 x_j 之间的距离；参数 θ 的选取公式为

$$\theta = n_{\mathrm{s}}^{-\frac{1}{n_{\mathrm{v}}}} \tag{8.40}$$

式中，n_{s} 为样本点数；n_{v} 为变量个数。

GA-重分析：选用一种广泛使用的启发式算法——遗传算法 (GA)。优化过程中不使用代理模型，而是采用重分析算法对目标函数进行计算。遗传算法通过调用 MATLAB 自带的 GA 工具箱实现，调用时，除函数的容差设置为 1×10^{-4} 外，其他参数使用默认值。由于优化过程中没有使用代理模型，因此 GA-重分析策略的函数评估次数 (Number of Function Evaluations, NFEs) 可能会较大。但是，由于每次评估的效率可以借助重分析得到改善，所以单次评估的时间会远小于全分析。因此，优化的总计算消耗 (Total Computational Cost, TCC) 也有望控制在可接受的范围内。

8.3.1　B 柱

如图 8.15 所示为概念设计阶段的简化 B 柱模型及其截面。模型包含 2471 个节点、4646 个单元和 14826 个自由度。优化变量为截面的形状，优化目标为 3 点弯测试的刚度。具体来说，设计变量为图 8.15 中关键点 A 和 B 的坐标，优化目标为 y 方向位移的最大值 (绝对值)，即

$$\begin{aligned} \min \quad & y = \max\left(\left|u\left(A\left(x_A, y_A\right), B\left(x_B, y_B\right)\right)\right|\right) \\ \text{s.t.} \quad & \begin{cases} A\left(x_A, y_A\right) \in \Omega_A \\ B\left(x_B, y_B\right) \in \Omega_B \end{cases} \end{aligned} \tag{8.41}$$

其中，u 为位移向量；(x_A, y_A)，(x_B, y_B) 为关键点 A 和 B 的坐标。

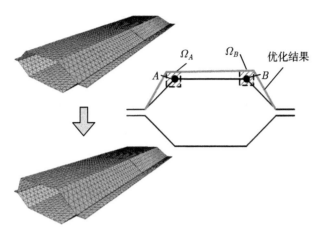

图 8.15 B 柱模型

　　由于截面改变时，B 柱的部分截面会移动，因此，GA-重分析优化策略中使用第 3 章中提出的独立系数法。两种优化策略的收敛曲线如图 8.16 所示。由图可知，二者收敛到类似的结果，结果绘制在图 8.15 中。优化过程的相关数据列在表 8.1 中。由表 8.1 可知，GA 的函数评估次数远大于 EGO。由于本例是一个小规模问题，重分析的优势不能很好地得到反映。

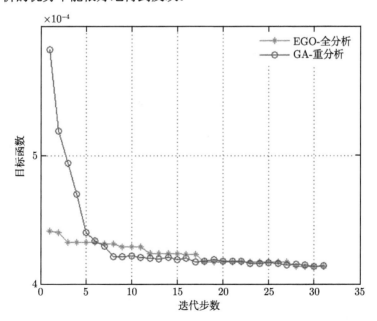

图 8.16 B 柱优化的收敛曲线

表 8.1　B 柱优化的相关数据

方法	初始样本数	迭代步数	NFEs	SET/s	TCC/s
EGO-全分析	12	31	43	3.03	130.29
GA-重分析	0	31	620	3.98	2467.6

为了说明重分析的精度，同时采用全分析、重分析和代理模型对 GA-重分析的优化结果进行分析，目标函数的值列于表 8.2 中，全分析和重分析的结构变形如图 8.17 所示。由表 8.1 可知，由于原有限元模型中几乎所有的单元都改变了，所以重分析的效率甚至比全分析还低。而且，因为 GA 的函数评估次数比 EGO 多，所以 GA-重分析的效率会更差。虽然两种优化策略能得到相似的最优解，但是对于如本例的非局部修改，不推荐使用独立系数法进行重分析。但是，根据表 8.2 和图 8.17，即使结构的修改较大，独立系数法的计算精度仍然较高。与 Kriging 模型的预测结果相比，独立系数法的精度明显更高。

表 8.2　B 柱设计的精度对比

方法	全分析	独立系数法	Kriging
目标函数值	7.48E−04	7.23E−04	7.12E−04

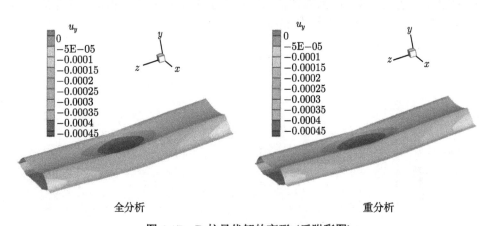

图 8.17　B 柱最优解的变形 (后附彩图)

8.3.2　纵梁

本小节将考虑一个更为复杂的模型的优化问题。扭转刚度是车架的重要性能指标，在这种工况下，车架的纵轴可以进一步简化为悬臂梁。如图 8.18 所示为一个简化的车架纵梁。为模拟悬臂梁工况，图 8.18 中 A 表示的节点为固支约束，并在 B 节点施加沿 z 方向的集中力，目标函数为节点 C 沿 z 方向的位移。纵梁的截面如图 8.19 所示，设计变量为加强板的截面形状，即关键点 a, b 和 c 的坐标，对

应的变化区域分别为 Ω_a，Ω_b 和 Ω_c。优化问题表达为

$$\min \quad y = \left| u_z^C \left(a\left(x_a, y_a\right), b\left(x_b, y_b\right), c\left(x_c, y_c\right) \right) \right|$$
$$\text{s.t.} \quad \begin{cases} a\left(x_a, y_a\right) \in \Omega_a \\ b\left(x_b, y_b\right) \in \Omega_b \\ c\left(x_c, y_c\right) \in \Omega_c \end{cases} \tag{8.42}$$

其中，u_z^C 表示节点 C 沿 z 方向的位移；(x_a, y_a)，(x_b, y_b) 和 (x_c, y_c) 分别为关键点 a，b 和 c 的坐标。

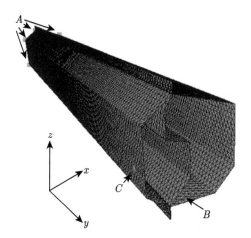

图 8.18　纵梁模型

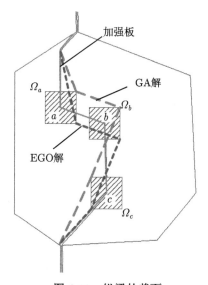

图 8.19　纵梁的截面

GA-重分析中采用独立系数法。EGO-全分析和 GA-重分析两种优化策略的优化结果如图 8.19 所示。由图 8.19 可知，两种策略得到不同的优化结果。二者的收敛曲线如图 8.20 所示，由图可知 GA-重分析得到比 EGO-全分析更好的优化结果。优化过程的相关数据列于表 8.3 中，由表可知，GA 的函数估计次数比 EGO 多，但是每次重分析的时间比全分析少。与上例类似，由于本例实际上是非局部修改，因此独立系数法的效率不能很好地得到体现。

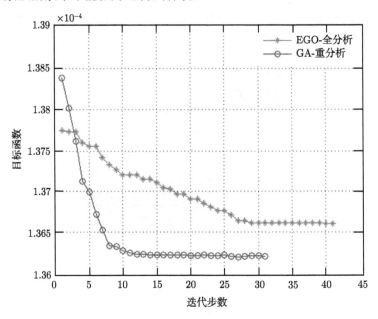

图 8.20　纵梁优化的收敛曲线

表 8.3　　纵梁优化的相关数据

方法	初始样本数	迭代步数	NFEs	SET/s	TCC/s
EGO-全分析	12	41	53	13.89	736.17
GA-重分析	0	31	620	10.37	6429.4

为说明重分析的精度，采用全分析、重分析和 Krging 代理模型对 GA-重分析的优化结果进行分析，所得目标函数值列于表 8.4 中。全分析和重分析的变形如图 8.21 所示。由表 8.4 可知，独立系数法的精度比 Krigng 代理模型高。

表 8.4　　纵梁设计的精度对比

方法	全分析	独立系数法	Kriging
目标函数值	1.33E−04	1.34E−04	1.37E−04

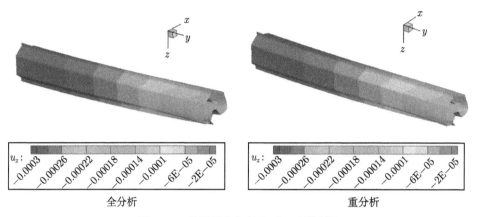

全分析　　　　　　　　　　　　　　　　重分析

图 8.21　纵梁最优解的变形 (后附彩图)

8.3.3　车门

如图 8.22 所示为一车门模型, 模型包含 27571 个节点、53261 个单元和 165426 个自由度。选取车门窗框的刚度为优化目标。边界条件施加为: 固定图 8.22 中标记为 A、B、C、D 的节点, 在节点 E 施加沿 $-y$ 方向的集中力。目标函数为节点 E 沿 y 方向的位移 (绝对值)。车门窗框截面的位置如图 8.22 所示, 截面形状如图 8.23 所示。选取门内板截面形状作为设计变量, 即关键点 a、b、c 的坐标, 对应的变化范围分别为 Ω_a、Ω_b、Ω_c。优化问题表达为

$$\min \quad y = \left| u_y^E \left(a\left(x_a, y_a\right), b\left(x_b, y_b\right), c\left(x_c, y_c\right) \right) \right|$$
$$\text{s.t.} \quad \begin{cases} a\left(x_a, y_a\right) \in \Omega_a \\ b\left(x_b, y_b\right) \in \Omega_b \\ c\left(x_c, y_c\right) \in \Omega_c \end{cases}, \tag{8.43}$$

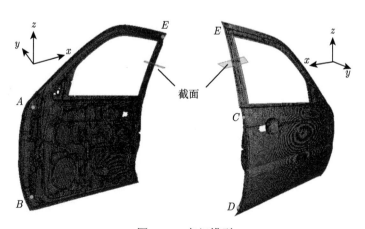

截面

图 8.22　车门模型

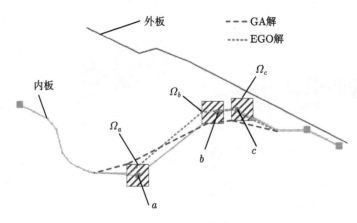

图 8.23　车门窗框截面

其中，u_y^E 表示节点 E 沿 y 方向的位移；(x_a, y_a)、(x_b, y_b)、(x_c, y_c) 分别为关键点 a、b、c 的坐标。

　　GA-重分析策略中选用独立系数法进行重分析，EGO-全分析和 GA-重分析的结果如图 8.23 所示。由图 8.23 可知，两种优化策略得到了不同的最优解。二者的收敛曲线如图 8.24 所示，由图可知，由基于重分析求解器的 GA 得到的最优解明显优于基于全分析 EGO 算法得到的解。优化过程的相关数据列于表 8.5，由表可知，GA-重分析的总优化时间约为 EGO-全分析的 2 倍，但仍在可接受的范围。而且，EGO-全分析陷入局部最优，全局收敛性不如 GA-重分析。

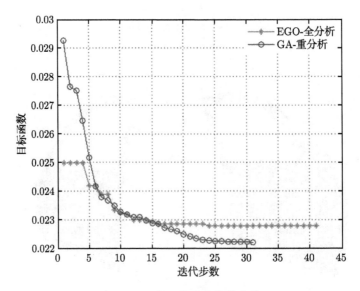

图 8.24　车门优化的收敛曲线

表 8.5　车门优化的相关数据

方法	初始样本数	迭代步数	NFEs	SET/s	总消耗/s
EGO-全分析	12	41	53	42.077	2230.081
GA-重分析	0	31	620	8.64	5356.8

为说明重分析的精度，同时采用全分析、独立系数法和 Kriging 代理模型对 GA-重分析的优化结果进行分析，所得结果列于表 8.6 中。全分析和重分析的结构变形图如图 8.25 所示。由表 8.6 和图 8.25 可知，重分析结果与全分析结果非常接近，并且重分析的精度比 Kriging 代理模型高。

表 8.6　车门优化的精度对比

方法	全分析	独立系数法	Kriging
目标函数值	2.22E−02	2.23E−02	2.27E−02

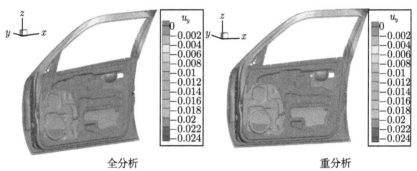

全分析　　　　　　　　　　　　　　　重分析

图 8.25　车门最优解的变形图 (后附彩图)

8.3.4　讨论

在上述几例中，GA-重分析的全局收敛性优于 EGO-全分析。但是，由于 GA 在每一次迭代中都要对目标函数进行约 20 次的评估，所以 GA 的函数评估次数远高于 EGO。因此，在 GA 中尽量减少每一次函数评估的计算消耗是非常必要的。根据重分析领域现有的研究成果，重分析的效率远比全分析要高。在本节车门优化的算例中，重分析的加速比约为 5，而优化的总时间也减少到了可接受的水平。一般来说，在大规模问题中，重分析的加速比可达到 50 甚至更大，这意味着 GA-重分析的优化效率可以得到进一步的改善。而且，由于 GA 容易实现并行化，可以预见，并行化的 GA-重分析策略在工程优化中将具有更大的潜力。

8.4　小　　结

本章提出了一种基于细分的 CAD/CAE 一体化框架，并将其应用于结构的几何参数优化。与传统的结构优化策略相比，其显著的特点概括如下：

(1) 进一步发展了基于细分的 CAD/CAE 一体化思想。基于三角形网格的细分模型被同时用于 CAD 建模和 CAE 分析。为使细分模型能够被参数化控制，在模型上定义了特征对象，并构建了 "关键点-特征线-特征面" 的数据结构。

(2) 当结构的几何参数改变时，可以根据所建立的 CAD/CAE 一体化系统对网格进行自动更新。这使得优化流程形成闭环回路。

(3) 集成了遗传算法与重分析，用于求解几何优化问题。遗传算法的全局收敛性和重分析的高效性得到了有效的结合。由于避免了使用代理模型，优化的收敛精度得到了提高。

(4) 引入光滑有限元来改善三角形网格的计算精度。并且提出了基于图论的边结构组装策略，提高了光滑有限元中构造边结构过程的效率。

参 考 文 献

[1] Feito F R, Torres J C. Boundary representation of polyhedral heterogeneous solids in the context of a graphic object algebra[J]. The Visual Computer, 1997, 13(2): 64-77.

[2] Ma W. Subdivision surfaces for CAD—an overview[J]. Computer-Aided Design, 2005, 37(7): 693-709.

[3] Loop C. Smooth subdivision surfaces based on triangles[D]. Department of Mathematics the University of Utah Masters Thesis, 1987.

[4] Kobbelt L. $\sqrt{3}$-subdivision[C]//Proceedings of the 27th annual conference on Computer Graphics and Interactive Techniques. ACM Press/Addison-Wesley Publishing Co., 2000: 103-112.

[5] Doo D, Sabin M. Behaviour of recursive division surfaces near extraordinary points[J]. Computer-Aided Design, 1978, 10(6): 356-360.

[6] Catmull E, Clark J. Recursively generated B-spline surfaces on arbitrary topological meshes[J]. Computer-aided Design, 1978, 10(6): 350-355.

[7] Cui X, Liu G R, Li G, et al. Analysis of plates and shells using an edge-based smoothed finite element method[J]. Computational Mechanics, 2010, 45(2-3): 141-156.

[8] Bletzinger K U, Bischoff M, Ramm E. A unified approach for shear-locking-free triangular and rectangular shell finite elements[J]. Computers & Structures, 2000, 75(3): 321-334.

[9] Jones D R, Schonlau M, Welch W J. Efficient global optimization of expensive black-box functions[J]. Journal of Global Optimization, 1998, 13(4): 455-492.

第9章　基于重分析的复合材料优化

变刚度纤维复合材料可以通过改变纤维在基体中的分布方式，得到随空间坐标改变的力学性能，从而更好地发挥材料的潜力。因此，变刚度纤维复合材料具有较直线纤维复合材料更好的可设计性和应用前景。然而，优良的性能带来的是设计的高难度。与直线纤维复合材料相比，变刚度纤维复合材料对纤维路径进行描述所需要的控制变量个数相对庞大，很大程度上提升了变刚度纤维复合材料的设计难度。而重分析方法，作为一种快速计算方法，能够大幅度提高设计效率和设计精度。因此，通过重分析方法在复合材料变刚度设计中的应用，不难发现重分析方法在不同设计领域的前景。此外，本章在前人研究工作的基础上，提出了路径函数的概念，从而可以使用少量的控制变量对曲线布置的纤维进行描述与控制，并进一步用于优化设计。

9.1　纤维复合材料层合板的有限元法

基于 Mindlin 板壳理论构造纤维复合材料壳单元，可以假设每个节点的位移为

$$\boldsymbol{d}_{\mathrm{e}} = \begin{bmatrix} u_x & u_y & u_z & \theta_x & \theta_y \end{bmatrix}^{\mathrm{T}} \tag{9.1}$$

其中，u_x、u_y、u_z 为平动自由度位移；θ_x、θ_y 为转动自由度位移。单元刚度矩阵包含 3 种工况，即面内工况、弯曲工况和剪切工况。因此，单元在局部坐标下的刚度矩阵为

$$\begin{aligned} \boldsymbol{k}_{\mathrm{e}} &= \boldsymbol{k}_{\mathrm{m}} + \boldsymbol{k}_{\mathrm{b}} + \boldsymbol{k}_{\mathrm{s}} \\ \boldsymbol{k}_{\mathrm{m}} &= \int_{\Omega} \boldsymbol{B}_{\mathrm{m}}^{\mathrm{T}} \boldsymbol{c}_{\mathrm{m}} \boldsymbol{B}_{\mathrm{m}} \mathrm{d}\Omega \\ \boldsymbol{k}_{\mathrm{b}} &= \int_{\Omega} \boldsymbol{B}_{\mathrm{b}}^{\mathrm{T}} \boldsymbol{c}_{\mathrm{b}} \boldsymbol{B}_{\mathrm{b}} \mathrm{d}\Omega \\ \boldsymbol{k}_{\mathrm{s}} &= \int_{\Omega} \boldsymbol{B}_{\mathrm{s}}^{\mathrm{T}} \boldsymbol{c}_{\mathrm{s}} \boldsymbol{B}_{\mathrm{s}} \mathrm{d}\Omega \end{aligned} \tag{9.2}$$

其中，$\boldsymbol{k}_{\mathrm{m}}$、$\boldsymbol{k}_{\mathrm{b}}$、$\boldsymbol{k}_{\mathrm{s}}$ 分别为面内刚度矩阵、弯曲刚度矩阵和剪切刚度矩阵；$\boldsymbol{B}_{\mathrm{m}}$、$\boldsymbol{B}_{\mathrm{b}}$、$\boldsymbol{B}_{\mathrm{s}}$ 为对应的应变矩阵；$\boldsymbol{c}_{\mathrm{m}}$、$\boldsymbol{c}_{\mathrm{b}}$、$\boldsymbol{c}_{\mathrm{s}}$ 为对应的本构关系矩阵。

9.1.1　单层复合材料

对于单层的正交各向异性复合材料，其材料主方向的本构关系为

$$\boldsymbol{\sigma}_{\mathrm{p}} = \boldsymbol{C}_0 \boldsymbol{\varepsilon}_{\mathrm{p}} \tag{9.3}$$

其中，$\boldsymbol{\sigma}_{\mathrm{p}}$ 表示应力；$\boldsymbol{\varepsilon}_{\mathrm{p}}$ 表示应变，且

$$\boldsymbol{\sigma}_{\mathrm{p}} = \begin{bmatrix} \sigma_L \\ \sigma_T \\ \tau_{LT} \\ \tau_{TN} \\ \tau_{LN} \\ \sigma_N \end{bmatrix}, \quad \boldsymbol{\varepsilon}_{\mathrm{p}} = \begin{bmatrix} \varepsilon_L \\ \varepsilon_T \\ \gamma_{LT} \\ \gamma_{TN} \\ \gamma_{LN} \\ \varepsilon_N \end{bmatrix}, \quad \boldsymbol{C}_0 = \begin{bmatrix} Q_{11} & Q_{12} & 0 & 0 & 0 & 0 \\ Q_{12} & Q_{22} & 0 & 0 & 0 & 0 \\ 0 & 0 & Q_{66} & 0 & 0 & 0 \\ 0 & 0 & 0 & Q_{44} & 0 & 0 \\ 0 & 0 & 0 & 0 & Q_{55} & 0 \\ 0 & 0 & 0 & 0 & 0 & 0 \end{bmatrix} \tag{9.4}$$

式中，下标 L、T、N 表示如图 9.1 所示的材料主方向。$\boldsymbol{C}_0$ 中的元素可按下式计算：

$$\begin{cases} Q_{11} = \dfrac{E_L}{1 - \nu_{LT}\nu_{TL}}, \quad Q_{22} = \dfrac{E_T}{1 - \nu_{LT}\nu_{TL}} \\[3mm] Q_{12} = \dfrac{\nu_{TL}E_L}{1 - \nu_{LT}\nu_{TL}} = \dfrac{\nu_{LT}E_T}{1 - \nu_{LT}\nu_{TL}} \\[3mm] Q_{66} = G_{LT}, \quad Q_{44} = G_{TN}, \quad Q_{55} = G_{LN} \end{cases} \tag{9.5}$$

其中，E_L 和 E_T 分别为纵向和横向弹性模量；ν_{LT} 和 ν_{TL} 分别为主泊松比和副泊松比；G_{LT}、G_{TN} 和 G_{LN} 分别为面内剪切模量、面外剪切模量。

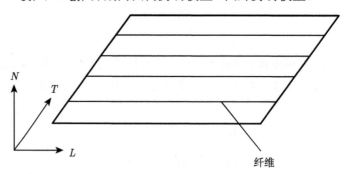

图 9.1　材料主方向

纤维方向角通常给出为纤维方向与全局坐标系 x 轴之间的夹角，但在有限元法中，局部坐标系的 $\hat{x}$ 轴并不总是与全局坐标系的 x 轴一致。一般的情况如图 9.2 所示，其中 θ 为给定的纤维方向角，$\hat{\theta}$ 为纤维方向与局部坐标系的 $\hat{x}$ 轴之间的夹角。由于在有限元法中，应变是在局部坐标系下计算的，因此 $\hat{\theta}$ 才是能够直接在复合材料建模中使用的纤维方向角。

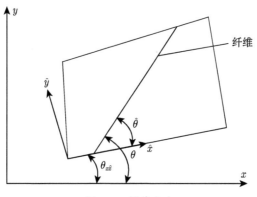

图 9.2 纤维方向

定义全局 x 轴与局部 $\hat{x}$ 轴之间的夹角为 $\theta_{x\hat{x}}$, 则

$$\hat{\theta} = \theta - \theta_{x\hat{x}} \tag{9.6}$$

在这种情况下, 应变可以从局部坐标系变换到材料主方向, 即

$$\boldsymbol{\varepsilon}_{\mathrm{p}} = \boldsymbol{T}\hat{\boldsymbol{\varepsilon}} \tag{9.7}$$

其中, $\boldsymbol{T}$ 为应变坐标变换矩阵, 并且

$$\boldsymbol{T} = \begin{bmatrix} \cos^2\hat{\theta} & \sin^2\hat{\theta} & \cos\hat{\theta}\sin\hat{\theta} & 0 & 0 & 0 \\ \sin^2\hat{\theta} & \cos^2\hat{\theta} & -\cos\hat{\theta}\sin\hat{\theta} & 0 & 0 & 0 \\ -2\cos\hat{\theta}\sin\hat{\theta} & 2\cos\hat{\theta}\sin\hat{\theta} & \cos^2\hat{\theta}-\sin^2\hat{\theta} & 0 & 0 & 0 \\ 0 & 0 & 0 & \cos\hat{\theta} & \sin\hat{\theta} & 0 \\ 0 & 0 & 0 & \sin\hat{\theta} & \cos\hat{\theta} & 0 \\ 0 & 0 & 0 & 0 & 0 & 0 \end{bmatrix} \tag{9.8}$$

因此, 材料主方向的应力为

$$\boldsymbol{\sigma}_{\mathrm{p}} = \boldsymbol{C}_0\boldsymbol{T}\hat{\boldsymbol{\varepsilon}} \tag{9.9}$$

9.1.2 复合材料层合板

根据 9.1.1 内容, 式 (9.2) 变为

$$\begin{aligned} \boldsymbol{k}_{\mathrm{e}} &= \boldsymbol{k}_{\mathrm{m}} + \boldsymbol{k}_{\mathrm{b}} + \boldsymbol{k}_{\mathrm{s}} \\ \boldsymbol{k}_{\mathrm{m}} &= \int_{\Omega} \boldsymbol{B}_{\mathrm{m}}^{\mathrm{T}} \boldsymbol{T}_{\mathrm{m}}^{\mathrm{T}} \boldsymbol{c}_{\mathrm{m}}^{\mathrm{p}} \boldsymbol{T}_{\mathrm{m}} \boldsymbol{B}_{\mathrm{m}} \mathrm{d}\Omega \\ \boldsymbol{k}_{\mathrm{b}} &= \int_{\Omega} \boldsymbol{B}_{\mathrm{b}}^{\mathrm{T}} \boldsymbol{T}_{\mathrm{b}}^{\mathrm{T}} \boldsymbol{c}_{\mathrm{b}}^{\mathrm{p}} \boldsymbol{T}_{\mathrm{b}} \boldsymbol{B}_{\mathrm{b}} \mathrm{d}\Omega \\ \boldsymbol{k}_{\mathrm{s}} &= \int_{\Omega} \boldsymbol{B}_{\mathrm{s}}^{\mathrm{T}} \boldsymbol{T}_{\mathrm{s}}^{\mathrm{T}} \boldsymbol{c}_{\mathrm{s}}^{\mathrm{p}} \boldsymbol{T}_{\mathrm{s}} \boldsymbol{B}_{\mathrm{s}} \mathrm{d}\Omega \end{aligned} \tag{9.10}$$

其中，T_{m}、T_{b}、T_{s} 分别为对应的应变坐标变换矩阵；$c_{\mathrm{m}}^{\mathrm{p}}$、$c_{\mathrm{b}}^{\mathrm{p}}$、$c_{\mathrm{s}}^{\mathrm{p}}$ 为对应的主材料方向本构关系。则有

$$T_{\mathrm{m}} = T_{\mathrm{b}} = \begin{bmatrix} \cos^2 \hat{\theta} & \sin^2 \hat{\theta} & \cos \hat{\theta} \sin \hat{\theta} \\ \sin^2 \hat{\theta} & \cos^2 \hat{\theta} & -\cos \hat{\theta} \sin \hat{\theta} \\ -2 \cos \hat{\theta} \sin \hat{\theta} & 2 \cos \hat{\theta} \sin \hat{\theta} & \cos^2 \hat{\theta} - \sin^2 \hat{\theta} \end{bmatrix} \tag{9.11}$$

$$T_{\mathrm{s}} = \begin{bmatrix} \cos \hat{\theta} & \sin \hat{\theta} \\ \sin \hat{\theta} & \cos \hat{\theta} \end{bmatrix}$$

$$c_{\mathrm{m}}^{\mathrm{p}} = c_{\mathrm{b}}^{\mathrm{p}} = \begin{bmatrix} Q_{11} & Q_{12} & 0 \\ Q_{12} & Q_{22} & 0 \\ 0 & 0 & Q_{66} \end{bmatrix} \tag{9.12}$$

$$c_{\mathrm{s}}^{\mathrm{p}} = \begin{bmatrix} Q_{44} & 0 \\ 0 & Q_{55} \end{bmatrix}$$

简化的层合板模型如图 9.3 所示。假设层合板的层数为 n_{p}，第 i 层 $(i = 1, 2, \cdots, n_{\mathrm{p}})$ 的厚度为 t_i，下表面和上表面在 z 方向的坐标分别为 z_{i-1} 和 z_i，则层合板的厚度为

$$h = \sum_{i=1}^{n_{\mathrm{p}}} t_i \tag{9.13}$$

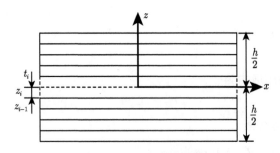

图 9.3　层合板简化模型

使用上述层合板模型，式 (9.10) 变为

$$k_{\mathrm{m}} = \sum_{i=1}^{n_{\mathrm{p}}} \int_{z_{i-1}}^{z_i} \int_A B_{\mathrm{m}}^{\mathrm{T}} T_{\mathrm{m}}^{i\mathrm{T}} c_{\mathrm{m}}^{\mathrm{p}} T_{\mathrm{m}}^i B_{\mathrm{m}} \mathrm{d}A \mathrm{d}z = \sum_{i=1}^{n_{\mathrm{p}}} t_i \int_A B_{\mathrm{m}}^{\mathrm{T}} T_{\mathrm{m}}^{i\mathrm{T}} c_{\mathrm{m}}^{\mathrm{p}} T_{\mathrm{m}}^i B_{\mathrm{m}} \mathrm{d}A$$

$$k_{\mathrm{b}} = \sum_{i=1}^{n_{\mathrm{p}}} \int_{z_{i-1}}^{z_i} z^2 \int_A \bar{B}_{\mathrm{b}}^{\mathrm{T}} T_{\mathrm{b}}^{i\mathrm{T}} c_{\mathrm{b}}^{\mathrm{p}} T_{\mathrm{b}}^i \bar{B}_{\mathrm{b}} \mathrm{d}A \mathrm{d}z = \sum_{i=1}^{n_{\mathrm{p}}} \frac{z_i^3 - z_{i-1}^3}{3} \int_A \bar{B}_{\mathrm{b}}^{\mathrm{T}} T_{\mathrm{b}}^{i\mathrm{T}} c_{\mathrm{b}}^{\mathrm{p}} T_{\mathrm{b}}^i \bar{B}_{\mathrm{b}} \mathrm{d}A$$

$$\boldsymbol{k}_{\mathrm{s}} = \sum_{i=1}^{n_{\mathrm{p}}} \int_{z_{i-1}}^{z_i} \int_A \boldsymbol{B}_{\mathrm{s}}^{\mathrm{T}} \boldsymbol{T}_{\mathrm{s}}^{i\mathrm{T}} \boldsymbol{c}_{\mathrm{s}}^{\mathrm{p}} \boldsymbol{T}_{\mathrm{s}}^i \boldsymbol{B}_{\mathrm{s}} \mathrm{d}A\mathrm{d}z = \sum_{i=1}^{n_{\mathrm{p}}} t_i \int_A \boldsymbol{B}_{\mathrm{s}}^{\mathrm{T}} \boldsymbol{T}_{\mathrm{s}}^{i\mathrm{T}} \boldsymbol{c}_{\mathrm{s}}^{\mathrm{p}} \boldsymbol{T}_{\mathrm{s}}^i \boldsymbol{B}_{\mathrm{s}} \mathrm{d}A \tag{9.14}$$

其中, $\boldsymbol{T}_{\mathrm{m}}^i$、$\boldsymbol{T}_{\mathrm{b}}^i$、$\boldsymbol{T}_{\mathrm{s}}^i$ 为第 i 层复合材料的应变坐标变换矩阵; $\bar{\boldsymbol{B}}_{\mathrm{b}}$ 为弯曲曲率矩阵, 且有

$$\boldsymbol{B}_{\mathrm{b}} = -z\bar{\boldsymbol{B}}_{\mathrm{b}} \tag{9.15}$$

9.1.3 路径函数的纤维描述

参考文献[1]和[2]中, 三次函数的等值线被用来描述纤维路径。而本小节将其拓展到一般函数, 并将这种用于表达纤维路径的函数定义为路径函数。例如, 如图 9.4 所示的两种纤维路径分别是由路径函数 $z = x + y$ 和 $z = x^2 + y^2$ 生成的。为分析纤维复合材料的性能, 需要根据路径函数计算纤维方向角。

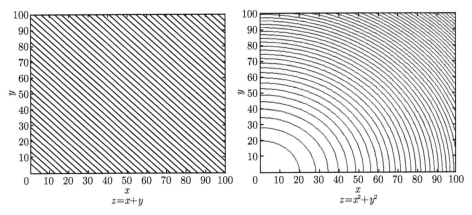

图 9.4 路径函数示例

令路径函数为

$$z = f(x, y) \tag{9.16}$$

经过任意点 (x_0, y_0) 的等值线可表达为

$$f(x, y) = f(x_0, y_0) \tag{9.17}$$

因此, 等值线方向可以定义为

$$F(x, y) = f(x, y) - f(x_0, y_0) = 0 \tag{9.18}$$

根据隐函数存在定理, 如果 $F_y(x_0, y_0) \neq 0$, 式 (9.18) 可表示在 (x_0, y_0) 邻域内的函数 $y = g(x)$, 并且该函数连续且可导, 有

$$y' = -\frac{F_x(x, y)}{F_y(x, y)} \tag{9.19}$$

其中，下标 x 和 y 表示偏导数。

因此，点 (x_0, y_0) 处的纤维方向角可定义为

$$
\theta = \begin{cases} \arctan\left(-\dfrac{F_x(x_0, y_0)}{F_y(x_0, y_0)}\right) = \arctan\left(-\dfrac{f_x(x_0, y_0)}{f_y(x_0, y_0)}\right) & (F_y(x_0, y_0) \neq 0) \\ \dfrac{\pi}{2} & (F_y(x_0, y_0) = 0) \end{cases}
\tag{9.20}
$$

应当指出，路径函数的常数项在求纤维方向角时是不必要的。两个路径函数的示例如下：线性函数：假设 $z = a_1 x + a_2 y$，则纤维方向角为

$$
\theta(x, y) = \begin{cases} \arctan\left(-\dfrac{a_1}{a_2}\right) & (a_2 \neq 0) \\ \dfrac{\pi}{2} & (a_2 = 0) \end{cases}
\tag{9.21}
$$

二次函数：假设 $z = a_1 x + a_2 y + a_3 xy + a_4 x^2 + a_5 y^2$，则纤维方向角为

$$
\theta(x, y) = \begin{cases} \arctan\left(-\dfrac{a_1 + a_3 y + 2a_4 x}{a_2 + a_3 x + 2a_5 y}\right) & (a_2 + a_3 x + 2a_5 y \neq 0) \\ \dfrac{\pi}{2} & (a_2 + a_3 x + 2a_5 y = 0) \end{cases}
\tag{9.22}
$$

在有限元法中，可以基于单元对纤维方向角进行离散。具体来说，可将单元内的纤维方向角视为常数，并根据单元形心坐标进行计算。

9.2　复合材料参数测定

9.2.1　实验设计

对于正交各向异性复合材料，单层材料参数主要有 5 个，即纵向弹性模量 E_L、横向弹性模量 E_T、剪切模量 G_{LT}、泊松比 ν_{LT} 和 ν_{TL}。本节的实验材料为 4 层复合材料层合板，纤维铺层按 $0°/90°/0°/90°$ 的方式铺设。为测量上述 5 个材料参数，分别以 $0°$，$30°$，$45°$ 和 $90°$ 角截取试件进行拉伸实验。实验试件的厚度测量数据如表 9.1 所列。根据美国材料与试验协会 (American Society for Testing and Materials, ASTM)D3039/D3039M-08 标准，试件形状及尺寸标注如图 9.5 所示。试件尺寸的详细要求如表 9.2 所示。

表 9.1　试件厚度

编号	厚度/mm			平均值/mm
1	1.35	1.33	1.34	1.340
2	1.37	1.35	1.31	1.343
3	1.38	1.35	1.39	1.373
4	1.34	1.33	1.35	1.340

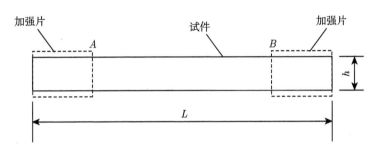

图 9.5 试件形状及尺寸

表 9.2 ASTM 中推荐的标准试样尺寸表

纤维方向	宽度	总长度	厚度	加强片长度	加强片厚度	加强片斜削角
0°	15	250	1	56	1.5	7° 或 90°
90°	25	175	2	25	1.5	90°
对称均衡	25	250	2.5	砂纸	—	—
随机不连续	25	250	2.5	砂纸	—	—

注：表中未标注的单位均为 mm

拉伸实验采用万能拉伸试验机，型号为 INSTRON 5985，可以提供的最大力为 150kN，实验设备如图 9.6 所示。部分实验后的试件如图 9.7 所示。实验得到的力-位移曲线如图 9.8 所示，其中力为试件两端总拉力，位移为图 9.5 中 A、B 之间的相对位移。

图 9.6 万能拉伸试验机

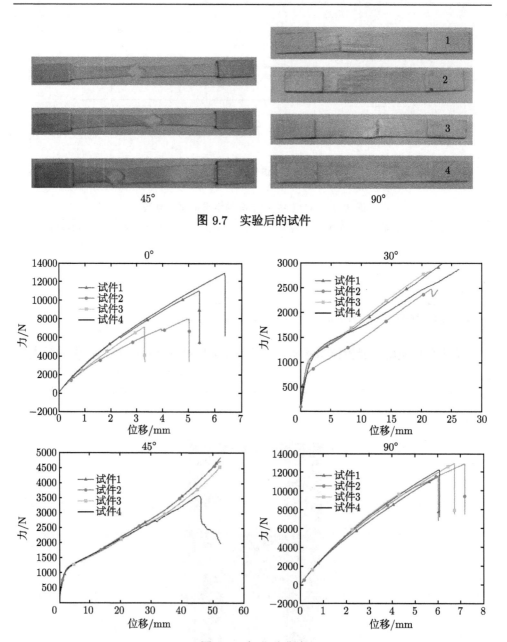

图 9.7　实验后的试件

图 9.8　力-位移曲线

9.2.2　材料参数反求

在 9.2.1 节的实验数据中, 取每个试件的前 100 个数据进行弹性材料参数反求。假设第 i 个试件第 j 个载荷步的测量位移和拉力值分别为 u_{ij}^c 和 $f_{ij}(i = 1, 2, \cdots, n_s;$

$j = 1, 2, n_l$)。其中，n_s 为试件个数，n_l 为载荷步数。试件厚度取为表 9.1 中各测量厚度的平均值，即 1.35mm。假定和层纤维材料的厚度相同，则单层厚度为 0.3375mm。假设材料参数为

$$\boldsymbol{D} = \begin{bmatrix} E_L & E_T & \nu_{LT} & \nu_{TL} & G_{LT} \end{bmatrix}^{\mathrm{T}} \tag{9.23}$$

则以 f_{ij} 为输入的位移计算值为

$$u_{ij}^{\mathrm{s}} = u\left(\boldsymbol{D}, f_{ij}\right) \tag{9.24}$$

反求的目标函数可以表示为

$$g\left(\boldsymbol{D}\right) = \sum_{i=1}^{n_s} \sum_{j=1}^{n_l} \left(u_{ij}^c - u\left(\boldsymbol{D}, f_{ij}\right)\right)^2 \tag{9.25}$$

由于式 (9.25) 中包含有限元分析过程，为了提高计算效率，目前通常采用代理模型或基于梯度的优化方法。而本小节为了获取更为精确的全局最优解，采用遗传算法进行优化，计算量大幅度提升。因此，反求过程中采用重分析方法对求解进行加速，大幅度提高了计算效率，最终反求得到的材料参数如表 9.3 所示，反求得到的参数仿真的拉伸曲线及所用实验数据绘于图 9.9 中。反求过程中，计算效率相关的数据列于表 9.4 中，由表可知，重分析为材料参数反求节省了大量的计算成本。为考察重分析的精度，同时采用重分析和全分析对反求结果进行拉伸模拟，得到的数据对比如表 9.5 所示，由表可知，重分析结果与全分析一致，精度完全满足反求计算的需要。

表 9.3　反求结果数据

E_L	E_T	ν_{LT}	ν_{TL}	G_{LT}
16.776GPa	11.925GPa	0.293024	0.072707	0.7355GPa

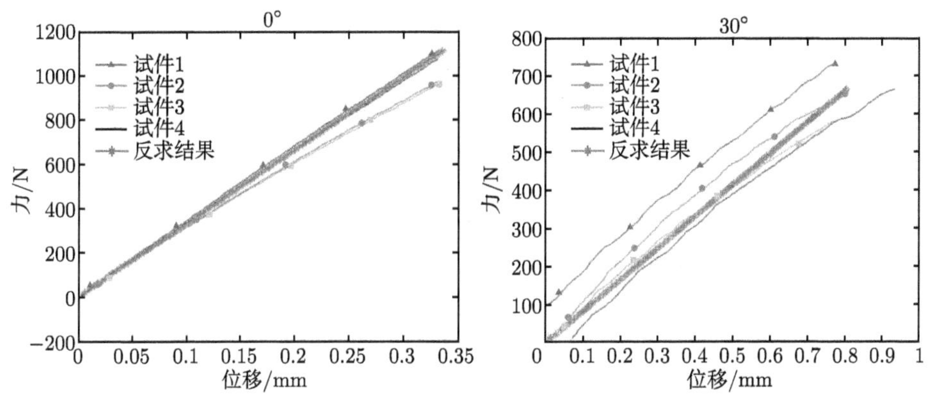

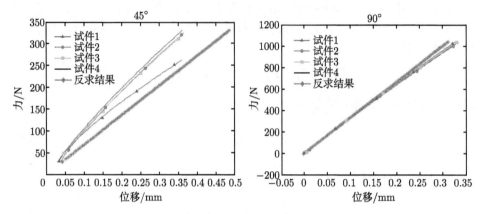

图 9.9　反求结果与实验数据

表 9.4　反求过程的计算成本

函数评估次数	单次全分析时间/s	单次重分析时间/s	节省时间/s
6200	7.488	1.2168	38881.44

表 9.5　重分析与全分析结果的误差

0°	30°	45°	90°
3.27E−07	0.00333	0.00059	3.09E−07

9.3　变刚度复合材料优化模型

9.3.1　设计变量

在变刚度复合材料优化问题中，路径函数可表达为

$$z = f(x, y, \boldsymbol{a}) \tag{9.26}$$

其中，x 和 y 为空间变量；$\boldsymbol{a}$ 为控制设计变量，包含路径函数的所有参数。当函数 f 的形式确定后，通过 $\boldsymbol{a}$ 控制纤维路径的形状。问题是如何确定 $\boldsymbol{a}$ 的取值范围。对于一般的路径函数，这是非常棘手的问题。但是，对于多项式路径函数，有如下简单结论：

定理　对于多项式路径函数，参数的取值范围取为 $(-m, m)^{n_v} \, (m > 0)$ 和 $(-\infty, +\infty)^{n_v}$ 是等效的。其中，n_v 为参数个数。

该定理可按如下理解：

假设 n 阶多项式路径函数为

$$f\left(x,y,\boldsymbol{a}\right)=\sum_{i=1}^{n}\sum_{j=0}^{i}a_{ij}x^{j}y^{i-j}$$

$$\boldsymbol{a}=[a_{1},a_{2},\cdots,a_{n_{v}}]^{\mathrm{T}}$$

$$=[a_{10},a_{11},a_{20},a_{21},a_{22},\cdots,a_{n0},a_{n1},\cdots,a_{nn}]^{\mathrm{T}}$$

(9.27)

则纤维方向角可按下式计算:

$$\theta\left(x,y,\boldsymbol{a}\right)$$

$$=\begin{cases}\arctan\left(\dfrac{\displaystyle\sum_{i=1}^{n}\sum_{j=1}^{i}ja_{ij}x^{j-1}y^{i-j}}{\displaystyle\sum_{i=1}^{n}\sum_{j=1}^{i-1}(i-j)a_{ij}x^{j-1}y^{i-j-1}}\right) & \left(\displaystyle\sum_{i=1}^{n}\sum_{j=1}^{i-1}(i-j)a_{ij}x^{j-1}y^{i-j-1}\neq0\right)\\[30pt]\dfrac{\pi}{2} & \left(\displaystyle\sum_{i=1}^{n}\sum_{j=1}^{i-1}(i-j)a_{ij}x^{j-1}y^{i-j-1}=0\right)\end{cases}$$

(9.28)

充分性: 对任意的 $\hat{\boldsymbol{a}}\in(-m,m)^{n_{v}}$ $(m>0)$, 存在 $\bar{\boldsymbol{a}}\in(-\infty,+\infty)^{n_{v}}$ 使得方程 $\theta\left(x,y,\bar{\boldsymbol{a}}\right)=\theta\left(x,y,\hat{\boldsymbol{a}}\right)$ 对任意 (x,y) 成立。

必要性: 对任意 $\hat{\boldsymbol{a}}\in(-\infty,+\infty)^{n_{v}}$, 存在 $\bar{\boldsymbol{a}}\in(-m,m)^{n_{v}}$ $(m>0)$ 使得方程 $\theta\left(x,y,\bar{\boldsymbol{a}}\right)=\theta\left(x,y,\hat{\boldsymbol{a}}\right)$ 对任意 (x,y) 成立。

证明:

充分性: 因为 $\hat{\boldsymbol{a}}\in(-m,m)^{n_{v}}$ $(m>0)$, 取 $\bar{\boldsymbol{a}}=\hat{\boldsymbol{a}}$, 则 $\bar{\boldsymbol{a}}\in(-\infty,+\infty)^{n_{v}}$。显然 $\theta\left(x,y,\bar{\boldsymbol{a}}\right)=\theta\left(x,y,\hat{\boldsymbol{a}}\right)$。充分性得证。

必要性: 因为 $\hat{\boldsymbol{a}}\in(-\infty,+\infty)^{n_{v}}$, 假设 $m_{a}=\max\left(|\hat{\boldsymbol{a}}|\right)$, $\delta>0$。取 $\bar{\boldsymbol{a}}=\dfrac{m}{m_{a}+\delta}\hat{\boldsymbol{a}}$, 易知 $\bar{\boldsymbol{a}}\in(-m,m)^{n_{v}}$。根据式 (9.28), 有

(1) 如果 $\displaystyle\sum_{i=1}^{n}\sum_{j=1}^{i-1}(i-j)\hat{a}_{ij}x^{j-1}y^{i-j-1}=0$, 则 $\theta\left(x,y,\hat{\boldsymbol{a}}\right)=\dfrac{\pi}{2}$。此时

$$\sum_{i=1}^{n}\sum_{j=1}^{i-1}(i-j)\bar{a}_{ij}x^{j-1}y^{i-j-1}=\frac{m}{m_{a}+\delta}\sum_{i=1}^{n}\sum_{j=1}^{i-1}(i-j)\hat{a}_{ij}x^{j-1}y^{i-j-1}=0$$

因此, $\theta\left(x,y,\bar{\boldsymbol{a}}\right)=\dfrac{\pi}{2}=\theta\left(x,y,\hat{\boldsymbol{a}}\right)$。

(2) 如果 $\displaystyle\sum_{i=1}^{n}\sum_{j=1}^{i-1}(i-j)\,\hat{a}_{ij}x^{j-1}y^{i-j-1} \neq 0$，则

$$\sum_{i=1}^{n}\sum_{j=1}^{i-1}(i-j)\,\bar{a}_{ij}x^{j-1}y^{i-j-1} = \frac{m}{m_a+\delta}\sum_{i=1}^{n}\sum_{j=1}^{i-1}(i-j)\,\hat{a}_{ij}x^{j-1}y^{i-j-1} \neq 0$$

此时

$$\theta(x,y,\bar{a}) = \arctan\left(-\frac{\displaystyle\sum_{i=1}^{n}\sum_{j=1}^{i}j\bar{a}_{ij}x^{j-1}y^{i-j}}{\displaystyle\sum_{i=1}^{n}\sum_{j=1}^{i-1}(i-j)\,\bar{a}_{ij}x^{j-1}y^{i-j-1}}\right)$$

$$= \arctan\left(-\frac{\dfrac{m}{m_a+\delta}\displaystyle\sum_{i=1}^{n}\sum_{j=1}^{i}j\hat{a}_{ij}x^{j-1}y^{i-j}}{\dfrac{m}{m_a+\delta}\displaystyle\sum_{i=1}^{n}\sum_{j=1}^{i-1}(i-j)\,\hat{a}_{ij}x^{j-1}y^{i-j-1}}\right)$$

$$= \arctan\left(-\frac{\displaystyle\sum_{i=1}^{n}\sum_{j=1}^{i}j\hat{a}_{ij}x^{j-1}y^{i-j}}{\displaystyle\sum_{i=1}^{n}\sum_{j=1}^{i-1}(i-j)\,\hat{a}_{ij}x^{j-1}y^{i-j-1}}\right) = \theta(x,y,\hat{a})$$

必要性得证。

为便于表达，将 m 的值取为 1，单层复合材料优化问题可表达为

$$\begin{aligned}\min \quad & \mathrm{obj}(\boldsymbol{a})\\ \mathrm{s.t.} \quad & \boldsymbol{a} \in (-1,1)^{n_v}\end{aligned} \tag{9.29}$$

其中，obj 为目标函数，可以是结构的刚度、柔度、能量或者其他的性能指标。

根据定理的证明可知，若 $\boldsymbol{a}^*$ 为式 (9.29) 的解，则 $k\boldsymbol{a}^*$ $(k \in (-\infty,+\infty))$ 也是式 (9.29) 的解 (不考虑取值范围)。这意味着式 (9.29) 的解不是唯一的，而是自变量空间中的一条直线 (如图 9.10 所示)。为了使式 (9.29) 有唯一解，可在式 (9.29) 中加入约束。其中，最简单的约束为 $a_1 = b, (b \in (0,1))$，此时，式 (9.29) 的唯一解为图 9.10 中的 a_1^*。但是，施加约束后的最优解可能会落在之前的取值范围之外。例如，当解集为图 9.10 中的 $k\boldsymbol{a}'$ 时，最优解为 $\boldsymbol{a}'_1$，该解在取值范围之外。通常，两种方法可以解决这个问题：修改约束；扩大取值范围。两种方法对应的优化表达式

分别如式 (9.30) 和式 (9.31) 所示:

$$\min \qquad \mathrm{obj}\,(\boldsymbol{a})$$
$$\mathrm{s.t.} \quad \begin{cases} \boldsymbol{a} \in (-1,1)^{n_{\mathrm{v}}} \\ \max\,(\boldsymbol{a}) = b \quad (b \in (0,1)) \end{cases} \tag{9.30}$$

$$\min \qquad \mathrm{obj}\,(\boldsymbol{a})$$
$$\mathrm{s.t.} \quad \begin{cases} \boldsymbol{a} \in (-\infty, +\infty)^{n_{\mathrm{v}}} \\ a_1 = b \quad (b \in (0, +\infty)) \end{cases} \tag{9.31}$$

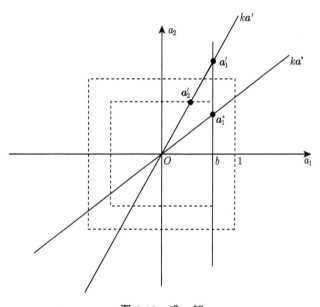

图 9.10 唯一解

如图 9.10 所示, 当式 (9.29) 的解集为 $k\boldsymbol{a}'$ 时, 式 (9.30) 和式 (9.31) 的解分别为 $\boldsymbol{a}'_2$ 和 $\boldsymbol{a}'_1$。进一步分析可发现, 式 (9.30) 为带非线性等式约束的优化问题, 其求解难度比式 (9.29) 要大。而式 (9.31) 事实上是式 (9.29) 的降维表达, 因此求解难度有所下降。因此, 式 (9.31) 被选定为使用多项式路径函数的复合材料优化问题的表达式, 其中 b 可取值为 1。

对于层合板, 可为每一层复合材料指定一个路径函数。因此, 其优化问题可表达为

$$\min \quad \mathrm{obj}\,\big(\boldsymbol{a}_1, \boldsymbol{a}_2, \cdots, \boldsymbol{a}_{n_{\mathrm{p}}}\big)$$
$$\mathrm{s.t.} \quad a_i^1 = 1 \quad (i = 1, 2, \cdots, n_{\mathrm{p}}) \tag{9.32}$$

其中，$\boldsymbol{a}_i\,(i=1,2,\cdots,n_{\mathrm{p}})$ 为第 i 层复合材料路径函数的参数；a_i^1 为 $\boldsymbol{a}_i$ 的第一个元素。

优化问题的维数为

$$n_d = (n_{\mathrm{v}} - 1) \times n_{\mathrm{p}} \tag{9.33}$$

其中，n_{v} 为路径函数参数的个数；n_{p} 为层合板的材料层数。以 4 层材料 ($n_{\mathrm{p}}=4$) 为例，对于线性路径函数，$n_{\mathrm{v}}=2$，$n_d=4$；对于二次路径函数，$n_{\mathrm{v}}=5$，$n_d=16$。当设计变量个数较少时，可以采用数学规划方法对优化问题进行求解。但是在实际工程中，大部分优化问题为非凸、非线性优化问题，很难计算目标函数的梯度和 Hessian 矩阵。因此，推荐使用启发式算法求解此类优化问题。

9.3.2　目标函数与约束

根据 9.3.1 节内容，任意关心的性能都可以作为式 (9.32) 的目标函数。本小节将主要使用结构的柔度作为优化的目标函数，即

$$c\,(\boldsymbol{a}) = \boldsymbol{u}^{\mathrm{T}}\,(\boldsymbol{a})\,\boldsymbol{K}\,(\boldsymbol{a})\,\boldsymbol{u}\,(\boldsymbol{a}) \tag{9.34}$$

其中，$\boldsymbol{a}$ 为设计变量；$\boldsymbol{u}$ 为位移向量；$\boldsymbol{K}$ 为刚度矩阵。

文献[3] 提到了纤维复合材料的两种制造约束：

(1) 纤维不能起皱；

(2) 纤维的汇聚和发散不能太剧烈，以避免出现间隙和覆盖。

对于约束 (1)，需要考虑纤维路径的曲率。使用路径函数，可以将纤维路径的曲率定义为

$$\mathrm{cur}\,(\boldsymbol{a}) = \frac{|y''|}{|1+y'|^{\frac{3}{2}}} \tag{9.35}$$

其中，y' 可以按式 (9.19) 计算，而 y'' 为 y' 对 x 的导数。

对于约束 (2)，本章定义纤维平行度对其进行限制。如图 9.11 所示为一组纤维，为确保约束 (2)，纤维路径沿法线方向不能剧烈变化。因此，假设纤维路径的法线方向为 $\bar{\boldsymbol{n}}=(n_1,n_2)$，则纤维平行度可定义为

$$\mathrm{par}\,(\boldsymbol{a}) = \left|\frac{\partial\theta}{\partial\bar{\boldsymbol{n}}}\right| = \left|\frac{1}{1+y'^2}\left(\frac{\partial y'}{\partial x}n_1 + \frac{\partial y'}{\partial y}n_2\right)\right| \tag{9.36}$$

在实际设计中，很难确定式 (9.32) 和式 (9.33) 的上界，所以一种可行的替代方法是将它们视作附加目标函数。因此，对应的多目标优化问题可表达为

$$\min \quad c\,(\boldsymbol{a}) \quad \max_{(x,y)\in\varOmega}\,(\mathrm{cur}\,(x,y,\boldsymbol{a})) \quad \max_{(x,y)\in\varOmega}\,(\mathrm{par}\,(x,y,\boldsymbol{a})) \tag{9.37}$$

其中，$\varOmega$ 为结构的区域。

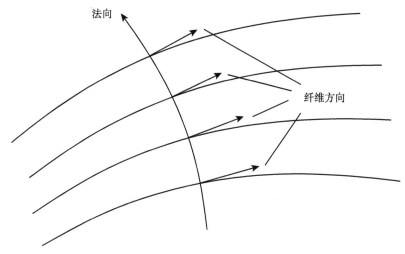

法向

纤维方向

图 9.11 纤维平行度示意图

在有限元法中，式 (9.37) 有如下离散形式：

$$\min \quad c\left(\boldsymbol{a}\right) \quad \max_{i=1}^{n}\left(\mathrm{cur}\left(x_i, y_i, \boldsymbol{a}\right)\right) \quad \max_{i=1}^{n}\left(\mathrm{par}\left(x_i, y_i, \boldsymbol{a}\right)\right) \tag{9.38}$$

其中，n 为单元个数；(x_i, y_i) 为单元 i 的形心。

9.3.3 重分析在复合材料优化中的应用

在优化问题式 (9.38) 中，设计变量为各路径函数的参数。这些参数会直接影响纤维方向角。对式 (9.14) 中的变量作如下定义：

$$\begin{aligned} \boldsymbol{C}_{\mathrm{m}}\left(\boldsymbol{a}\right) &= \boldsymbol{T}_{\mathrm{m}}^{i^{\mathrm{T}}}\left(\boldsymbol{a}\right) \boldsymbol{c}_{\mathrm{m}}^{\mathrm{p}} \boldsymbol{T}_{\mathrm{m}}^{i}\left(\boldsymbol{a}\right) \\ \boldsymbol{C}_{\mathrm{b}}\left(\boldsymbol{a}\right) &= \boldsymbol{T}_{\mathrm{b}}^{i^{\mathrm{T}}}\left(\boldsymbol{a}\right) \boldsymbol{c}_{\mathrm{m}}^{\mathrm{p}} \boldsymbol{T}_{\mathrm{b}}^{i}\left(\boldsymbol{a}\right) \\ \boldsymbol{C}_{\mathrm{s}}\left(\boldsymbol{a}\right) &= \boldsymbol{T}_{\mathrm{s}}^{i^{\mathrm{T}}}\left(\boldsymbol{a}\right) \boldsymbol{c}_{\mathrm{m}}^{\mathrm{p}} \boldsymbol{T}_{\mathrm{s}}^{i}\left(\boldsymbol{a}\right) \end{aligned} \tag{9.39}$$

则系统刚度矩阵可以写为

$$\begin{aligned} \boldsymbol{K} = \boldsymbol{K}\left(\boldsymbol{a}\right) &= \sum_{j=1}^{n_{\mathrm{e}}} \boldsymbol{k}_{\mathrm{e}}^{j} = \sum_{j=1}^{n_{\mathrm{e}}}\left(\boldsymbol{k}_{\mathrm{m}}^{j} + \boldsymbol{k}_{\mathrm{b}}^{j} + \boldsymbol{k}_{\mathrm{s}}^{j}\right) \\ &= \sum_{j=1}^{n_{\mathrm{e}}}\left(\sum_{i=1}^{n_{\mathrm{p}}} t_i \int_{A_j} \boldsymbol{B}_{\mathrm{m}}^{\mathrm{T}} \boldsymbol{C}_{\mathrm{m}}\left(\boldsymbol{a}\right) \boldsymbol{B}_{\mathrm{m}} \mathrm{d}A + \sum_{i=1}^{n_{\mathrm{p}}} \frac{z_i^3 - z_{i-1}^3}{3} \int_{A_j} \bar{\boldsymbol{B}}_{\mathrm{b}}^{\mathrm{T}} \boldsymbol{C}_{\mathrm{b}}\left(\boldsymbol{a}\right) \bar{\boldsymbol{B}}_{\mathrm{b}} \mathrm{d}A \right. \\ &\quad \left. + \sum_{i=1}^{n_{\mathrm{p}}} t_i \int_{A_j} \boldsymbol{B}_{\mathrm{s}}^{\mathrm{T}} \boldsymbol{C}_{\mathrm{s}}\left(\boldsymbol{a}\right) \boldsymbol{B}_{\mathrm{s}} \mathrm{d}A\right) \end{aligned} \tag{9.40}$$

其中, 对 j 的求和不是简单的相加, 而是表示组装过程。

由式 (9.40) 可知, 纤维方向角的变化可以认为是材料参数的改变。为提高优化过程的效率, 采用重分析方法对优化过程进行加速。不失一般性, 复合材料优化过程中, 结构的网格不会改变, 而路径函数的变化可能导致刚度矩阵 K 发生全局变化。因此, 直接法不适用于这种情况。比较各种重分析方法的特点可以发现, 组合近似法可以结合全局近似的高精度和局部近似的高效率, 并且适用于全局修改的情况。因此, 本章选用组合近似法对优化效率进行改善。在优化过程中, 初始设计方案使用全分析进行计算, 而迭代过程中的各设计方案使用组合近似法进行估计。

9.4　数　值　算　例

9.4.1　孔板

孔板模型及其尺寸如图 9.12 所示, 孔板中的圆孔直径为 30mm。层合板的复合材料层数为 4 层, 每层厚度为 0.5mm。材料参数参考文献[4], 分别为弹性模量 $E_L = 137.9 \times 10^6 \mathrm{GPa}$ 和 $E_T = 10.34 \times 10^6 \mathrm{GPa}$, 泊松比 $\nu_{LT} = 0.29$, 剪切模量 $G_{LT} = 6.89 \times 10^6 \mathrm{GPa}$, $G_{TN} = 3.9 \times 10^6 \mathrm{GPa}$ 和 $G_{LN} = 6.89 \times 10^6 \mathrm{GPa}$。固定左端节点, 在右端施加拉伸力。各节点拉伸力大小相等, 力的总值为 200N。使用二次路径函数生成纤维路径。由于结构和边界均关于 x 轴对称, 所以纤维路径也应当关于 x 轴对称。因此, 路径函数特别设计如下: $f_2(x, y) = f_1(x, -y)$, $f_4(x, y) = f_3(x, -y)$(下标为材料层的序号)。调用 MATLAB 自带的 "gamultiobj" 工具箱求解优化问题。

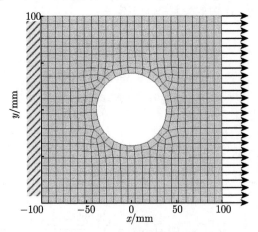

图 9.12　孔板模型及其尺寸

部分 Pareto 解列出如表 9.6 所示, 对应的目标函数值列于表 9.7, 对应的纤维路径分别如图 9.13~图 9.16 所示。由表 9.7 和图 9.13~图 9.16 可知, 解 1 具有最小的柔度，解 2 具有最小的曲率，解 3 具有最佳的平行度，解 4 是前述 3 解的折中。

表 9.6 孔板的 Pareto 解

Pareto 解	路径函数: $z = x + a_1 y + a_2 xy + a_3 x^2 + a_4 y^2$				
	材料层序号	a_1	a_2	a_3	a_4
解 1	1	-0.2315	-0.4242	0.8464	6.6139
	2	0.2315	0.4242	0.8464	6.6139
	3	2.8032	-2.1020	-0.5580	7.3631
	4	-2.8032	2.1020	-0.5580	7.3631
解 2	1	0.7577	2.0511	3.1478	-3.0360
	2	-0.7577	-2.0511	3.1478	-3.0360
	3	2.7098	-2.3693	0.6472	-0.6875
	4	-2.7098	2.3693	0.6472	-0.6875
解 3	1	1.4168	-0.0467	0.2650	9.3840
	2	-1.4168	0.0467	0.2650	9.3840
	3	-1.4551	-2.1875	2.7305	3.8615
	4	1.4551	2.1875	2.7305	3.8615
解 4	1	-0.4449	-0.0015	0.1656	6.2224
	2	0.4449	0.0015	0.1656	6.2224
	3	2.5519	-1.9258	1.1340	7.0229
	4	-2.5519	1.9258	1.1340	7.0229

表 9.7 孔板 Pareto 解的目标函数值及重分析误差

Pareto 解	目标函数			重分析误差
	柔度	曲率	平行度	
解 1	0.00106	0.19970	4.76210	0.0031
解 2	0.00203	0.02479	20.59170	0.0000
解 3	0.00132	0.47061	0.46836	0.0020
解 4	0.00107	0.69164	0.66524	0.0033

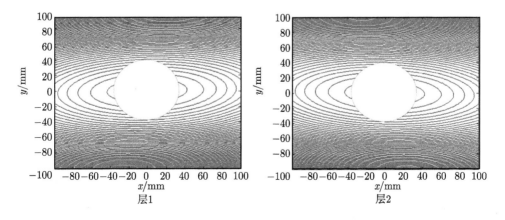

层1   层2

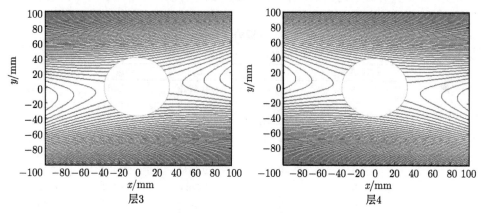

图 9.13 解 1 的纤维路径

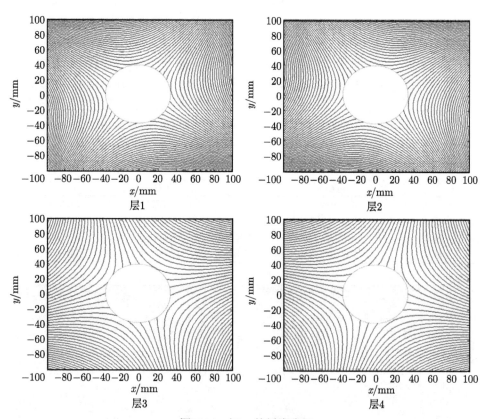

图 9.14 解 2 的纤维路径

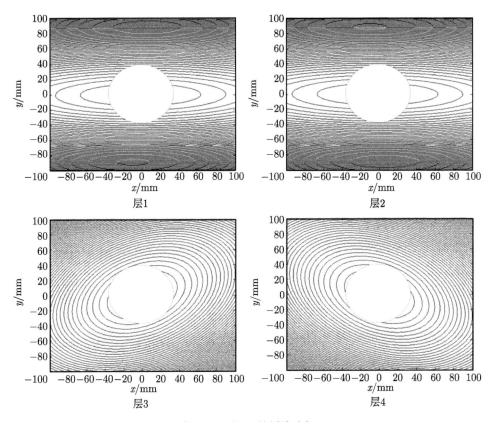

图 9.15 解 3 的纤维路径

为说明重分析在复合材料优化中的作用，同时采用全分析和重分析对所列的 Pareto 解进行计算。重分析结果和全分析结果之间的误差列于表 9.7 中。误差显示，重分析的精度足以在工程优化中应用。重分析效率的评估如表 9.8 所示。由表 9.8 可知，虽然本例的结构是小规模问题，但是重分析的效率还是高于全分析。

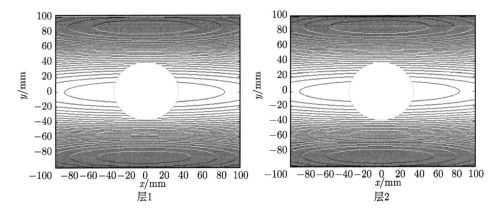

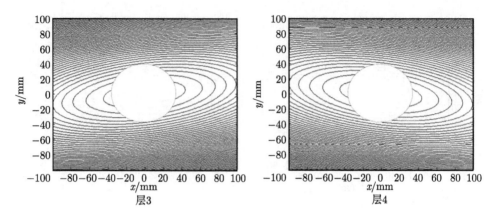

图 9.16   解 4 的纤维路径

表 9.8   孔板优化效率评估

单次全分析时间/s	单次重分析时间/s	GA 种群数	迭代数	节省时间/s
1.1856	1.0452	80	100	1123.2

作为对比，采用线性变化的纤维方向角对本例进行优化。纤维方向角按下式计算：

$$\theta(x) = \frac{T_1 - T_0}{100} |x| + T_0 \tag{9.41}$$

其中，T_0 和 T_1 均为取值范围为 $(-\pi/4, \pi/4)$ 的设计变量，并且 T_0 表示 $x=0$ 处的纤维方向角，T_1 表示 $x=100$ 处的纤维方向角。优化得到的最优柔度为 0.00116，离散的纤维路径如图 9.17 所示。与表 9.7 对比可知，该结果优于解 2 和解 3，但是劣于解 1 和解 4。另外，采用纤维方向角按 $(-\pi/4, 0, \pi/4, \pi/2)$ 分布的直线纤维方案作为参考解，其柔度为 0.0021。

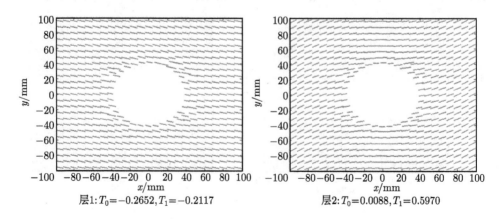

层1: $T_0 = -0.2652, T_1 = -0.2117$ 层2: $T_0 = 0.0088, T_1 = 0.5970$

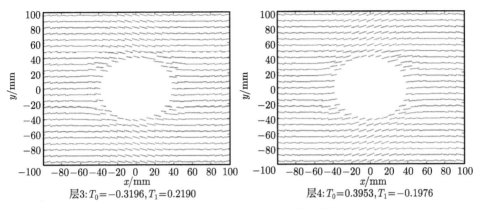

层3: $T_0 = -0.3196$, $T_1 = 0.2190$ 层4: $T_0 = 0.3953$, $T_1 = -0.1976$

图 9.17 线性改变纤维方向角的最优解

9.4.2 L 形板

L 形板及其尺寸如图 9.18 所示。层合板的材料层数为 4 层，每层的厚度为 0.5mm。材料参数为弹性模量 $E_L = 137.9 \times 10^6 \text{GPa}$ 和 $E_T = 10.34 \times 10^6 \text{GPa}$，泊松比 $\nu_{LT} = 0.29$，剪切模量 $G_{LT} = 6.89 \times 10^6 \text{GPa}$、$G_{TN} = 3.9 \times 10^6 \text{GPa}$ 和 $G_{LN} = 6.89 \times 10^6 \text{GPa}$。固定板的左端，在右端的节点 P 施加沿 $-y$ 方向的集中力 F。采用二次路径函数生成纤维路径。调用 MATLAB 自带的 "gamultiobj" 工具箱求解多目标优化问题。

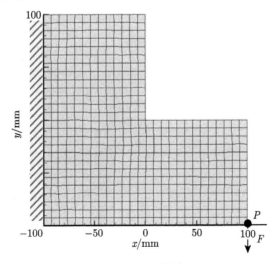

图 9.18 L 形板模型

部分 Pareto 解列出如表 9.9 所示，对应的目标函数值列于表 9.10 中，对应的纤维路径分别如图 9.19～图 9.22 所示。由表 9.10 和图 9.19～图 9.22 可知，解 1 具有最小的柔度，解 2 具有最小的曲率，解 3 具有最佳的平行度，解 4 为上述 3 解的折中。

表 9.9　L 形板的 Pareto 解

Pareto 解	路径函数: $z = x + a_1y + a_2xy + a_3x^2 + a_4y^2$			
	材料层序号	a_1	a_2	a_3	a_4
解 1	1	3.4728	6.1750	−0.8885	3.6179
	2	−0.1642	4.1060	−1.3037	8.2808
	3	−2.5117	−0.7392	4.1440	−6.9489
	4	2.7144	3.0713	0.7114	−4.9756
解 2	1	−4.2717	−2.0414	−8.3718	8.8557
	2	0.9313	−0.3452	4.2236	−4.5002
	3	1.6355	1.3972	6.0796	−8.6520
	4	2.3300	0.6272	−4.3884	4.0021
解 3	1	1.7543	−0.3342	3.1098	2.9783
	2	3.9335	1.5827	−3.5881	−8.7244
	3	3.2803	0.1978	8.2878	6.1161
	4	7.8422	0.7277	−1.4907	−2.1169
解 4	1	3.5665	6.2032	−0.8209	4.0713
	2	−0.3996	3.1060	−1.5560	8.6531
	3	−3.5112	−1.3391	3.5672	−6.6082
	4	2.7144	3.0741	1.2547	−4.9641

表 9.10　L 形板 Pareto 解的目标函数值及重分析误差

Pareto 解	目标函数			重分析误差
	柔度	曲率	平行度	
解 1	0.001914532	0.429662908	9868.027	0.0004
解 2	0.003124745	0.118504561	282.1252	0.0031
解 3	0.005965466	0.347734238	2.468747	0.0035
解 4	0.00192404	0.388373652	619.0114	0.0005

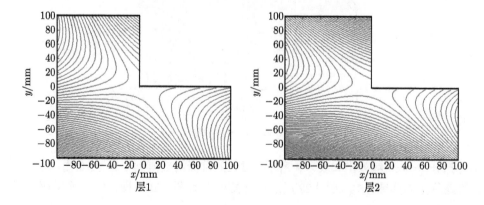

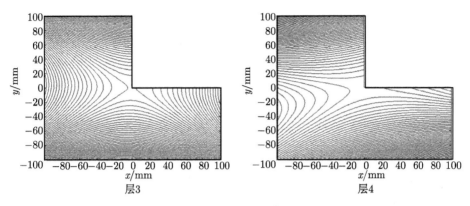

图 9.19 解 1 的纤维路径

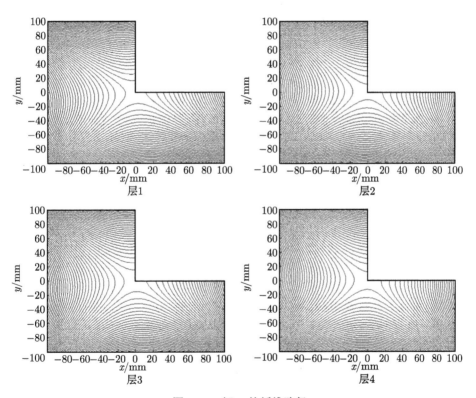

图 9.20 解 2 的纤维路径

为说明重分析在复合材料优化中的作用，同时采用全分析和重分析对所列的
Pareto 解进行计算。重分析结果和全分析结果之间的误差列于表 9.10 中。误差显
示，重分析的精度足以在工程优化中应用。重分析效率的评估如表 9.11 所示。由
表 9.11 可知，重分析的效率还是高于全分析，从而节省了大量的计算消耗。

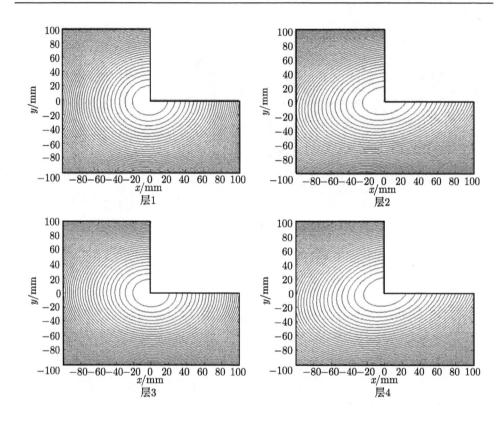

图 9.21 解 3 的纤维路径

作为对比，采用线性变化的纤维方向角对本例进行优化。纤维方向角按式 (9.41) 计算，T_0 和 T_1 均为取值范围为 $(-\pi/4, \pi/4)$ 的设计变量。优化得到的最优柔度为 0.0022，离散的纤维路径如图 9.23 所示。与表 9.10 对比可知，该结果优于解 2 和解 3，但是劣于解 1 和解 4。另外，采用纤维方向角按 $(-\pi/4, 0, \pi/4, \pi/2)$ 分布的直线纤维方案作为参考解，其柔度为 0.0022。

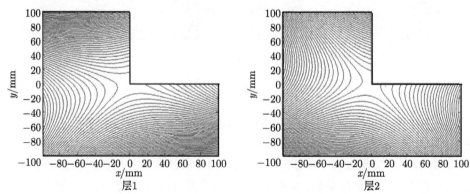

层3
层4

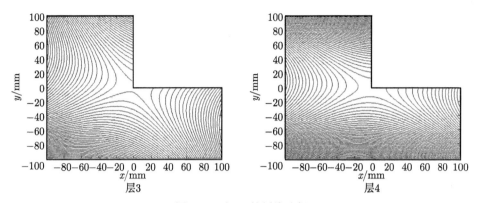

图 9.22 解 4 的纤维路径

表 9.11 L 形板优化效率的评估

单次全分析时间/s	单次重分析时间/s	GA 种群数	迭代数	节省时间/s
23.0881	2.34	100	50	103740.5

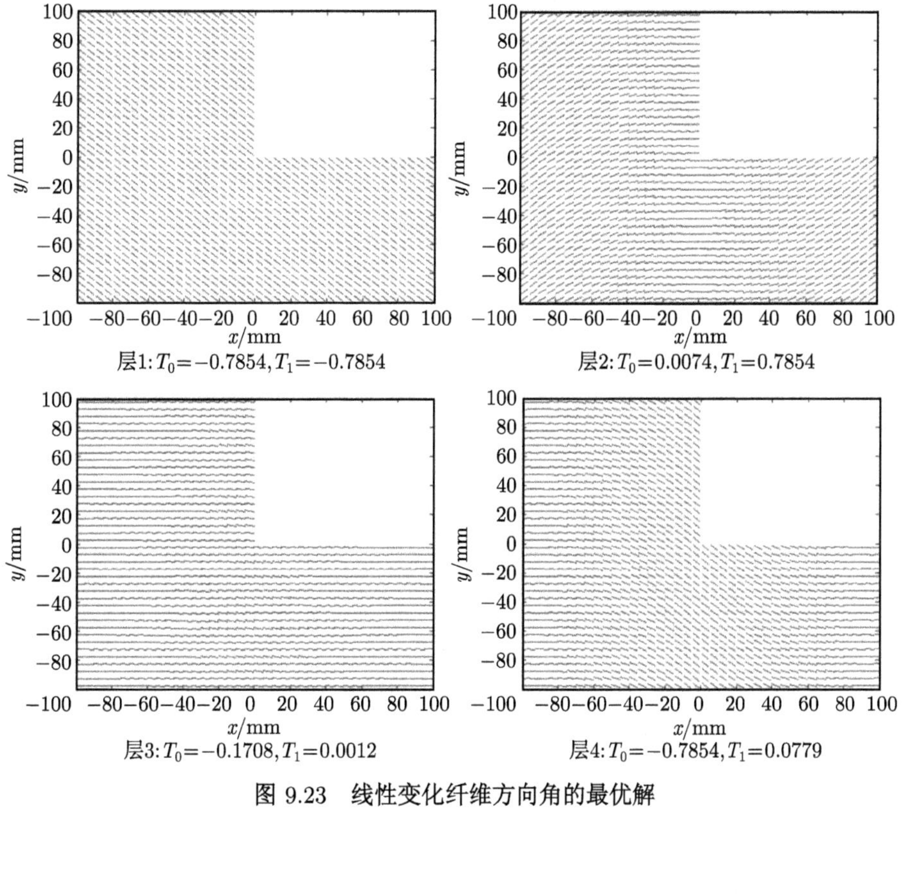

层1: $T_0=-0.7854, T_1=-0.7854$
层2: $T_0=0.0074, T_1=0.7854$
层3: $T_0=-0.1708, T_1=0.0012$
层4: $T_0=-0.7854, T_1=0.0779$

图 9.23 线性变化纤维方向角的最优解

9.5　小　　结

本章对文献[4] 中的纤维表示方法进行了进一步拓展，提出了路径函数的概念，并且建立了用于变刚度复合材料设计的多目标优化方法。该方法的特点概括如下：

(1) 当使用多项式函数做路径函数时，可以通过去除常数项并固定一个非常数项的方法对优化问题进行降维。这在层合板材料层数较多时，可以很大程度地降低优化的难度。

(2) 使用路径函数推导了纤维复合材料的制造约束表达式，包括纤维路径的曲率和平行度。通过将制造约束看作附加目标，建立了用于纤维复合材料设计的多目标优化方法。

(3) 引入重分析方法改善优化的效率，从而节省了大量的计算成本。通过避免使用代理模型，消除了不可预测的代理模型拟合误差。

(4) 基于重分析的材料参数反求方法，可以快速地根据实验数据计算复合材料的力学性能参数，为复合材料的优化设计提供前提条件。

显然，对于求解复杂的全局优化问题，重分析方法的优势非常明显，这对于后续复杂产品的设计，尤其是高维、非线性问题的求解，具有重要的意义。

参 考 文 献

[1] Honda S, Narita Y. Vibration design of laminated fibrous composite plates with local anisotropy induced by short fibers and curvilinear fibers[J]. Composite Structures, 2011, 93(2): 902-910.

[2] Honda S, Igarashi T, Narita Y. Multi-objective optimization of curvilinear fiber shapes for laminated composite plates by using NSGA-II[J]. Composites Part B: Engineering, 2013, 45(1): 1071-1079.

[3] Peeters D M J, Hesse S, Abdalla M M. Stacking sequence optimisation of variable stiffness laminates with manufacturing constraints[J]. Composite Structures, 2015, 125: 596-604.

[4] Brampton C J, Kim H A. Optimization of tow steered fibre orientation using the level set method[C]. 10th World Congress on Structural and Multidisciplinary Optimization, Orlando FL, 2013.

第 10 章　基于其他求解器的重分析方法

重分析方法实质上是一类辅助求解器,通常基于有限元进行求解,随着重分析方法的发展,重分析方法还在其他求解器中得到了应用,本章以扩展无网格法以及扩展有限单元法为例,阐述重分析方法在其他求解器上的应用。

10.1　基于无网格理论的重分析方法

10.1.1　无网格法

本节介绍的是一种基于滑动 Kriging 插值的无网格方法,滑动 Kriging 插值无网格法是一种在 EFGM(Element Frec Galerkin Method) 上发展起来的新的无网格方法,这种方法在构造形函数时采用滑动 Kriging 方法替代最小二乘法,从而使得构造的形函数具有克罗内克δ函数属性,从而能够有效地处理位移边界条件。

1. 形函数构造方法

滑动 Kriging 插值无网格法在国内外已经有很多学者进行过研究,其数学方程的构造可以参考文献[1] 和[2],本小节只作简单介绍。假设在以 $\boldsymbol{x}$ 为中心的微小邻域范围 Ω_x 内存在 n 个节点且 $\Omega_x \subseteq \Omega$,其中$\Omega$表示求解域。那么滑动 Kriging 插值函数 $\boldsymbol{r}^{\mathrm{h}}(\boldsymbol{x})(\forall \boldsymbol{x} \in \Omega_x)$ 可以写成

$$\boldsymbol{r}^{\mathrm{h}}(\boldsymbol{x}) = [\boldsymbol{p}^{\mathrm{T}}(\boldsymbol{x})\boldsymbol{C} + \boldsymbol{q}^{\mathrm{T}}(\boldsymbol{x})\boldsymbol{D}]\boldsymbol{r}(\boldsymbol{x}) \tag{10.1}$$

或者是

$$\boldsymbol{r}^{\mathrm{h}}(\boldsymbol{x}) = \sum_{I}^{n} \varphi_I(\boldsymbol{x})r_I \tag{10.2}$$

其中, $\varphi_I(\boldsymbol{x})$ 就是滑动 Kriging 插值无网格法的形函数。$\varphi_I(\boldsymbol{x})$ 又可以写成以下形式:

$$\varphi_I(\boldsymbol{x}) = \sum_{j}^{m} p_j(\boldsymbol{x})C_{jI} + \sum_{k}^{n} q_k(\boldsymbol{x})D_{kI} \tag{10.3}$$

其中, C_{jI} 和 D_{kI} 分别表示矩阵 $\boldsymbol{C}$ 的第 j 行 I 列元素和矩阵 $\boldsymbol{D}$ 的第 k 行第 I 列元素。矩阵 $\boldsymbol{C}$ 和 $\boldsymbol{D}$ 定义如下:

$$\boldsymbol{C} = (\boldsymbol{P}^{\mathrm{T}}\boldsymbol{Q}^{-1}\boldsymbol{P})^{-1}\boldsymbol{P}^{\mathrm{T}}\boldsymbol{Q}^{-1} \tag{10.4}$$

$$D = Q^{-1}(I - PC) \tag{10.5}$$

其中, I 是 $n \times n$ 阶单位矩阵; P 是基向量矩阵, 其定义如下:

$$P = \begin{bmatrix} p_1(\boldsymbol{x}_1) & p_2(\boldsymbol{x}_1) & \cdots & p_m(\boldsymbol{x}_1) \\ p_1(\boldsymbol{x}_2) & p_2(\boldsymbol{x}_2) & \cdots & p_m(\boldsymbol{x}_2) \\ \vdots & \vdots & & \vdots \\ p_1(\boldsymbol{x}_m) & p_2(\boldsymbol{x}_m) & \cdots & p_m(\boldsymbol{x}_m) \end{bmatrix} \tag{10.6}$$

另外, 式 (10.4) 及式 (10.5) 中的 Q 定义如下:

$$Q = \begin{bmatrix} 1 & Q(\boldsymbol{x}_1, \boldsymbol{x}_2) & \cdots & Q(\boldsymbol{x}_1, \boldsymbol{x}_n) \\ Q(\boldsymbol{x}_2, \boldsymbol{x}_1) & 1 & \cdots & Q(\boldsymbol{x}_2, \boldsymbol{x}_n) \\ \vdots & \vdots & & \vdots \\ Q(\boldsymbol{x}_n, \boldsymbol{x}_1) & Q(\boldsymbol{x}_n, \boldsymbol{x}_2) & \cdots & 1 \end{bmatrix} \tag{10.7}$$

其中, $Q(\boldsymbol{x}_i, \boldsymbol{x}_j)$ 是任意两点 $\boldsymbol{x}_i$ 和 $\boldsymbol{x}_j$ 之间的协方差函数, 协方差函数的选择可以参考文献[3]; $\boldsymbol{p}^{\mathrm{T}}(\boldsymbol{x})$ 表示基向量, 对于一维问题, 线性基可取 $\boldsymbol{p}^{\mathrm{T}}(\boldsymbol{x}) = [\,1 \quad x\,]$, 二次基可取 $\boldsymbol{p}^{\mathrm{T}}(\boldsymbol{x}) = \begin{bmatrix} 1 & x & x^2 \end{bmatrix}$, 而对于二维问题, 线性基可取 $\boldsymbol{p}^{\mathrm{T}}(\boldsymbol{x}) = [\,1 \quad x \quad y\,]$, 二次基可取 $\boldsymbol{p}^{\mathrm{T}}(\boldsymbol{x}) = \begin{bmatrix} 1 & x^2 & xy & y^2 \end{bmatrix}$, 以此类推。

2. 刚度矩阵的构造

将刚度矩阵 K 展开成下式:

$$K = \begin{bmatrix} K_{11} & K_{12} & \cdots & K_{1n} \\ K_{21} & K_{22} & \cdots & K_{2n} \\ \vdots & \vdots & & \vdots \\ K_{n1} & K_{n2} & \cdots & K_{nn} \end{bmatrix} \tag{10.8}$$

其中

$$K_{IJ} = \int_{\Omega} B_I^{\mathrm{T}} C B_J \mathrm{d}\Omega \quad (I, J = 1, 2, \cdots, n) \tag{10.9}$$

式中, C 表示材料的本构方程矩阵; $B_I(I = 1, 2, \cdots, n)$ 的定义如下:

$$B_I^{\mathrm{T}} = \begin{bmatrix} \varphi_{I,x} & 0 & \varphi_{I,y} \\ 0 & \varphi_{I,y} & \varphi_{I,x} \end{bmatrix} \tag{10.10}$$

其中, $\varphi_{I,x}$ 和 $\varphi_{I,y}$ 分别是形函数 $\varphi_I(\boldsymbol{x})$ 关于 x 和 y 的导函数。

10.1.2　无网格重分析法基本理论

由前面章节所给出的重分析方法计算流程可知，获取刚度矩阵的改变量 ΔK 是执行重分析方法至关重要的一步，而目前广泛应用的有限单元法对网格的依赖性很强，网格质量对结果的精度影响很大。因此本小节介绍了一种基于无网格理论的重分析方法，旨在充分利用无网格法在处理网格畸变问题和大变形等问题上的优势，同时将无网格法和重分析方法的优缺点互补。众所周知，无网格法最大的瓶颈就是其巨大的计算消耗，而利用组合近似法可以大幅度减少无网格法的计算消耗，另外，由于无网格法不依赖于网格，其刚度矩阵 K 及其改变量 ΔK 也更容易获取。

在大多数的组合近似法中，刚度矩阵都是通过 FEM 得到的，而本小节中我们用无网格法替代 FEM 来获取系统刚度矩阵，同时我们提出了一种局部更新刚度矩阵的策略来提高计算的效率。如图 10.1 所示，首先需要判断求解域中节点数目是否发生变化，假如没有发生变化，则认为是所有节点位置同时等比例移动或是材料参数发生改变，那么就需要采取整体更新刚度矩阵的办法；如果求解域中节点数目发生变化 (通常是局部增加或减少节点)，这时就可以采取局部更新刚度矩阵的办法。

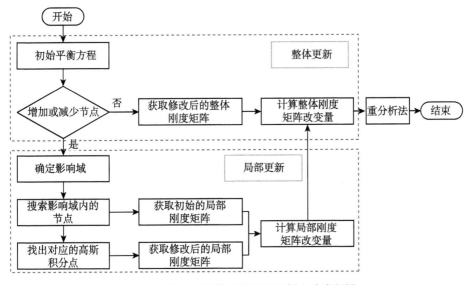

图 10.1　基于无网格理论的重分析方法流程图

我们以减少节点为例来详细描述局部更新刚度矩阵的过程，其过程如下：

(1) 检索并记录删去的节点编号，如图 10.2 所示圆孔区域的节点将被检索并记录；

(2) 检索并记录删去节点所在背景网格及其相邻背景网格位置编号，则影响域就由这些背景网格组成，如图 10.2 所示，中间四个背景网格就是删去节点所在背景网格，而影响域则由这四个背景网格及其相邻的背景网格组成；

(3) 检索并记录所有位于影响区域内的节点编号，至此便可以从初始整体刚度矩阵 K_0 中分离出初始局部刚度矩阵 K_0'；

(4) 检索并记录所有与位于影响区域内节点相关的高斯积分点，然后通过无网格法计算出结构改变后的局部刚度矩阵 K'，至此局部刚度矩阵的变化量 $\Delta K'$ 就可以轻而易举地获得；

(5) 众所周知，在影响域之外的刚度矩阵基本是不发生变化的，所以局部刚度矩阵的变化量其实就是整体刚度矩阵的变化量。

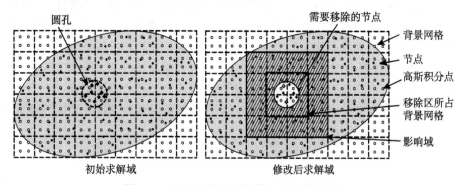

图 10.2　局部更新刚度矩阵中影响域的描述

10.1.3　数值算例

1. 矩形板

如图 10.3 所示为一矩形板，一端固定，一端受 1000mN 的集中力 F，矩形板的尺寸为 $L \times D$，其中 L=100mm，D=50mm，材料的弹性模量 E=200GPa，泊松比

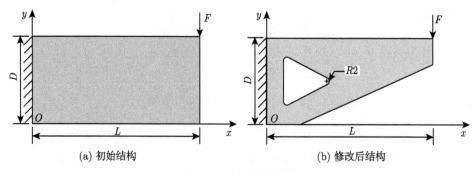

图 10.3　矩形板结构

$\nu=0.3$, 其无网格离散模型包含 5083 个点, 共计 10166 个自由度。根据拓扑优化结果对结构进行简化修改, 如图 10.3(b) 所示, 结构修改后, 弹性模量和泊松比不变, 其无网格离散模型包含 3341 个点, 共计 6682 个自由度, 自由度减少百分比达到 34.3%。

分别用本书提到的组合近似法和间接更新重分析方法对修改后的结构进行分析计算, 其中组合近似法采用 10 个基向量。分别将组合近似法和间接更新重分析方法的计算结果与完全分析所得到的结果进行对比, 如图 10.4~图 10.6 所示。

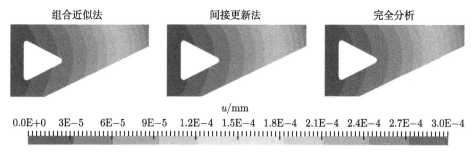

图 10.4 矩形板的组合近似法、间接更新法和完全分析位移云图 (后附彩图)

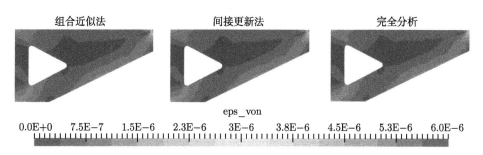

图 10.5 矩形板的组合近似法、间接更新法和完全分析等效应变云图 (后附彩图)

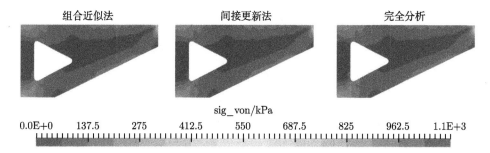

图 10.6 矩形板的组合近似法、间接更新法和完全分析等效应力云图 (后附彩图)

如图 10.4~图 10.6 所示, 组合近似法、间接更新法与完全分析的结果云图完全一致，为进一步验证组合近似法、间接更新法的具体计算精度，随机选取 8 个自由度进行误差计算，如表 10.1 和表 10.2 所示。

表 10.1　矩形板的位移结果比较

自由度编号	组合近似法	间接更新法	完全分析	位移误差	
				组合近似法	间接更新法
521	−1.48859E−5	−1.48728E−5	−1.48728E−5	8.77844E−4	0
522	−1.08025E−5	−1.07985E−5	−1.07985E−5	3.67652E−4	0
1111	−9.52E−8	−9.66E−8	−9.66E−8	0.01395	0
1112	−2.4733E−6	−2.4784E−6	−2.4784E−6	0.00203	0
2221	2.2155E−6	2.2152E−6	2.2152E−6	1.36715E−4	0
2222	−1.0379E−6	−1.037E−6	−1.037E−6	8.98309E−4	0
5101	2.68836E−5	2.69254E−5	2.69254E−5	0.00155	0
5102	−9.43354E−5	−9.42683E−5	−9.42683E−5	7.11762E−4	0

表 10.2　矩形板的米塞斯等效应力结果比较

节点编号	组合近似法	间接更新法	完全分析	米塞斯等效应力误差	
				组合近似法	间接更新法
100	370.25767	372.00852	372.00852	0.00471	0
115	155.78426	154.03874	154.03874	0.01133	0
197	251.40034	251.54859	251.54859	5.89379E−4	0
369	225.92672	227.88026	227.88026	0.00857	0
442	108.27899	106.57767	106.57767	0.01596	0
884	98.82425	99.51534	99.51534	0.00694	0
1057	135.48721	137.05081	137.05081	0.01141	0
2141	19.50026	20.57304	20.57304	0.05215	0

　　数值结果表明，对涉及自由度改变量高达 34.3% 的矩形板结构，采用 10 个基向量的组合近似法的整体相对误差较小而间接更新法的误差几乎为零。因此，在本算例中重分析方法的计算精度是可行的。

2. 支撑架

　　如图 10.7 所示是一个支撑架的结构简图，支撑架通过两个销固定，在另一端施加竖直集中力 F。设计过程中，圆角的半径通常需要不断的优化。本节选取了两个圆角半径进行计算，分别为 7.5mm 和 2.5mm。其中 $F=1000$mN，材料弹性模量 $E=200$GPa，泊松比 $\nu=0.3$。将圆角为 2.5mm 的设计方案作为初始结构，其无网格离散点包含 2611 个点，共计 5222 个自由度；将圆角为 7.5mm 的设计方案作为修改后的结构，其无网格离散点包含 2647 个点，共计 5294 个自由度，自由度增加 1.4%。

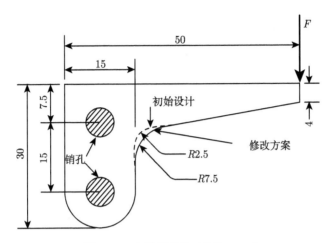

图 10.7 支撑架结构 (单位: mm)

分别用本书提到的组合近似法和间接更新重分析方法对修改后的结构进行分析计算，其中组合近似法采用 10 个基向量。分别将组合近似法和间接更新重分析方法的计算结果与完全分析所得到的结果进行对比，如图 10.8～图 10.10 所示。

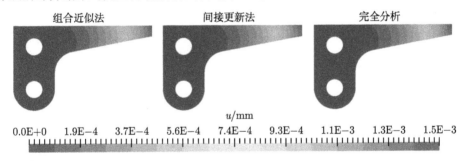

图 10.8 支撑架的组合近似法、间接更新法和完全分析位移云图 (后附彩图)

图 10.9 支撑架的组合近似法、间接更新法和完全分析等效应变云图 (后附彩图)

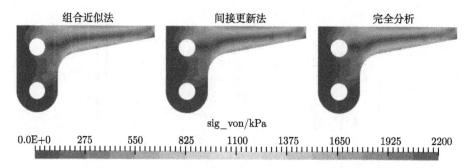

图 10.10　支撑架的组合近似法、间接更新法和完全分析等效应力云图 (后附彩图)

如图 10.4~图 10.6 所示，组合近似法、间接更新法与完全分析的结果云图完全一致，为进一步验证组合近似法、间接更新法的具体计算精度，随机选取 8 个自由度进行误差计算，如表 10.3 和表 10.4 所示。

表 10.3　支撑架的位移结果比较

自由度编号	组合近似法	间接更新法	完全分析	位移误差	
				组合近似法	间接更新法
100	370.25767	372.00852	372.00852	0.00471	0
115	155.78426	154.03874	154.03874	0.01133	0
197	251.40034	251.54859	251.54859	5.89379E−4	0
369	225.92672	227.88026	227.88026	0.00857	0
442	108.27899	106.57767	106.57767	0.01596	0
884	98.82425	99.51534	99.51534	0.00694	0
1057	135.48721	137.05081	137.05081	0.01141	0
2141	19.50026	20.57304	20.57304	0.05215	0

表 10.4　支撑架的米塞斯等效应力结果比较

节点编号	组合近似法	间接更新法	完全分析	米塞斯等效应力误差	
				组合近似法	间接更新法
451	623.21646	771.96421	771.96421	0.02689	0
452	686.68504	836.26515	836.26515	0.02689	0
494	1544.71825	1588.29902	1588.29902	0.02744	0
495	1541.57486	1584.6989	1584.6989	0.02721	0
817	1071.28757	1084.77122	1084.77122	0.01243	0
818	1072.06909	1081.96295	1081.96295	0.00914	0
1788	674.1351	648.47392	648.47392	0.03957	0
1789	630.06725	603.10841	603.10841	0.0447	0

数值结果表明，采用 10 个基向量的组合近似法的整体相对误差较小而间接更新法的误差几乎为零。因此，在本算例中重分析方法的计算精度是可行的。

3. 桥梁优化

如图 10.11 所示是一个桥梁的简化模型图, 在桥的中央施加载荷 q。通过拓扑优化对桥梁结构进行优化, 拟在原设计方案的基础上减去四个孔。其中 $q=1100$ mN/ mm, 材料弹性模量 $E=200$GPa, 泊松比 $\nu=0.3$。初始方案的无网格离散模型包含 6129 个点, 修改后方案的无网格离散模型包含 5535 个点, 自由度减少 9.7%。

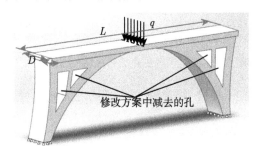

图 10.11 桥梁结构图

分别用本书提到的组合近似法和间接更新重分析方法对修改后的结构进行分析计算, 其中组合近似法采用 10 个基向量。分别将组合近似法和间接更新重分析方法的计算结果与完全分析所得到的结果进行对比, 如图 10.12~图 10.14 所示。

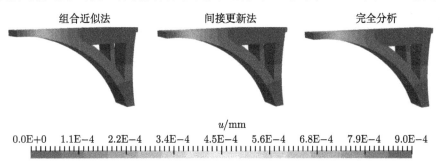

图 10.12 桥梁的组合近似法、间接更新法和完全分析位移云图 (后附彩图)

图 10.13 桥梁的组合近似法、间接更新法和完全分析等效应变云图 (后附彩图)

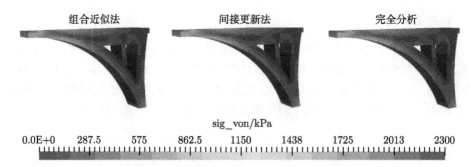

图 10.14　桥梁的组合近似法、间接更新法和完全分析等效应力云图 (后附彩图)

如图 10.12～图 10.14 所示,组合近似法、间接更新法与完全分析的结果云图完全一致,为进一步验证组合近似法、间接更新法的具体计算精度,随机选取 8 个自由度进行误差计算,如表 10.5 和表 10.6 所示。

表 10.5　桥梁的位移结果比较

自由度编号	组合近似法	间接更新法	完全分析	位移误差	
				组合近似法	间接更新法
131	$-3.1482E-6$	$-3.1492E-6$	$-3.1492E-6$	0.000311874	$1.33E-8$
132	-0.000797356	-0.0007974	-0.0007974	$5.50875E-5$	$1E-10$
350	$2.5312E-6$	$2.5417E-6$	$2.5417E-6$	0.004134	$9.1E-9$
351	$1.99659E-5$	$2.01119E-5$	$2.01119E-5$	0.007259	$4E-10$
7920	$5.5871E-6$	0.000005482	0.000005482	0.019157159	$1E-10$
7921	$6.25185E-5$	$6.24987E-5$	$6.24987E-5$	0.000316728	$1E-9$
16066	0.000045724	$4.60102E-5$	$4.60102E-5$	0.006219645	0
16067	$4.366E-7$	$4.222E-7$	$4.222E-7$	0.034057272	$3.93E-8$

表 10.6　桥梁的米塞斯等效应力结果比较

节点编号	组合近似法	间接更新法	完全分析	米塞斯等效应力误差	
				组合近似法	间接更新法
30	327.4234	327.2339	327.2339	0.000579	$1E-10$
255	808.1318	808.2851	808.2851	0.00019	0
835	452.3431	450.5761	450.5761	0.003922	$1E-10$
2843	260.7681	260.8149	260.8149	0.00018	$1E-10$
3088	283.6064	283.389	283.389	0.000767	$1E-10$
3124	226.723	227.039	227.039	0.001392	$1E-10$
4142	167.3127	167.6408	167.6408	0.001957	$1E-10$
5528	116.3698	116.5645	116.5645	0.00167	$1E-10$

数值结果表明,采用 10 个基向量的组合近似法的整体相对误差较小而间接更新法的误差几乎为零。因此,在本算例中重分析方法的计算精度是可行的。

10.1.4 计算消耗对比

为了进一步测试本节所提出的基于无网格法的重分析方法的性能, 我们记录了程序运行过程中各部分所需时间, 如表 10.7 所示 (所有的程序都是在一台配备 Intel(R) Core(TM) i7-5820K 3.30GHz CPU 和 32GB 内存的服务器上用 MATLAB R2016b 运行)。

表 10.7　程序各部分运行消耗时间对比

数值算例	CPU 运行时间/s				
	局部更新策略	全局更新策略	组合近似法	间接更新法	完全分析
矩形板	61.14	214.53	0.14	1.34	1.62
支撑架	6.12	60.93	0.07	0.04	0.83
桥梁	1640.81	2617.7	2.86	3.29	23.65

从表中可以看出, 局部更新刚度矩阵策略可以节省大量刚度矩阵更新时间, 而组合近似法所用时间远小于完全分析, 间接更新法在处理像支撑架、桥梁这类局部小修改问题时其所用时间也远小于完全分析, 但面对大修改问题, 其效率明显有所下降。

为了进一步阐述重分析方法的效率, 我们以算例支撑架为例, 对不同规模的模型进行计算并记录其运行时间, 得到图 10.15, 从图中可以很明显地看出重分析效率远高于完全分析。

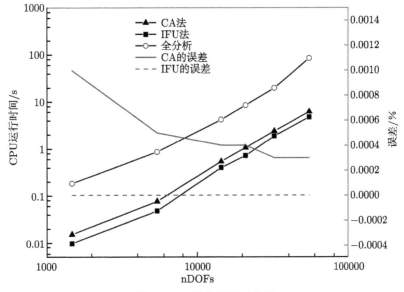

图 10.15　计算消耗对比图

10.2　基于扩展有限单元法的重分析方法

扩展有限单元法问世后在国际上引起了极大的关注,通过众多科研工作者的努力,扩展有限单元法快速发展起来,并广泛应用于各领域,主要用来求解夹杂界面、裂纹扩展、剪切带演化、位错等不连续问题。但往往为了提高精度,我们需要用很精细的网格来建模,这就带来了计算规模上的瓶颈,因此本节致力于将重分析方法引入扩展有限单元法中,以期能提高其计算效率并扩大其计算规模上限。

10.2.1　扩展有限单元法

1. 扩展有限单元法形函数

在扩展有限单元法中,其形函数通常由两部分组成:标准形函数和局部加强形函数[3−6],其通用表达式如下:

$$\boldsymbol{u}^{\mathrm{h}}(\boldsymbol{x}) = \underbrace{\sum_{I \in \Omega} N_I(\boldsymbol{x})\boldsymbol{u}_I}_{\boldsymbol{u}^{\mathrm{s}}} + \underbrace{\sum_{J \in \Omega_E} \psi(\boldsymbol{x})N_J(\boldsymbol{x})\boldsymbol{q}_J}_{\boldsymbol{u}^{\mathrm{e}}} \tag{10.11}$$

其中,N_I 和 $\boldsymbol{u}_I$ 表示标准形函数及其节点位移。因此扩展有限单元法的位移可以表示为两部分:标准有限单元法位移和加强形函数位移。

假设在求解域内有一条裂纹,如图 10.16 所示,那么方程 (10.11) 可以写成如下形式:

$$\boldsymbol{u}^{\mathrm{h}}(\boldsymbol{x}) = \sum_{I \in \Omega} N_I(\boldsymbol{x})\boldsymbol{u}_I + \sum_{I \in \Omega_S} H_I(\boldsymbol{x})\,N_I(\boldsymbol{x})\boldsymbol{a}_I + \sum_{I \in \Omega_T} \sum_{\alpha=1}^{4} \Phi_{I,\alpha}(\boldsymbol{x})\,N_I(\boldsymbol{x})\boldsymbol{b}_I^{\alpha} \tag{10.12}$$

其中,Ω 表示求解域;Ω_S 表示裂纹影响域;Ω_T 表示裂纹尖端区域;$H(\boldsymbol{x})$ 表示 Heaviside 阶跃函数;$\Phi_\alpha(\boldsymbol{x})$ 表示裂纹尖端间断加强函数。$H(\boldsymbol{x})$ 和 $\Phi_\alpha(\boldsymbol{x})$ 的表达式如下:

$$H(\boldsymbol{x}) = \begin{cases} +1 & (\text{裂纹之上}) \\ -1 & (\text{裂纹之下}) \end{cases} \tag{10.13}$$

$$\{\Phi_\alpha(\boldsymbol{x})\}_{\alpha=1}^{4} = \sqrt{\boldsymbol{r}} \left\{ \sin\frac{\theta}{2}, \cos\frac{\theta}{2}, \sin\theta\sin\frac{\theta}{2}, \sin\theta\cos\frac{\theta}{2} \right\} \tag{10.14}$$

由虚功原理得出扩展有限单元法的刚度矩阵如下所示:

$$\begin{bmatrix} \boldsymbol{K}_{uu} & \boldsymbol{K}_{ua} & \boldsymbol{K}_{ub} \\ \boldsymbol{K}_{ua}^{\mathrm{T}} & \boldsymbol{K}_{aa} & \boldsymbol{K}_{ab} \\ \boldsymbol{K}_{ub}^{\mathrm{T}} & \boldsymbol{K}_{ab}^{\mathrm{T}} & \boldsymbol{K}_{bb} \end{bmatrix} \begin{Bmatrix} \boldsymbol{u} \\ \boldsymbol{a} \\ \boldsymbol{b} \end{Bmatrix} = \begin{Bmatrix} \boldsymbol{F}_u \\ \boldsymbol{F}_a \\ \boldsymbol{F}_b \end{Bmatrix} \tag{10.15}$$

其中，K_{uu} 表示标准有限单元法刚度矩阵；K_{ua}, K_{aa}, K_{ab} 分别表示与贯穿单元相关的刚度矩阵；K_{ub}, K_{ab}, K_{bb} 表示与裂尖单元相关的刚度矩阵。

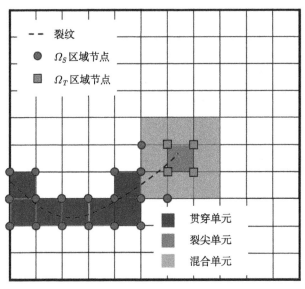

图 10.16 裂纹区域示意图

2. 裂纹扩展模型

通常，定义裂纹扩展主要有两个因素：扩展方向和扩展长度。其中裂纹的扩展方向一般由最大圆周应力准则来定义，裂纹将朝最大应力方向扩展，扩展角度定义如下：

$$\theta = 2\arctan \frac{1}{4}\left(\frac{K_{\mathrm{I}}}{K_{\mathrm{II}}} - \operatorname{sign} K_{\mathrm{II}} \sqrt{\left(\frac{K_{\mathrm{I}}}{K_{\mathrm{II}}}\right)^2 + 8} \right) \tag{10.16}$$

其中，关于 K_{I} 和 K_{II} 的定义详见文献[7]。而对于裂纹扩展长度的定义，通常有两种方式，一种是给定循环次数，通过相应的裂纹扩展准则来计算裂纹扩展长度[8]，另一种则是给定每一迭代步裂纹扩展长度 Δa [9]，本节所讲述的正是后者。

10.2.2 扩展有限元重分析法基本理论

本节所提出的基于扩展有限单元法的重分析方法旨在通过对扩展有限单元法刚度矩阵及其计算流程的研究，将重分析方法引入扩展有限单元法中，从而提高其计算效率。本节主要包括三部分，如图 10.17 所示，局部更新刚度矩阵策略主要用来快速更新每一迭代步的刚度矩阵，分解更新重分析主要用来快速求解平衡方程，而局部更新楚列斯基分解值策略主要用来快速计算修改后刚度矩阵的楚列斯基分解值。

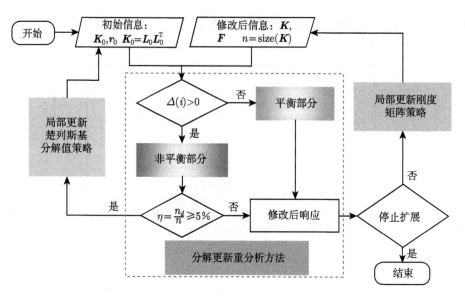

图 10.17　基于扩展有限单元法的重分析方法结构框图

1. 局部更新策略

首先我们需要研究一下在扩展有限单元法的计算过程中其刚度矩阵的变化特点。假设在求解域内有一条裂纹，如图 10.18(a) 所示，然后假定给裂纹一个扩展增量，如图 10.18(b) 所示。

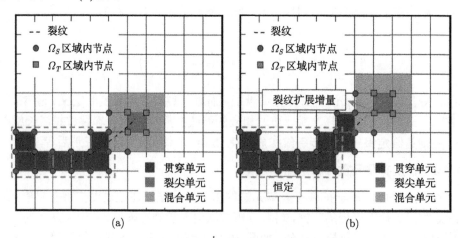

图 10.18　裂纹扩展中刚度矩阵的变化示意图

通过对比图 10.18(a) 和 (b) 可以得出以下规律：一个单元一旦被裂纹贯穿，它将永远是贯穿单元，不会再发生改变，其刚度矩阵值在之后的迭代过程中也不会发生变化；刚度矩阵的变化只发生在裂纹尖端附近区域。在刚度矩阵中表示上述规律，如图 10.19 所示。

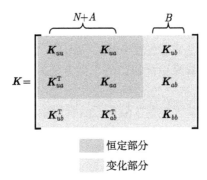

图 10.19 刚度矩阵改变部分示意图

因此，我们只需要在前一个迭代步的刚度矩阵的基础上更新变化的刚度矩阵部分，就可以很快地得到当前迭代步的刚度矩阵。值得一提的是，由于通常情况下 $N \gg A+B$，所以每一步需要更新的刚度矩阵通常只占整体刚度矩阵的一部分，这样一来局部更新刚度矩阵策略将大大提高刚度矩阵更新速度。

基于上述研究，我们知道在扩展有限单元法的计算过程中，刚度矩阵的大部分区域都是恒定不变的，因此基于这个特性，我们提出了局部更新刚度矩阵楚列斯基分解值的策略。为了更简洁地描述这一策略，我们将图 10.19 中的刚度矩阵简化为以下形式：

$$\boldsymbol{K} = \begin{bmatrix} \boldsymbol{K}_{11} & \boldsymbol{K}_{12} \\ \boldsymbol{K}_{21} & \boldsymbol{K}_{22} \end{bmatrix} \tag{10.17}$$

其中

$$\boldsymbol{K}_{11} = \begin{bmatrix} \boldsymbol{K}_{uu} & \boldsymbol{K}_{ua} \\ \boldsymbol{K}_{ua}^{\mathrm{T}} & \boldsymbol{K}_{aa} \end{bmatrix} \tag{10.18}$$

假定其楚列斯基分解值如下：

$$\boldsymbol{K} = \begin{bmatrix} \boldsymbol{L}_{11} & \boldsymbol{0} \\ \boldsymbol{L}_{21} & \boldsymbol{L}_{22} \end{bmatrix} \begin{bmatrix} \boldsymbol{L}_{11}^{\mathrm{T}} & \boldsymbol{L}_{21}^{\mathrm{T}} \\ \boldsymbol{0} & \boldsymbol{L}_{22}^{\mathrm{T}} \end{bmatrix} = \boldsymbol{L}\boldsymbol{L}^{\mathrm{T}} \tag{10.19}$$

其中

$$\begin{aligned} \boldsymbol{L}_{11} &= \mathrm{chol}\,\boldsymbol{K}_{11} \\ \boldsymbol{L}_{21} &= \boldsymbol{L}_{11}/\boldsymbol{K}_{12} \\ \boldsymbol{L}_{22} &= \mathrm{chol}\,\boldsymbol{K}_{22} - \boldsymbol{L}_{21}\boldsymbol{L}_{21}^{\mathrm{T}} \end{aligned} \tag{10.20}$$

根据我们之前的研究，得出 $\boldsymbol{K}_{11}$ 在迭代过程中是恒定不变的，因此在迭代过程中 $\boldsymbol{L}_{11}$ 的值是可以反复利用的，而由于通常 $\boldsymbol{K}_{11}$ 占据整个刚度矩阵的绝大部分，所以我们只需要通过计算 L_{21} 和 L_{22} 来更新当前步刚度矩阵的楚列斯基分解值，这将节省大量的时间。

2. 分解更新重分析方法

这部分的思想主要是将平衡方程分解为两部分：已平衡部分和未平衡部分，然后通过分别求解两部分方程来更新修改后平衡方程的解，具体的计算流程参照 3.2 节，在此不作重复介绍。

此处需要强调的是，根据扩展有限单元法刚度矩阵的变化规律可知，式 (3.37) 中 K_{mm} 可定义为

$$K_{mm} = \begin{bmatrix} K_{uu} & K_{ua} \\ K_{ua}^{\mathrm{T}} & K_{aa} \end{bmatrix} \tag{10.21}$$

即刚度矩阵恒定不变部分，故 K_{mm}^{-1} 的值将视为恒定，这为式 (3.37) 的计算带来极大的便利，也将进一步提升该重分析方法的效率。

10.2.3　数值算例

1. 带圆孔薄板边裂纹扩展

图 10.20 所示为一带圆孔薄板，其左侧有一初始裂纹，初始裂纹长度 $a_0 = 10\text{mm}$，在薄板上施加两个集中力 F，$F = 2 \times 10^4 \text{N}$。薄板采用 7075-T6 合金铝，其材料参数如下：弹性模量 $E = 7.17 \times 10^4 \text{MPa}$，泊松比 $\nu = 0.33$。假定裂纹扩展增量 $\Delta a = 1\text{mm}$，用本章所提方法对薄板裂纹扩展进行分析，并与实验结果[10] 对比，如图 10.21 所示，可见本章所提方法计算结果与实验结果完全吻合。

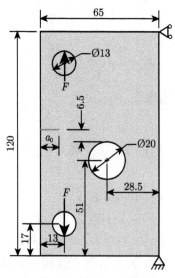

图 10.20　带圆孔板几何尺寸示意图 (单位：mm)

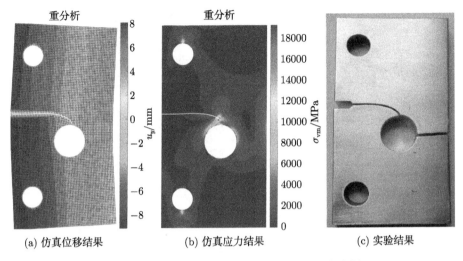

图 10.21 仿真结果与实验结果对比图 (后附彩图)

为了进一步验证重分析方法的效率与精度, 我们将重分析方法得到的结果与完全分析方法得到的结果进行了对比, 图 10.22 与图 10.23 分别是位移和应力结果对比图, 由图可知重分析方法得到的结果与完全分析得到的结果完全一致。

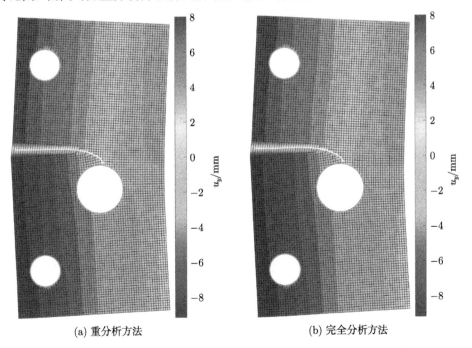

图 10.22 边裂纹扩展的重分析方法和完全分析方法位移结果对比 (后附彩图)

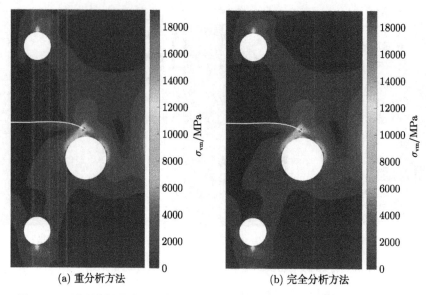

(a) 重分析方法　　　　　　　　　　　　(b) 完全分析方法

图 10.23　边裂纹扩展的重分析方法和完全分析方法应力结果对比 (后附彩图)

　　另外, 为了对比重分析方法和完全分析的计算效率, 我们记录了程序运行所需时间, 并给出了平均位移与应力误差, 如表 10.8 所示, 由表可知, 重分析方法是一种高效且精确的方法。

表 10.8　重分析方法与完全分析效率和精度对比

计算时间/s		平均误差	
重分析方法	完全分析	位移	等效应力
0.968	18.953	4.8916E−13	1.7356E−12

2. 中心裂纹扩展

　　如图 10.24 所示为圆孔薄板, 其上还有一圆形夹杂物, 在其中间有一初始裂纹, 初始裂纹长度 $a_0 = 10\mathrm{mm}$, 在薄板上施加均布载荷 q, $q = 50\mathrm{N/mm}$。薄板采用 7075-T6 合金铝, 其材料参数如下: 弹性模量 $E = 7.17 \times 10^4 \mathrm{MPa}$, 泊松比 $\nu = 0.33$。夹杂物采用碳纤维增强材料, 其材料参数如下: 弹性模量 $E_2 = 2.1 \times 10^5 \mathrm{MPa}$, 泊松比 $\nu = 0.33$。假定裂纹扩展增量 $\Delta a = 1\mathrm{mm}$, 用本章所提方法对薄板裂纹扩展进行分析, 其结果如图 10.25 和图 10.26 所示。由图可知, 无论是应力结果还是位移结果, 重分析方法所得到的结果与完全分析所得到的结果完全一致。

　　另外, 为了对比重分析方法和完全分析的计算效率, 我们记录了程序运行所需时间, 并给出了平均位移与应力误差, 如表 10.9 所示, 由表可知, 重分析方法是一种高效且精确的方法。

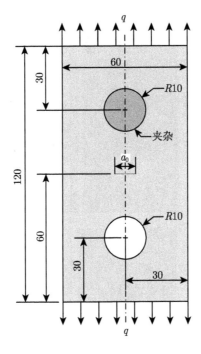

图 10.24 圆孔薄板几何尺寸示意图 (单位：mm)

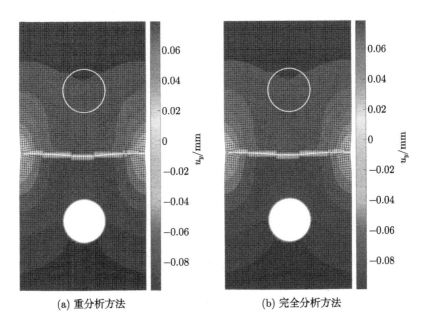

(a) 重分析方法   (b) 完全分析方法

图 10.25 中心裂纹扩展的重分析方法和完全分析方法位移结果对比 (后附彩图)

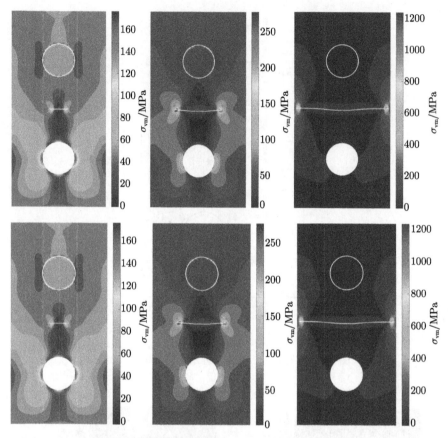

图 10.26　中心裂纹扩展的重分析方法和完全分析方法应力结果对比 (后附彩图)

上: 重分析方法, 下: 完全分析方法

表 10.9　重分析方法与完全分析效率和精度对比

计算时间/s		平均误差	
重分析方法	完全分析	位移	等效应力
2.3438	8.4375	4.9236E−13	5.6032E−13

10.2.4　计算消耗对比

为了进一步测试本节所提出的重分析方法的性能, 我们记录了分解更新重分析方法、完全分析、局部更新策略和全局更新策略程序部分运行所需时间, 如图 10.27 和图 10.28 所示 (所有的程序都是在一台配备 Intel(R) Core(TM) i7-5820K 3.30GHz CPU 和 32GB 内存的服务器上用 MATLAB R2016b 运行)。

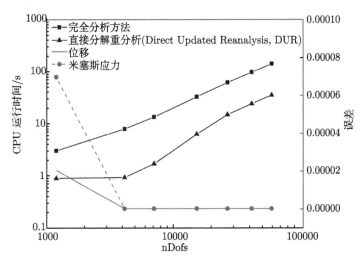

图 10.27 分解重分析及完全分析方法计算消耗对比图

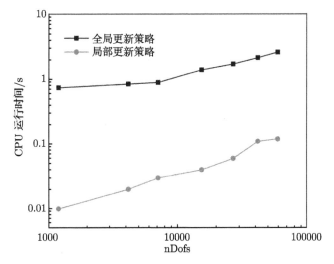

图 10.28 局部更新策略及全局更新策略计算消耗对比图

由图 10.27 和图 10.28 可知, 重分析方法的效率远高于完全分析, 而其误差却几乎为零, 且局部更新刚度矩阵策略的引入也大大提升了程序运行的效率。

参 考 文 献

[1] Bui T Q, Nguyen T N, Nguyen-Dang H. A moving Kriging interpolation-based meshless method for numerical simulation of Kirchhoff plate problems[J]. International Journal for Numerical Methods in Engineering, 2009, 77(10): 1371-1395.

[2]　Gu L. Moving Kriging interpolation and element free Galerkin method[J]. International Journal for Numerical Methods in Engineering, 2003, 56(1): 1-11.

[3]　Abdelaziz Y, Hamouine A. A survey of the extended finite element[J]. Computers & Structures, 2008, 86(11-12): 1141-1151.

[4]　Belytschko T, Gracie R, Ventura G. A review of extended/generalized finite element methods for material modeling[J]. Modelling and Simulation in Materials Science and Engineering, 2009, 17(4): 043001.

[5]　Fries T P, Belytschko T. The extended/generalized finite element method: an overview of the method and its applications[J]. International Journal for Numerical Methods in Engineering, 2010, 84(3): 253-304.

[6]　Yazid A, Abdelkader N, Abdelmadjid H. A state-of-the-art review of the X-FEM for computational fracture mechanics[J]. Applied Mathematical Modelling, 2009, 33(12): 4269-4282.

[7]　Erdogan F, Sih G. On the crack extension in plates under plane loading and transverse shear[J]. Journal of Basic Engineering, 1963, 85(4): 519-527.

[8]　Gravouil A, Moës N, Belytschko T. Non-planar 3D crack growth by the extended finite element and level sets—Part II: Level set update[J]. International Journal for Numerical Methods in Engineering, 2002, 53(11): 2569-2586.

[9]　Belytschko T, Black T. Elastic crack growth in finite elements with minimal remeshing[J]. International Journal for Numerical Methods in Engineering, 1999, 45(5): 601-620.

[10]　Giner E, Sukumar N, Tarancón J E, et al. An Abaqus implementation of the extended finite element method[J]. Engineering Fracture Mechanics, 2009, 76(3): 347-368.

附录 重分析方法部分关键代码

本程序使用以下函数:

CAMKL 主函数

MKLVARIABLES 实现求解器参数变量输入

CAUNCHANGE_MKL 实现重分析算法

MULUBV 实现上三角矩阵乘以向量

ADD 实现两个矩阵相加

函数应用详细说明:

1. 主程序 CAMKL

调用 MKL 库函数求解, 主流程如下:

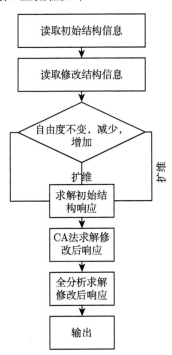

读取结构信息文件信息 (其中包括自由度, 刚度矩阵 CSR 存储信息, 载荷信息) 文件为二进制文件 (ANSYS 中可导出)

刚度矩阵：对称，仅存储上三角矩阵

存储方式：CSR 存储

IK(1)=1   IK0(I+1)=IKK(I)+NUM   NUMK: 行存储中非 0 元素的个数

IK 的维数：刚度矩阵维数 +1   JK：非 0 元素列坐标

JK 的维数：非 0 元素的个数   K：非 0 元素具体值

主程序源代码：

```
PROGRAM CAMKL
    USE MKLVARIABLES
    USE MKL_PARDISO
    IMPLICIT NONE
INTERFACE
!过程接口块，说明过程被调用的形式、描述过程的特性、过程名等
SUBROUTINE CAUNCHANGE_MKL(IK0,JK0,K0,IKK,JKK,KK,IDK,JDK,DK,FF,CADISP)!
外部子例行子程序
        INTEGER,DIMENSION(:),ALLOCATABLE::IK0,JK0,IDK,JDK,IKK,JKK
        REAL*8,DIMENSION(:),ALLOCATABLE::K0,DK,KK,FF,CADISP
 END SUBROUTINE CAUNCHANGE_MKL
 SUBROUTINE ADD(IA,JA,A,IB,JB,B,IC,JC,C)
        INTEGER,DIMENSION(:),ALLOCATABLE::IA,JA,IB,JB,IC,JC
        REAL*8,DIMENSION(:),ALLOCATABLE::A,B,C
 END SUBROUTINE ADD
 END INTERFACE

    INTEGER::SDOF0,NUMK0,SDOF,NUMK,II,I,J,JJ
    INTEGER,DIMENSION(:),ALLOCATABLE::IK0,JK0,IKK,JKK
    REAL*8,DIMENSION(:),ALLOCATABLE::K0,KK,FF0,FF,DISP0,DISP,CADISP

    INTEGER::NUM,NUM1,SDOF1,NUMK1,NUMT
    REAL*8::ALPHA
    INTEGER,DIMENSION(:),ALLOCATABLE::IDK,JDK,VT,IK1,JK1
    REAL*8,DIMENSION(:),ALLOCATABLE::DK,RVT,K1

    INTEGER,DIMENSION(:),ALLOCATABLE::IDKM,JDKM,IK00,JK00
    REAL*8,DIMENSION(:),ALLOCATABLE::DKM,K00,DK0,FF1,DISP1

    INTEGER::TEC_OPT,NUMLD,LDDOF,NODE,NEL
    INTEGER,DIMENSION(:,:),ALLOCATABLE::NODES
```

```
REAL*8,DIMENSION(:,:),ALLOCATABLE::GCOORD

INTEGER::MAX_OPT,MAX_NUM
INTEGER,DIMENSION(:),ALLOCATABLE::MAXID
REAL*8,DIMENSION(:),ALLOCATABLE::MAXDISP,MAXCADISP

INTEGER::ANSYS_OPT,LDOF
INTEGER,DIMENSION(:),ALLOCATABLE::TEQN
REAL*8,DIMENSION(:),ALLOCATABLE::TDISP,CATDISP

! ORIGINAL STRUCTURE输入初始结构信息
OPEN(11,FILE='KKFIFTEENBAR0.BIN',FORM='BINARY')
READ(11) SDOF0,NUMK0
ALLOCATE (IK0(SDOF0+1),JK0(NUMK0),K0(NUMK0))
READ(11) IK0,JK0,K0
CLOSE(11)


OPEN(11,FILE='FFFIFTEENBAR0.BIN',FORM='BINARY')
READ(11) SDOF1

IF(SDOF1/=SDOF0)THEN
    PRINT*,'INITIAL LOAD ERROR'
ENDIF
ALLOCATE (FF0(SDOF0))
READ(11) FF0
CLOSE(11)


! MODIFIED STRUCTURE
OPEN(11,FILE='KKFIFTEENBAR1.BIN',FORM='BINARY')
READ(11) SDOF,NUMK
ALLOCATE (IKK(SDOF+1),JKK(NUMK),KK(NUMK))
READ(11) IKK,JKK,KK
CLOSE(11)


OPEN(11,FILE='FFFIFTEENBAR1.BIN',FORM='BINARY')
READ(11)SDOF1
IF(SDOF1/=SDOF)THEN
    PRINT*,'MODIFIED LOAD ERROR'
```

```
ENDIF
ALLOCATE (FF(SDOF))
READ(11) FF
CLOSE(11)

! 三种情况，自由度不变，自由度减少，自由度增加
IF(SDOF0==SDOF)THEN
    NUM=NUMK0+NUMK
    ALLOCATE(IDK(SDOF+1),JDK(NUM),DK(NUM))
    KO=-1.0*KO
    CALL ADD(IK0,JK0,K0,IKK,JKK,KK,IDK,JDK,DK)   ! 刚度矩阵变化量
    NUM=IDK(SDOF+1)-1
    ALLOCATE(VT(NUM),RVT(NUM))
    VT(:)=JDK(1:NUM) !num 行存储非零原
    RVT(:)=DK(1:NUM)
    DEALLOCATE(JDK,DK)
    ALLOCATE(JDK(NUM),DK(NUM))
    JDK=VT
    DK=RVT
    DEALLOCATE(VT,RVT)
    KO=-1.0*KO

    ! MKL INITIAL ANALYSIS
    ALLOCATE(DISP0(SDOF0))
    PT = MKL_PARDISO_HANDLE(0)
    ALLOCATE(PERM(SDOF0))

    MAXFCT = 1
    MNUM = 1
    ! 正定对称为
    MTYPE = 2
    ! 1:排序，: 分解，: 回代
    PHASE = 13
    NRHS = 1
    MSGLVL = 1
    CALL PARDISOINIT(PT,MTYPE,IPARM)
    FILE_NAME = 'OOC_INITIAL'
    BUFFLEN = LEN(FILE_NAME)
```

```
        CALL
MKL_CVT_TO_NULL_TERMINATED_STR(BUFF,BUFFLEN,file_name(1:bufflen))
        ERROR = 0
        IPARM(60) = 0
      ! 求初始位移响应   PARDISO求解线性方程组
        CALL PARDISO(PT,MAXFCT,MNUM,MTYPE,PHASE,SDOF0,K0,IK0,JK0,&
                     PERM,NRHS,IPARM,MSGLVL,FF0,DISP0,ERROR)
      ! REANALYSIS
        ALLOCATE(CADISP(SDOF))
        CALL CAUNCHANGE_MKL(IK0,JK0,K0,IKK,JKK,KK,IDK,JDK,DK,FF,CADISP)

    ELSEIF(SDOF0>SDOF)THEN
        !修改刚度矩阵扩维
        NUM1=IK0(SDOF0+1)-IK0(SDOF+1)
        NUM=NUMK+NUM1
        ALLOCATE(IK1(SDOF0+1),JK1(NUM),K1(NUM))
        IK1(1:SDOF+1)=IKK(:)
        JK1(1:NUMK)=JKK(:)
        K1=0.0
        K1(1:NUMK)=KK(:)
        DO I=SDOF+1,SDOF0
            IK1(I+1)=IK1(I)+IK0(I+1)-IK0(I)
            JK1(IK1(I):IK1(I+1)-1)=JK0(IK0(I):IK0(I+1)-1)
        ENDDO
        NUMK1=NUM
      ! deltkK=K-K0
        NUM=NUMK0+NUMK1
        ALLOCATE(IDK(SDOF0+1),JDK(NUM),DK(NUM))
        K0=-1.0*K0
        CALL ADD(IK0,JK0,K0,IK1,JK1,K1,IDK,JDK,DK) ! 刚度矩阵变化量
        NUM=IDK(SDOF0+1)-1
        ALLOCATE(VT(NUM),RVT(NUM))
        VT(:)=JDK(1:NUM)

        RVT(:)=DK(1:NUM)
        DEALLOCATE(JDK,DK)
        ALLOCATE(JDK(NUM),DK(NUM))
        JDK=VT
```

```
        DK=RVT
        DEALLOCATE(VT,RVT)
        KO=-1.0*KO


        ! MKL INITIAL ANALYSIS
        ALLOCATE(DISP0(SDOF0))
        PT = MKL_PARDISO_HANDLE(0)
        ALLOCATE(PERM(SDOF0))
        MAXFCT = 1
        MNUM = 1
        ! 正定对称为
        MTYPE = 2
        ! 1:排序, : 分解, : 回代
        PHASE = 13
        NRHS = 1
        MSGLVL = 1
        CALL PARDISOINIT(PT,MTYPE,IPARM)
        FILE_NAME = 'OOC_INITIAL'
        BUFFLEN = LEN(FILE_NAME)
        CALL
MKL_CVT_TO_NULL_TERMINATED_STR(BUFF,BUFFLEN,file_name(1:bufflen))
        ERROR = 0
        IPARM(60) = 0
        CALL PARDISO(PT,MAXFCT,MNUM,MTYPE,PHASE,SDOF0,KO,IKO,JKO,&
                     PERM,NRHS,IPARM,MSGLVL,FFO,DISP0,ERROR)
     !  REANALYSIS
        ALLOCATE(CADISP(SDOF0))
        ALLOCATE(FF1(SDOF0))
        FF1=0.0
        FF1(1:SDOF)=FF(:)   ! 改变载荷维度
        CALL CAUNCHANGE_MKL(IKO,JKO,KO,IK1,JK1,K1,IDK,JDK,DK,FF1,CADISP)
        DEALLOCATE(FF1,IK1,JK1,K1)
   ELSEIF(SDOF0<SDOF)THEN
        !初始刚度矩阵扩维
        NUM1=IKK(SDOF+1)-IKK(SDOF0+1)
        NUM=NUMKO+NUM1
        ALLOCATE(IK1(SDOF+1),JK1(NUM),K1(NUM))
        IK1(1:SDOF0+1)=IKO(:)
```

```
    JK1(1:NUMK0)=JK0(:)
    K1=0.0

    K1(1:NUMK0)=K0(:)
    DO I=SDOF0+1,SDOF
        IK1(I+1)=IK1(I)+IKK(I+1)-IKK(I)
        JK1(IK1(I):IK1(I+1)-1)=JKK(IKK(I):IKK(I+1)-1)
    ENDDO
    NUMK1=NUM
! deltK=K-K0
    NUM=NUMK+NUMK1
    ALLOCATE(IDK(SDOF+1),JDK(NUM),DK(NUM))
    K1=-1.0*K1
    CALL ADD(IK1,JK1,K1,IKK,JKK,KK,IDK,JDK,DK)
    NUM=IDK(SDOF+1)-1
    ALLOCATE(VT(NUM),RVT(NUM))
    VT(:)=JDK(1:NUM)
    RVT(:)=DK(1:NUM)
    DEALLOCATE(JDK,DK)
    ALLOCATE(JDK(NUM),DK(NUM))
    JDK=VT
    DK=RVT
    DEALLOCATE(VT,RVT)
    K1=-1.0*K1

! 构造KM
    NUM1=NUM
    ALLOCATE(IDKM(SDOF+1),JDKM(NUM),DKM(NUM))
    IDKM=IDK
    JDKM=JDK
    DKM=0.0
    DO I=1,SDOF0
        DO J=IDK(I),IDK(I+1)-1
            JJ=JDK(J)
            IF(JJ>SDOF0)THEN
                DKM(J)=DK(J)
            ENDIF
        ENDDO
    ENDDO
```

```
      ENDDO
      DKM(IDK(SDOF0+1):IDK(SDOF+1)-1)=DK(IDK(SDOF0+1):IDK(SDOF+1)-1)
      ALPHA=0.00002
      DKM=ALPHA*DKM
      NUM=NUM+NUM1
      ALLOCATE(IK00(SDOF+1),JK00(NUM),K00(NUM))
      CALL ADD(IK1,JK1,K1,IDKM,JDKM,DKM,IK00,JK00,K00)
      NUM=IK00(SDOF+1)-1
      ALLOCATE(VT(NUM),RVT(NUM))

      VT(:)=JK00(1:NUM)
      RVT(:)=K00(1:NUM)
      DEALLOCATE(JK00,K00)
      ALLOCATE(JK00(NUM),K00(NUM))
      JK00=VT
      K00=RVT
      DEALLOCATE(VT,RVT)
    !计算修改的更新初始结构的DELTK
      ALLOCATE(DK0(NUM1))
      DK0=DK-DKM
      ! MKL UPDATED INITIAL ANALYSIS
      ALLOCATE(FF1(SDOF))
      FF1=0.0
      FF1(1:SDOF0)=FF0(:)
      ALLOCATE(DISP1(SDOF))
      PT = MKL_PARDISO_HANDLE(0)
      ALLOCATE(PERM(SDOF))
      MAXFCT = 1
      MNUM = 1
      ! 正定对称为
      MTYPE = 2
      ! 1:排序, : 分解, : 回代
      PHASE = 13
      NRHS = 1
      MSGLVL = 1
      CALL PARDISOINIT(PT,MTYPE,IPARM)
      FILE_NAME = 'OOC_INITIAL'
      BUFFLEN = LEN(FILE_NAME)
```

```
        CALL
MKL_CVT_TO_NULL_TERMINATED_STR(BUFF,BUFFLEN,file_name(1:bufflen))
        ERROR = 0
        IPARM(60) = 0
        CALL PARDISO(PT,MAXFCT,MNUM,MTYPE,PHASE,SDOF,K00,IK00,JK00,&
                    PERM,NRHS,IPARM,MSGLVL,FF,DISP1,ERROR)
    !  REANALYSIS
        ALLOCATE(CADISP(SDOF))
        CALL
CAUNCHANGE_MKL(IK00,JK00,K00,IKK,JKK,KK,IDK,JDK,DK0,FF,CADISP)

        DEALLOCATE(FF1,IK1,JK1,K1)

        PHASE = -1
        CALL PARDISO(PT,MAXFCT,MNUM,MTYPE,PHASE,SDOF,K00,IK00,JK00,&
                    PERM,NRHS,IPARM,MSGLVL,FF1,DISP1,ERROR)

    ! MKL INITIAL ANALYSIS,计算初始结果
        ALLOCATE(DISP0(SDOF0))
        PT = MKL_PARDISO_HANDLE(0)
        DEALLOCATE(PERM)
        ALLOCATE(PERM(SDOF0))
        MAXFCT = 1
        MNUM = 1
        ! 正定对称为
        MTYPE = 2
        PHASE = 13
        NRHS = 1
        MSGLVL = 1
        CALL PARDISOINIT(PT,MTYPE,IPARM)
        FILE_NAME = 'OOC_INITIAL'
        BUFFLEN = LEN(FILE_NAME)
        CALL
MKL_CVT_TO_NULL_TERMINATED_STR(BUFF,BUFFLEN,file_name(1:bufflen))
        ERROR =0
        IPARM(60) = 0
        CALL PARDISO(PT,MAXFCT,MNUM,MTYPE,PHASE,SDOF0,K0,IK0,JK0,&
                    PERM,NRHS,IPARM,MSGLVL,FF0,DISP0,ERROR)
```

```
        PHASE = -1
        CALL PARDISO(PT,MAXFCT,MNUM,MTYPE,PHASE,SDOFO,KO,IKO,JKO,&
                     PERM,NRHS,IPARM,MSGLVL,FFO,DISPO,ERROR)
    ENDIF

    ! MKL MODIFIED ANALYSIS,计算修改结果
    ALLOCATE(DISP(SDOF))
    PT = MKL_PARDISO_HANDLE(0)
    IF(ALLOCATED(PERM)==.FALSE.)THEN
        ALLOCATE(PERM(SDOF))
        ELSE
        DEALLOCATE(PERM)
        ALLOCATE(PERM(SDOF))
    ENDIF
    MAXFCT = 1
    MNUM = 1
    MTYPE = 2
    PHASE = 13
    NRHS = 1
    MSGLVL = 1
    CALL PARDISOINIT(PT,MTYPE,IPARM)
    FILE_NAME = 'OOC_MODIFIED'
    BUFFLEN = LEN(FILE_NAME)

  CALL
MKL_CVT_TO_NULL_TERMINATED_STR(BUFF,BUFFLEN,file_name(1:bufflen))
    ERROR = 0
    IPARM(60) = 0
    CALL PARDISO(PT,MAXFCT,MNUM,MTYPE,PHASE,SDOF,KK,IKK,JKK,&
                 PERM,NRHS,IPARM,MSGLVL,FF,DISP,ERROR)
    PRINT*,DISP,CADISP
    ! 输出tecplot文件
        OPEN(11,FILE='INPUTDATABEAMTRIO.TXT')
        READ(11,*)NODE,NEL,NUMLD,LDDOF
        ALLOCATE(GCOORD(NODE,3),NODES(NEL,4))
        READ(11,*)GCOORD,NODES
        CLOSE(11)
        OPEN (11,FILE='TESTBEAMTRI.plt')
```

```
       WRITE (11,*) 'TITLE="DATA"'
       WRITE (11,*)
'VARIABLES=,"X","Y","Z","XDISP","CAXDISP","YDISP", "CAYDISP"'
       WRITE (11,*) 'ZONE T="1"','N=',NODE, 'E=',NEL,'F=FEPOINT
ET=QUADRILATERAL'
       DO I=1,NODE
WRITE(11,"(F10.4,F10.4,F10.4,F12.6,F12.6,F12.6,F12.6,F12.6,F12.6,F12.6)")
              & GCOORD(I,1),GCOORD(I,2),GCOORD(I,3),&DISP(2*(I-1)+1),
              CADISP(2*(I-1)+1),DISP(2*(I-1)+2),CADISP(2*(I-1)+2)
       ENDDO
       DO I=1,NEL
          WRITE(11,"(I6,I6,I6,I6)") NODES(I,1),NODES(I,2),NODES(I,3),NODES
          (I,4)
       ENDDO
       CLOSE(11)
       DEALLOCATE(NODES,GCOORD)
    ENDIF
END PROGRAM CAMKL
```

2. 声明变量 MKLVARIABLES

Pardiso 求解器参数变量 (参考 mkl 库函数手册)

```
INCLUDE "MKL_PARDISO.F90"
   MODULE MKLVARIABLES
   USE MKL_PARDISO
   TYPE(MKL_PARDISO_HANDLE)::PT(64)
   INTEGER::MAXFCT,MNUM,MTYPE,PHASE,NRHS,IPARM(64),MSGLVL,ERROR
   INTEGER,ALLOCATABLE::PERM(:)
   INTEGER::BUFFLEN
   CHARACTER(LEN=1024):: FILE_NAME
END MODULE MKLVARIABLES
```

3. 重分析计算 CAMKLFUNCTIONS

CA 法计算结构修改后的位移响应, CA 法的具体计算流程分为如下几个步骤:

(1) 计算修改结构的载荷 R 和刚度矩阵的改变量 ΔK;

(2) 由缩减基法的计算原理, 设定修改位移响应 r 的近似形式;

(3) 由二项式级数法, 设定常数 ε, 构造基向量 r_{B};

(4) 根据施密特正交法则, 生成新的基向量 V_i;

(5) 计算近似位移 r。

```
SUBROUTINE CAUNCHANGE_MKL(IKO,JKO,KO,IKK,JKK,KK,IDK,JDK,DK,FF,CADISP)
    USE MKLVARIABLES
    USE MKL_PARDISO
    IMPLICIT NONE
    INTEGER,DIMENSION(:),ALLOCATABLE::IKO,JKO,IDK,JDK,IKK,JKK
    REAL*8,DIMENSION(:),ALLOCATABLE::KO,DK,KK,FF,CADISP
    INTERFACE
        SUBROUTINE MULUBV(IA,JA,A,B,C)
            INTEGER,DIMENSION(:),ALLOCATABLE::IA,JA
            REAL*8,DIMENSION(:),ALLOCATABLE::A,B,C
        END SUBROUTINE MULUBV
    END INTERFACE

    INTEGER::SDOF,NBVMAX,I,J,RNBV
    REAL*8::RVAL,VAL1,VAL,BETA
    REAL*8,DIMENSION(:),ALLOCATABLE::RVT,RVT1,RVT2,ORVT,DISPO
    REAL*8,DIMENSION(:,:),ALLOCATABLE::RMATB,VMATB

    SDOF=SIZE(IKO)-1
    ALLOCATE(DISPO(SDOF))
    ! FIRST BASIS VECTOR
    PHASE=33
    CALL PARDISO(PT,MAXFCT,MNUM,MTYPE,PHASE,SDOF,KO,IKO,JKO,&
                 PERM,NRHS,IPARM,MSGLVL,FF,DISPO,ERROR)
    NBVMAX=5    !基向量个数
    BETA=1.9999999
    ALLOCATE(RMATB(SDOF,NBVMAX))
    RMATB=0.0
    ! 生成基向量
    ALLOCATE(RVT(SDOF),RVT1(SDOF),RVT2(SDOF))
    RMATB(:,1)=DISPO(:) !初始位移
    DO I=2,NBVMAX
        RVT(:)=RMATB(:,I-1)    !第一列
        CALL MULUBV(IDK,JDK,DK,RVT,RVT1)
        CALL PARDISO(PT,MAXFCT,MNUM,MTYPE,PHASE,SDOF,KO,IKO,JKO,&
                     PERM,NRHS,IPARM,MSGLVL,RVT1,RVT2,ERROR)
        RVT2=-1.0*RVT2! 新的基向量
```

```
    ! 保证基向量的线性独立，非奇异
    VAL=DOT_PRODUCT(RVT,RVT2)
    VAL1=DOT_PRODUCT(RVT,RVT)
    VAL1=SQRT(VAL1)
    VAL=VAL/VAL1
    VAL1=DOT_PRODUCT(RVT2,RVT2)
    VAL1=SQRT(VAL1)
    VAL=VAL/VAL1
    VAL=ABS(VAL)
    IF(VAL>BETA)THEN
        EXIT
    ENDIF
    RNBV=RNBV+1
    RMATB(:,I)=RVT2(:)
ENDDO
PRINT*,'THE BASIS VECTORS OF CA METHOD ARE',RNBV
ALLOCATE(VMATB(SDOF,RNBV),ORVT(SDOF))
RVT(:)=RMATB(:,1)
CALL MULUBV(IKK,JKK,KK,RVT,RVT1) !上三角矩阵乘以向量
! 基向量正交化
RVAL=DOT_PRODUCT(RVT,RVT1)
RVAL=ABS(RVAL)
RVAL=SQRT(RVAL)
RVAL=1.0/RVAL
VMATB(:,1)=RVAL*RVT(:)
DO I=2,RNBV
    RVT(:)=RMATB(:,I)
    ORVT=RVT
    DO J=1,I-1
        RVT1(:)=VMATB(:,J)
        CALL MULUBV(IKK,JKK,KK,RVT1,RVT2)
        RVAL=DOT_PRODUCT(RVT,RVT2)
        ORVT=ORVT-RVAL*RVT1
    ENDDO
    CALL MULUBV(IKK,JKK,KK,ORVT,RVT)
    RVAL=DOT_PRODUCT(ORVT,RVT)
    RVAL=SQRT(ABS(RVAL))
    RVAL=1.0/RVAL
```

```
         VMATB(:,I)=RVAL*ORVT(:)
      ENDDO
      ! 计算近似位移
      CADISP=0.0
      DO I=1,RNBV
         RVT(:)=VMATB(:,I)
         RVAL=DOT_PRODUCT(RVT,FF)
         CADISP=CADISP+RVAL*RVT
ENDDO
      DEALLOCATE(VMATB,RMATB,RVT,RVT1,RVT2,ORVT,DISP0)
      RETURN
   END SUBROUTINE CAUNCHANGE_MKL
```

4. 矩阵处理 SPARSEMATRIX (MULUBV) 和 LINEAREQUATIONS(ADD)

ADD 函数两个矩阵相加 $A+B=C$

```
SUBROUTINE ADD(IA,JA,A,IB,JB,B,IC,JC,C)
   IMPLICIT NONE
   INTEGER,DIMENSION(:),ALLOCATABLE::IA,JA,IB,JB,IC,JC
   REAL*8,DIMENSION(:),ALLOCATABLE::A,B,C
   INTEGER::ROWA,ROWB,ROWC,STEP,NUMA,NUMB,STARTA,STARTB,STARTC,I
   INTEGER,DIMENSION(:),ALLOCATABLE::VTA,VTB
   REAL*8,DIMENSION(:),ALLOCATABLE::RVTA,RVTB
   ROWA=SIZE(IA)
   ROWB=SIZE(IB)
   ROWA=ROWA-1
   ROWB=ROWB-1
   IF ( ROWA/=ROWB)THEN
      PRINT *, 'TWO MATRIX MUSH HAVE THE SAME NUMBER OF ROW'
      RETURN
   ENDIF
   IC(1)=1
   STARTC=0
   DO STEP=1,ROWA
      NUMA=IA(STEP+1)-IA(STEP)
      NUMB=IB(STEP+1)-IB(STEP)
      ALLOCATE(VTA(NUMA),RVTA(NUMA),VTB(NUMB),RVTB(NUMB))
      VTA(:)=JA(IA(STEP):IA(STEP)+NUMA-1)
      VTB(:)=JB(IB(STEP):IB(STEP)+NUMB-1)
```

```
RVTA(:)=A(IA(STEP):IA(STEP)+NUMA-1)
RVTB(:)=B(IB(STEP):IB(STEP)+NUMB-1)
STARTA=1
STARTB=1
DO
    IF(VTA(STARTA)<VTB(STARTB))THEN
        STARTC=STARTC+1
        JC(STARTC)=VTA(STARTA)
        C(STARTC)=RVTA(STARTA)
        STARTA=STARTA+1
    ELSEIF(VTA(STARTA)>VTB(STARTB))THEN
        STARTC=STARTC+1
        JC(STARTC)=VTB(STARTB)
        C(STARTC)=RVTB(STARTB)
        STARTB=STARTB+1
    ELSE
        STARTC=STARTC+1
        JC(STARTC)=VTA(STARTA)
        C(STARTC)=RVTA(STARTA)+RVTB(STARTB)
        STARTA=STARTA+1
        STARTB=STARTB+1
    ENDIF
    IF(STARTA==NUMA+1.AND.STARTB<NUMB+1)THEN
        DO I=STARTB,NUMB
            STARTC=STARTC+1
            JC(STARTC)=VTB(I)
            C(STARTC)=RVTB(I)
        ENDDO
        EXIT
    ELSEIF(STARTB==NUMB+1.AND.STARTA<NUMA+1)THEN
        DO I=STARTA,NUMA
            STARTC=STARTC+1
            JC(STARTC)=VTA(I)
            C(STARTC)=RVTA(I)
        ENDDO
        EXIT
    ELSEIF(STARTB==NUMB+1.AND.STARTA==NUMA+1)THEN
        EXIT
```

```
            ENDIF
         ENDDO
         DEALLOCATE(VTA,VTB,RVTA,RVTB)
         IC(STEP+1)=STARTC+IC(1)
      ENDDO
      RETURN
   END SUBROUTINE ADD
```

MULUBV函数

上三角矩阵乘以向量A*B=C

```
   SUBROUTINE MULUBV(IA,JA,A,B,C)
      IMPLICIT NONE
      INTEGER,DIMENSION(:),ALLOCATABLE::IA,JA
      REAL*8,DIMENSION(:),ALLOCATABLE::A,B,C
      INTEGER::ROWA,STEP,II,JJ
      ROWA=SIZE(IA)-1
      C=0.0
      DO STEP=1,ROWA
         DO II=IA(STEP),IA(STEP+1)-1
            JJ=JA(II)
            C(STEP)=C(STEP)+A(II)*B(JJ)
            IF(JJ/=STEP)THEN
               C(JJ)=C(JJ)+A(II)*B(STEP)
            ENDIF
         ENDDO
      ENDDO
      RETURN
   END SUBROUTINE MULUBV
```

彩　　图

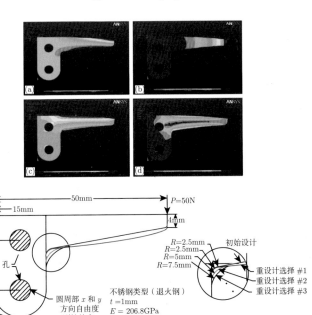

图 1.10　重分析算法与 ANSYS 平台的结合

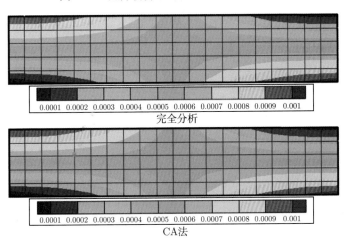

图 2.7　四边形单元的完全分析和 CA 法在 x 方向的位移云图

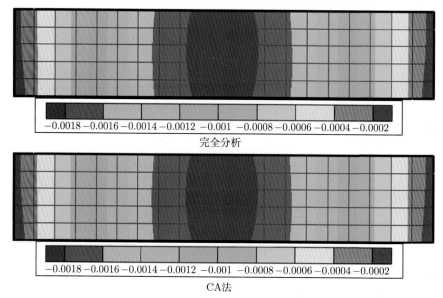

−0.0018 −0.0016 −0.0014 −0.0012 −0.001 −0.0008 −0.0006 −0.0004 −0.0002

完全分析

−0.0018 −0.0016 −0.0014 −0.0012 −0.001 −0.0008 −0.0006 −0.0004 −0.0002

CA法

图 2.8　四边形单元的完全分析和 CA 法在 y 方向的位移云图

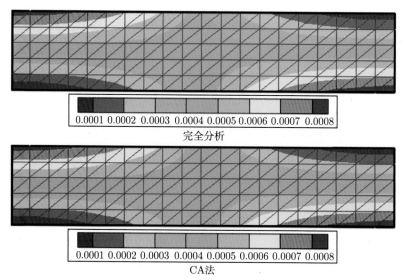

0.0001 0.0002 0.0003 0.0004 0.0005 0.0006 0.0007 0.0008

完全分析

0.0001 0.0002 0.0003 0.0004 0.0005 0.0006 0.0007 0.0008

CA法

图 2.10　三角形单元的完全分析和 CA 法在 x 方向的位移云图

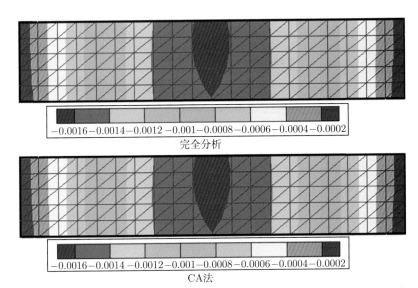

图 2.11   三角形单元的完全分析和 CA 法在 y 方向的位移云图

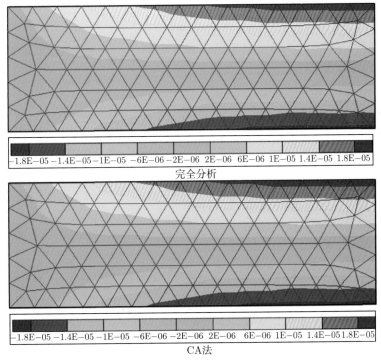

图 2.14   四面体单元的完全分析和 CA 法在 xy 方向上 x 方向位移云图

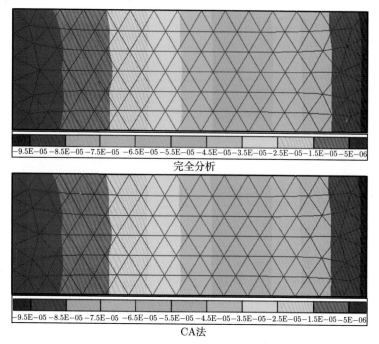

图 2.15　四面体单元的完全分析和 CA 法在 xy 方向上 y 方向位移云图

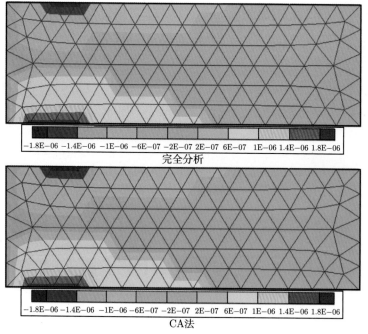

图 2.16　四面体单元的完全分析和 CA 法在 xy 方向上 z 方向位移云图

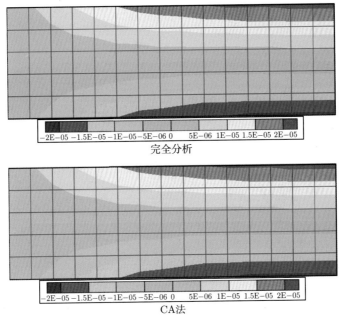

图 2.18　六面体单元的完全分析和 CA 法在 xy 方向上 x 方向位移云图

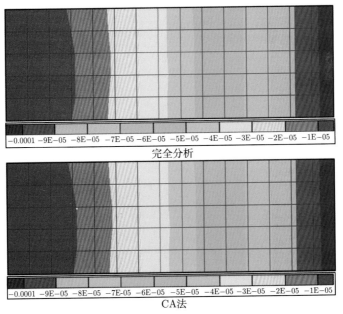

图 2.19　六面体单元的完全分析和 CA 法在 xy 方向上 y 方向位移云图

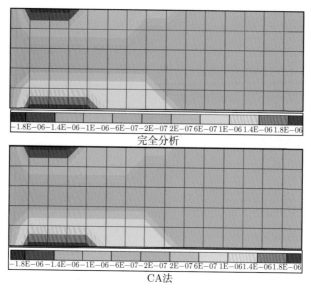

图 2.20 六面体单元的完全分析和 CA 法在 xy 方向上 z 方向位移云图

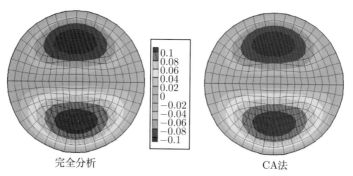

完全分析   CA法

图 2.22 圆薄板的完全分析和 CA 法在 x 轴转动的位移云图

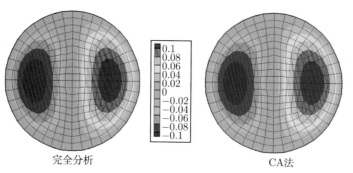

完全分析   CA法

图 2.23 圆薄板的完全分析和 CA 法在 y 轴转动的位移云图

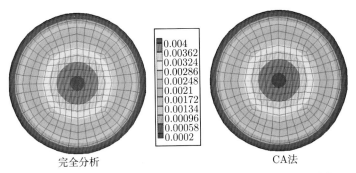

图 2.24　圆薄板的完全分析和 CA 法在 z 方向的位移云图

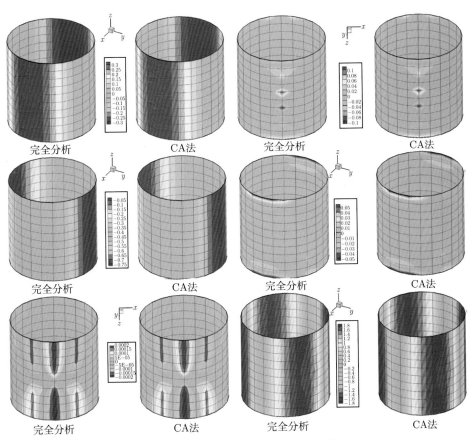

图 2.26　圆柱壳各个方向的位移云图

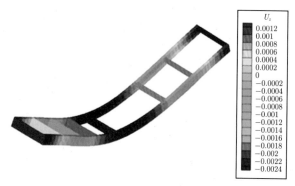

图 3.6　车架初始变形

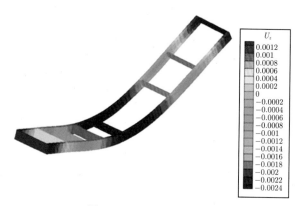

图 3.7　独立系数法结果

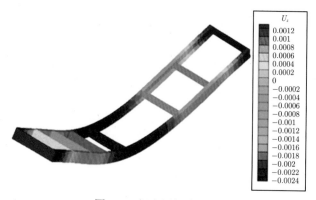

图 3.8　组合近似法结果

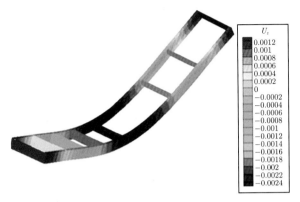

图 3.9　全分析法结果

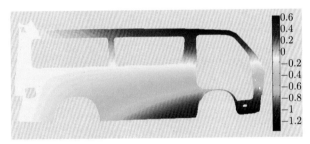

图 3.11　车身侧围初始解

(a) 全局视图

(b) 局部放大

图 3.13　侧围独立系数法结果

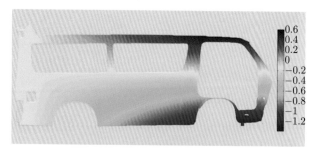

(a) 全局视图

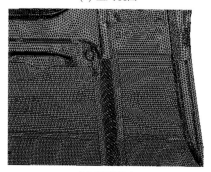

(b) 局部放大

图 3.14　侧围组合近似法结果

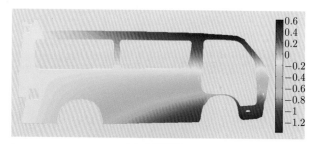

(a) 全局视图

(b) 局部放大

图 3.15　侧围全分析法结果

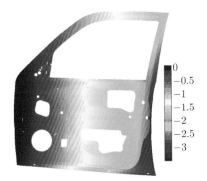

图 3.18　车门内板初始解

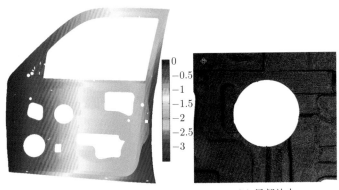

(a) 全局视图　　　　　　　　　　　(b) 局部放大

图 3.20　车门内板独立系数法结果

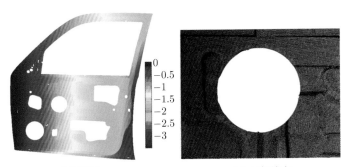

(a) 全局视图　　　　　　　　　　　(b) 局部放大

图 3.21　车门内板全分析法结果

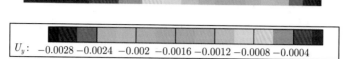

图 3.25   悬臂梁结果

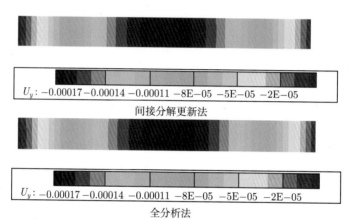

间接分解更新法

U_y: -0.00017 -0.00014 -0.00011 $-8\mathrm{E}{-}05$ $-5\mathrm{E}{-}05$ $-2\mathrm{E}{-}05$

全分析法

图 3.26   简支梁结果

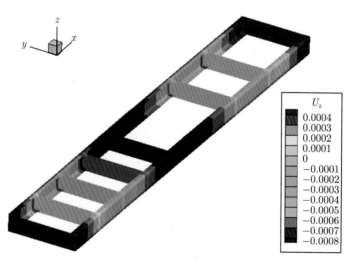

图 3.28   车架弯曲工况结果

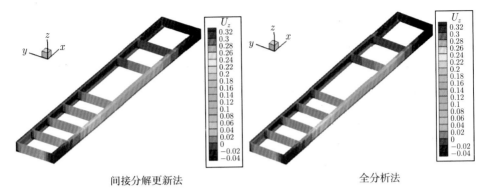

间接分解更新法   全分析法

图 3.29   车架扭转工况结果

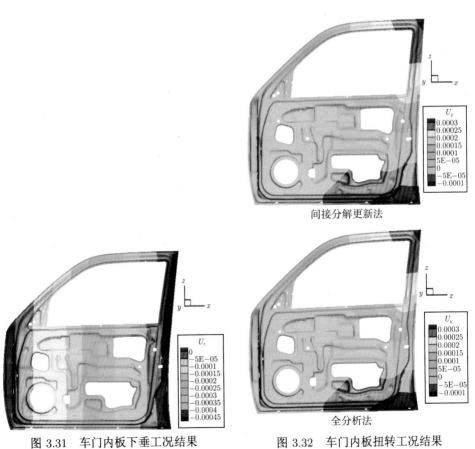

间接分解更新法

图 3.31   车门内板下垂工况结果   全分析法

图 3.32   车门内板扭转工况结果

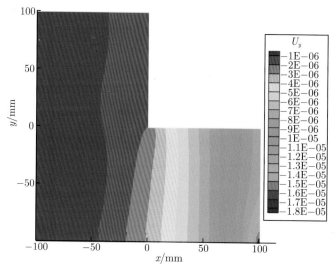

图 3.36　初始结果

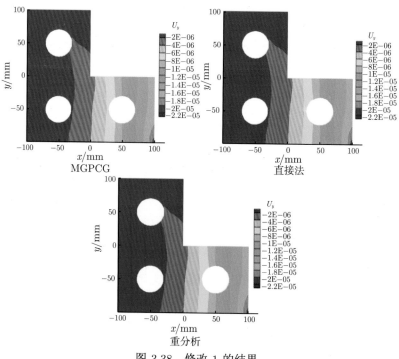

MGPCG

直接法

重分析

图 3.38　修改 1 的结果

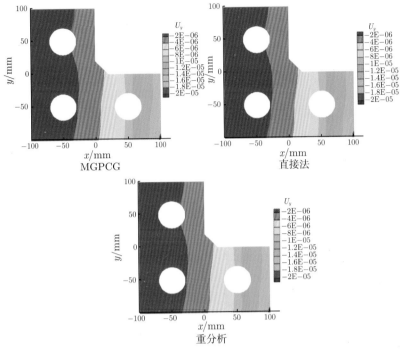

图 3.40　修改 2 的结果

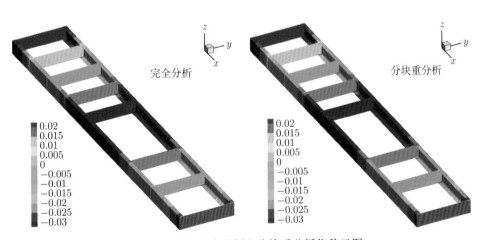

图 4.14　车架完全分析和分块重分析位移云图

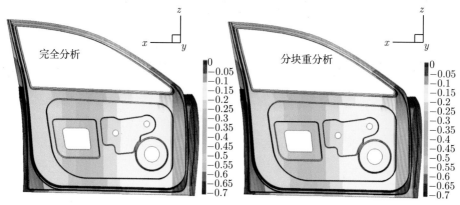

图 4.19　车门内板完全分析和分块重分析位移云图

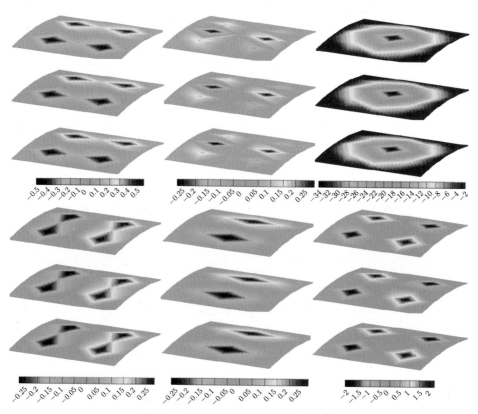

图 6.11　柱壳结构各个方向位移比较

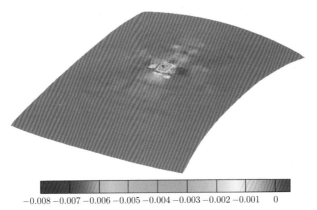

图 6.14　车顶盖板 z 方向完全分析的位移响应

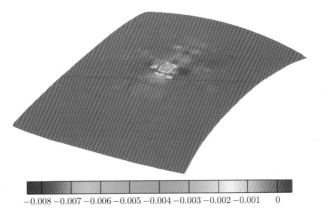

图 6.15　车顶盖板 z 方向 CA 法的位移响应

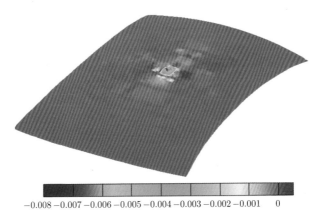

图 6.16　车顶盖板 z 方向混合求解方法的位移响应

图 7.13　单元着色示例

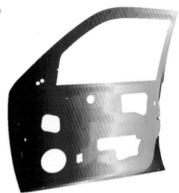

(a) 初始车门位移响应　　　　　　(b) 修改后车门位移响应

图 7.25　车门位移响应

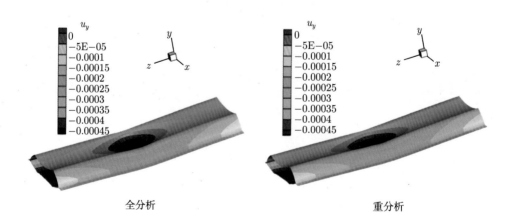

全分析　　　　　　　　　　　　　　重分析

图 8.17　B 柱最优解的变形

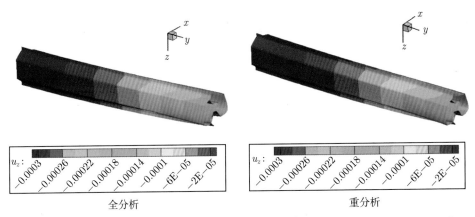

图 8.21 纵梁最优解的变形

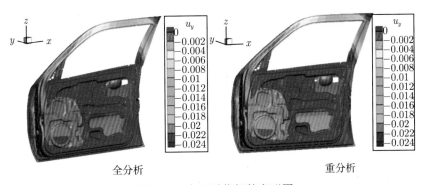

图 8.25 车门最优解的变形图

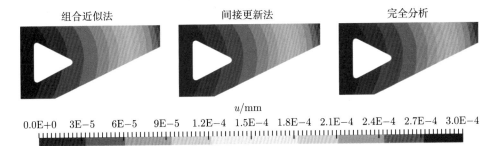

图 10.4 矩形板的组合近似法、间接更新法和完全分析位移云图

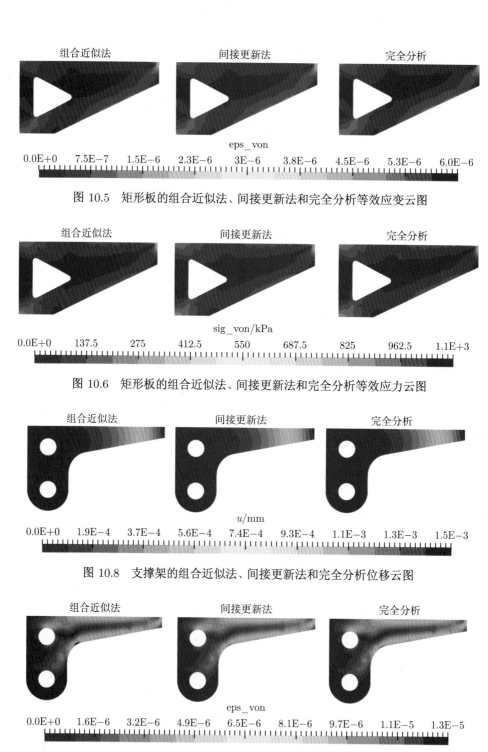

组合近似法　　　　　　间接更新法　　　　　　　完全分析

eps_von

0.0E+0　　7.5E-7　　1.5E-6　　2.3E-6　　3E-6　　3.8E-6　　4.5E-6　　5.3E-6　　6.0E-6

图 10.5　矩形板的组合近似法、间接更新法和完全分析等效应变云图

组合近似法　　　　　　间接更新法　　　　　　　完全分析

sig_von/kPa

0.0E+0　　137.5　　275　　412.5　　550　　687.5　　825　　962.5　　1.1E+3

图 10.6　矩形板的组合近似法、间接更新法和完全分析等效应力云图

组合近似法　　　　　　间接更新法　　　　　　　完全分析

u/mm

0.0E+0　　1.9E-4　　3.7E-4　　5.6E-4　　7.4E-4　　9.3E-4　　1.1E-3　　1.3E-3　　1.5E-3

图 10.8　支撑架的组合近似法、间接更新法和完全分析位移云图

组合近似法　　　　　　间接更新法　　　　　　　完全分析

eps_von

0.0E+0　　1.6E-6　　3.2E-6　　4.9E-6　　6.5E-6　　8.1E-6　　9.7E-6　　1.1E-5　　1.3E-5

图 10.9　支撑架的组合近似法、间接更新法和完全分析等效应变云图

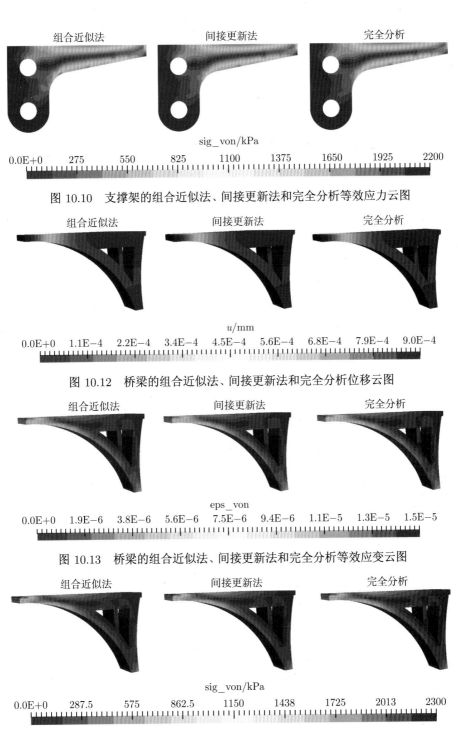

组合近似法　　　　　间接更新法　　　　　完全分析

sig_von/kPa

0.0E+0　275　550　825　1100　1375　1650　1925　2200

图 10.10　支撑架的组合近似法、间接更新法和完全分析等效应力云图

组合近似法　　　　　间接更新法　　　　　完全分析

u/mm

0.0E+0　1.1E-4　2.2E-4　3.4E-4　4.5E-4　5.6E-4　6.8E-4　7.9E-4　9.0E-4

图 10.12　桥梁的组合近似法、间接更新法和完全分析位移云图

组合近似法　　　　　间接更新法　　　　　完全分析

eps_von

0.0E+0　1.9E-6　3.8E-6　5.6E-6　7.5E-6　9.4E-6　1.1E-5　1.3E-5　1.5E-5

图 10.13　桥梁的组合近似法、间接更新法和完全分析等效应变云图

组合近似法　　　　　间接更新法　　　　　完全分析

sig_von/kPa

0.0E+0　287.5　575　862.5　1150　1438　1725　2013　2300

图 10.14　桥梁的组合近似法、间接更新法和完全分析等效应力云图

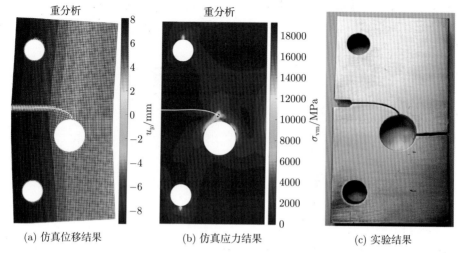

(a) 仿真位移结果   (b) 仿真应力结果   (c) 实验结果

图 10.21 仿真结果与实验结果对比图

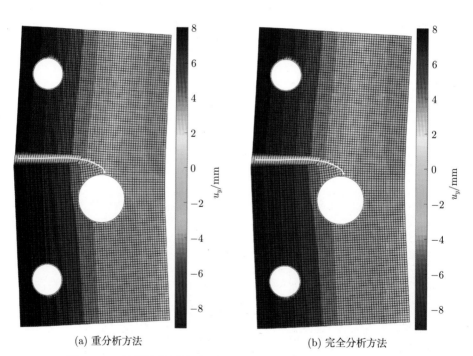

(a) 重分析方法   (b) 完全分析方法

图 10.22 边裂纹扩展的重分析方法和完全分析方法位移结果对比

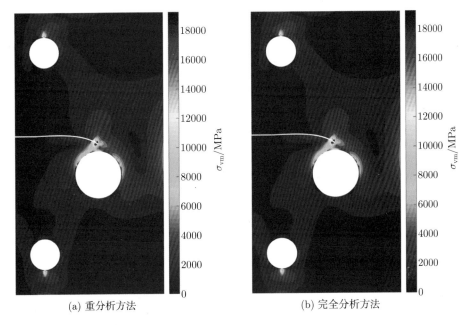

(a) 重分析方法   (b) 完全分析方法

图 10.23   边裂纹扩展的重分析方法和完全分析方法应力结果对比

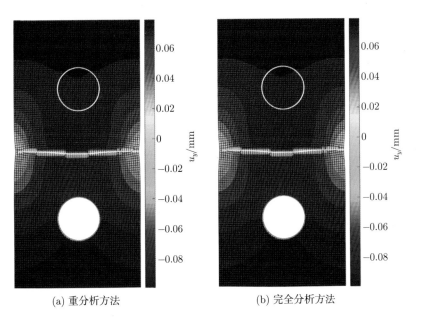

(a) 重分析方法   (b) 完全分析方法

图 10.25   中心裂纹扩展的重分析方法和完全分析方法位移结果对比

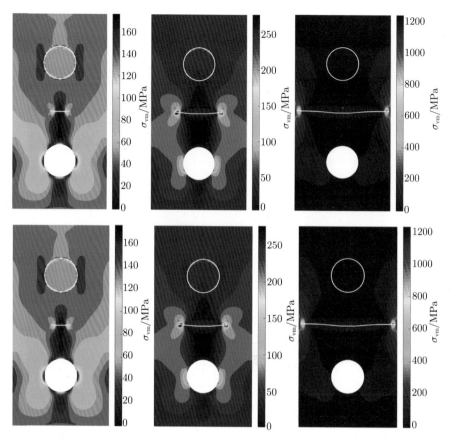

图 10.26　中心裂纹扩展的重分析方法和完全分析方法应力结果对比

上：重分析方法，下：完全分析方法